新媒体可视化科学教育丛书

解析几何（高中数学）

Analytic Geometry

主　编 / 徐奇智

副主编 / 陈叔伦　项　杰　牛贝莉

中国科学技术大学出版社

内 容 简 介

本书是以数学新课程标准为依据，以数学学科核心素养为目标，优化知识的呈现方式，并深度应用可动态交互的AR、互动微件等新媒体技术，采用可视化教学和沉浸式学习方式，融科学性、艺术性、互动性和趣味性为一体的可视化教学用书．全书分为直线与方程、圆与方程、圆锥曲线与方程三个部分，通过坐标系，把几何的基本元素——点和代数的基本对象——数（有序数对或数组）对应起来，从而把几何问题转化为代数问题，再通过代数方法研究几何图形的性质，并解决与圆锥曲线有关的几何问题和实际问题，让读者进一步感受数形结合的思想方法，体会坐标法的魅力与威力．

图书在版编目（CIP）数据

解析几何 / 徐奇智主编. —合肥：中国科学技术大学出版社，2024.1
（新媒体可视化科学教育丛书）
ISBN 978-7-312-05825-7

Ⅰ. 解…　Ⅱ. 徐…　Ⅲ. 解析几何　Ⅳ. O182

中国国家版本馆CIP数据核字(2023)第223388号

解析几何
JIEXI JIHE

出版　中国科学技术大学出版社
安徽省合肥市金寨路96号，230026
http://press.ustc.edu.cn
https://zgkxjsdxcbs.tmall.com
印刷　合肥市宏基印刷有限公司
发行　中国科学技术大学出版社
开本　787 mm × 1092 mm　1/16
印张　19.5
字数　366千
版次　2024年1月第1版
印次　2024年1月第1次印刷
定价　99.00元

编 委 会

主　编　徐奇智

副主编　陈叔伦　项　杰　牛贝莉

编　委　孙曙辉　方　旭　宇业庆　柳大伟

丁小卫　石可达　杜中海　付　磊

李阳阳　项性杰　杨明志　王子祎

刘宇珩　曹子一　王琳琳　储松苗

谷莹莹　高秋晨　李　天　秦　怡

前　言

解析几何是17世纪法国数学家笛卡儿和费马创立的，它的基本内涵和方法是：通过坐标系，把几何的基本元素——点和代数的基本对象——数（有序数对或数组）对应起来，并在此基础上建立曲线（点的轨迹）的方程，从而把几何问题转化为代数问题，再通过代数方法研究几何图形的性质. 解析几何的创立是数学发展史上的一个里程碑!

在曾经的几何学习中，我们一般通过直观感知、操作确认、思辨论证、度量计算等方法研究几何图形的形状、大小和位置关系，这种方法通常称为综合法. 本书我们采用坐标法研究几何图形的性质. 坐标法是解析几何中最基本的研究方法. 在内容安排上，我们将解析几何的教学安排成一个由几何直观到代数精准刻画的过程. 用代数方法解决几何问题的三个步骤：第一步，用向量、坐标或方程表示几何问题中的几何要素，如点、直线、平面、圆、圆锥曲线等，把几何问题转化为代数问题；第二步，通过代数运算，解决代数问题；第三步，把代数运算的结果“翻译”成几何结论.

第1章在平面直角坐标系中探索确定直线位置的几何要素，建立直线的方程，并通过直线的方程研究两条直线的位置关系、交点坐标以及点到直线的距离等.

第2章类比直线的学习，通过确定圆的几何要素，建立圆的方程，再通过圆的方程研究与圆相关的问题，最后应用直线和圆的方程解决一些实际问题.

第3章继续采用坐标法，在探究圆锥曲线（椭圆、抛物线、双曲线）几何特征的基础上，建立它们的方程，通过方程研究它们的性质，并解决与圆锥曲线有关的几何问题和实际问题，进一步感受数形结合的思想方法，体会坐标法的魅力与威力.

本书在结构上，按照“激发学习兴趣—学习基础知识—巩固知识—拓展知识—内化科学思维”的顺序，安排了“思考”“探究”“拓展”“章末总结”“高考链接”“专题测试”等内容. 值得一提的是，我们在每章的最后加入了“知识图谱”内容，期望能为学生提供整体化的概念以及相应的支持概念，帮助他们更好地加工、整合、记忆并应用各章的核心内容．本书最后附上了全部习题的参考答案，以及详细讲解的二维码，让读者知对错，及时纠正，获得更大的进步．

本书通过AR、H5交互等新媒体技术，优化了知识的呈现方式，对于一些抽象的数学问题来说，交互式新媒体技术让知识的表达更清晰、更有趣、更高效，同时带给读者可视化与沉浸式学习的全新体验．

在编写本书的过程中，我们同时在思考：除了培养孩子端正的学习态度和严谨的教学方式之外，我们还应该怎么样去保护孩子的想象力和求知欲？数学的教学应该源自引导孩子发现数学之美，化繁为简，让孩子重拾一颗探索数学的心！科技的发展为我们面临的问题提供了解决思路，我们希望通过这种交互式的学习，为学生插上梦想的翅膀，使他们在收获知识的同时，能够发现数学，探索数学，爱上数学．这也是我们教育工作者的初衷与价值体现．

本书编写过程中，安徽省科学教育教材建设重点研究基地给予了指导，来自教育行业的方旭老师、滕磊老师、秦怡老师、储松苗老师给予了大力支持，中国科学技术大学硕士研究生王子祎、刘宇珩、曹子一、王琳琳对书稿进行了精细打磨，火花学院团队相关人员进行了密切配合，在此向他们表示衷心的感谢！

由于时间紧、工作量大，加之水平有限，书中存在不足之处在所难免，敬请广大读者批评指正．

主　编

目　录

Contents

Contents

第 1 章
直线与方程

我决心放弃那个仅仅是抽象的几何，这就是说，不再去考虑那些仅仅是用来练习思想的问题，我这样做，是为了研究另一种几何，一种解释自然现象的几何.

——笛卡儿

解析几何的基本思想是通过建立坐标系，把几何问题转化成代数问题，并用代数方法加以研究．同时，也可以提供一些代数问题的几何背景和解决思路．本章将讲解在平面直角坐标系中建立的直线与方程．首先通过方程，研究直线的有关性质，如平行、垂直、两条线的交点、点到直线的距离等，然后帮助我们体会解析几何的基本思想．

如图1.1所示，现实生活中，我们可以看见很多直线，如飞机划过天空留下的痕迹、日出日落时的海平线、激光笔射出的激光、鳞次栉比的立交桥等．

本章我们就把几何问题转化成代数问题，在平面直角坐标系中来研究直线．下面我们带着四个问题开始本章的学习：

（1）类比二元一次函数，在平面直角坐标系中，我们如何确定一条直线？

（2）直线有哪些表达方式？每种表达方式在使用的时候该注意什么？

（3）对于点、线之间的几何关系，我们该如何用代数精准刻画？

（4）点和线的对称关系尤为特殊，我们又将会遇到哪些难题？

图 1.1

1.1 直线的倾斜角与斜率

前面提到，解析几何的基本思想是通过建立坐标系，用代数方法研究几何问题．那么在平面直角坐标系中，点用坐标表示，直线如何表示呢？本节用代数方法研究直线的有关问题，首先探索确定直线位置的几何要素，然后在坐标系中根据这些几何要素将直线表示出来．

1.1.1 倾斜角与斜率

思考

平面上有很多不同的直线，它们的区别就在于位置的不同．对于平面直角坐标系中的一条直线l（如图1.2所示），它的位置由哪些因素决定？

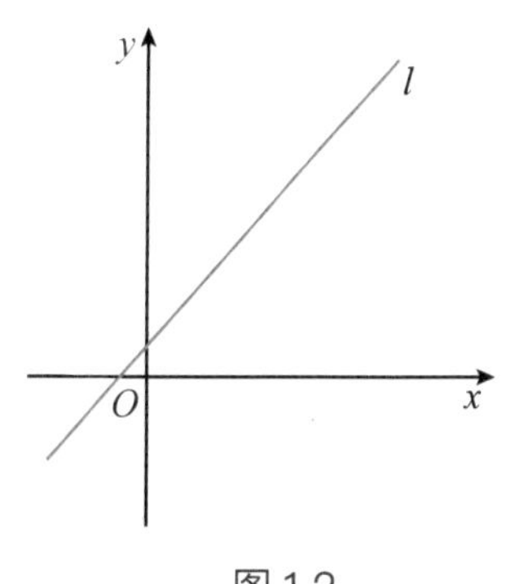

图 1.2

通过之前的学习我们知道，两点确定一条直线，那么一点能确定一条直线的位置吗？已知直线l经过点Q，直线l的位置能够确定吗？

如图1.3所示，过一点Q可以作无数条直线l_1，l_2，l_3，l_4，…，它们都经过点Q（组成一个直线束），这些直线的区别在哪里呢？

容易看出，它们的倾斜程度不同．怎样描述直线的倾斜程度呢？

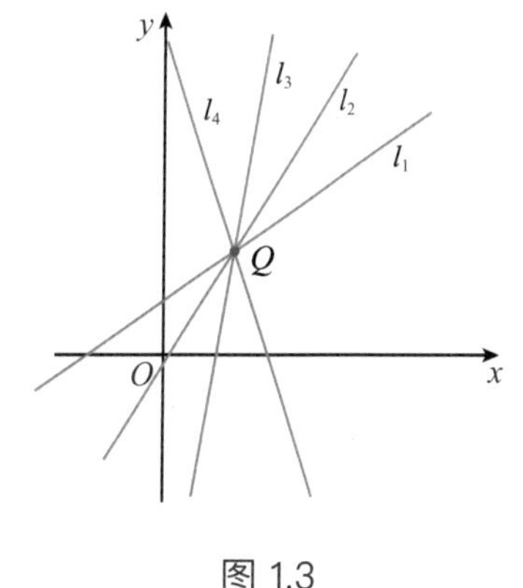

图 1.3

当直线l与x轴相交时，我们取x轴作为基准，x轴正向与直线l向上方向之间所成的角α叫作直线l的倾斜角（angle of inclination），简称倾角（如图1.4所示）. 倾斜角通常用α表示. 当直线l与x轴平行或重合时，我们规定它的倾斜角为0°. 因此，直线的倾斜角α的取值范围为

$$0° \leqslant \alpha < 180°$$

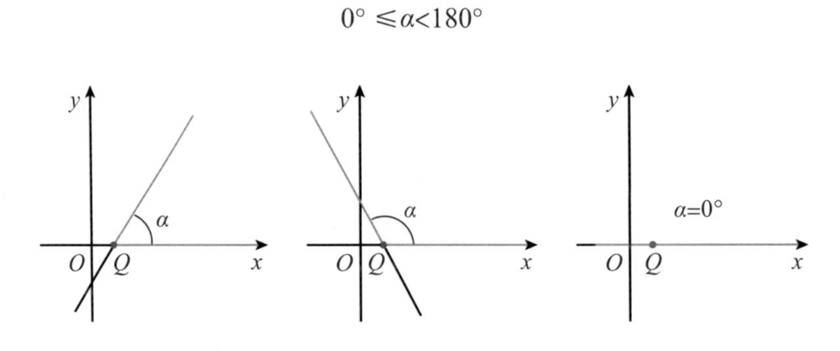

微件　图 1.4 | 倾斜角

我们也可以将倾斜角理解为在平面直角坐标系中，对于一条与x轴相交的直线l，把x轴（正方向）按逆时针方向绕着交点旋转到和直线l重合时所成的角，如图1.5所示.

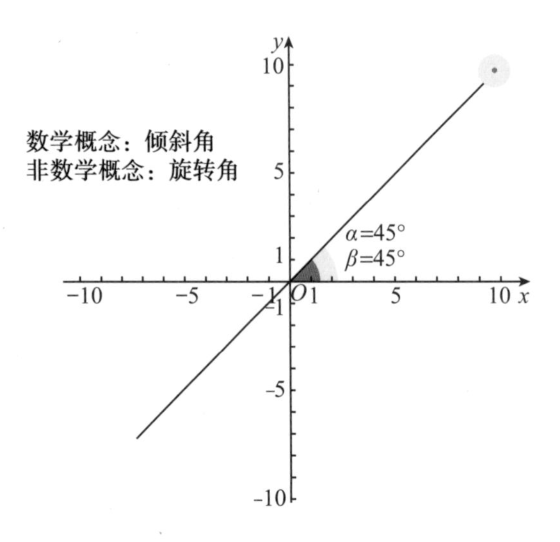

微件　图 1.5 | 直线的倾斜角与旋转角

这样，平面直角坐标系内每一条直线都有一个确定的倾斜角α，且倾斜程度相同的直线，其倾斜角相等；倾斜程度不同的直线，其倾斜角不相等. 因此，我们可用倾斜角α表示平面直角坐标系内一条直线的倾斜程度.

【例题1.1】

下列四种描述中，哪种描述正确？请给出理由.

① 若直线的倾斜角为α，则此直线的斜率为$\tan\alpha$；

② 若直线的斜率为$\tan\alpha$，则此直线的倾斜角为α；

③ 若直线的倾斜角为α，则$\sin\alpha>0$；

④ 任意直线都有倾斜角α，且当$\alpha\neq 90°$时，直线的斜率为$\tan\alpha$.

答案：④.

解析：

对于①，当$\alpha=90°$时，直线的斜率不存在，故不正确；

对于②，虽然直线的斜率为$\tan\alpha$，但只有当$0°\leqslant\alpha<180°$时，α才是此直线的倾斜角，故不正确；

对于③，当直线平行于x轴时，$\alpha=0°$，$\sin\alpha=0$，故不正确；

对于④，倾斜角范围为$0°\leqslant\alpha<180°$，所以当$\alpha\neq 90°$时，斜率存在，为$\tan\alpha$，故正确.

变式1.1-1

已知直线l的倾斜角为$\alpha-15°$，求α的范围.

变式1.1-2

已知直线l向上方向与y轴正向所成的角为$30°$，求直线l的倾斜角.

变式1.1-3

设直线l过原点，其倾斜角为α，将直线l绕坐标原点沿逆时针方向旋转$40°$，得直线l_1，求直线l_1的倾斜角范围.

总　结

求直线的倾斜角的方法及需要注意的两点：

1. 方法：结合图形，利用特殊三角形（如直角三角形）求角.

2. 需要注意的两点：

（1）当直线与x轴平行或重合时，倾斜角为$0°$；当直线与x轴垂直时，倾斜角为$90°$.

（2）直线倾斜角的取值范围是$0° \leqslant \alpha < 180°$.

在平面直角坐标系中，已知直线上的一个点不能确定一条直线的位置. 同样，已知直线的倾斜角α，也不能确定一条直线的位置. 如图1.6所示，倾斜角为α的直线有无数条.

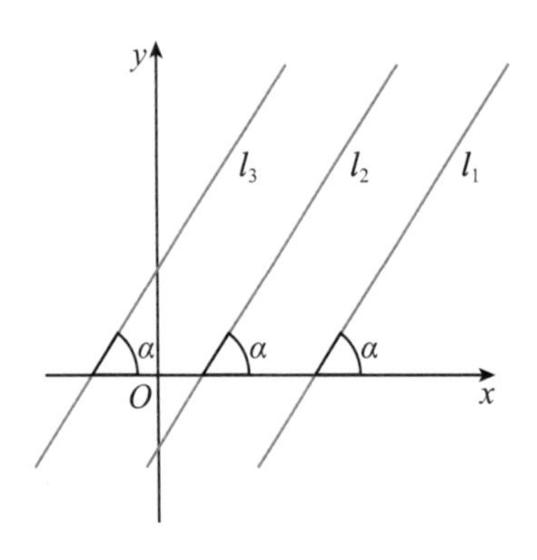

图 1.6

但是，直线上的一点和这条直线的倾斜角可以确定唯一的一条直线. 因此，确定平面直角坐标系中一条直线位置的几何要素是：直线上的一个定点以及它的倾斜角，二者缺一不可.

思 考

日常生活中，还有没有其他表示倾斜程度的量?

如图1.7所示，日常生活中，楼梯、楔子、屋顶、梯田都是我们常见的有倾斜面的物体，我们通常用“坡度”来刻画这些有倾斜面的物体的倾斜程度.

图 1.7

“坡度”即坡面的铅直高度与水平长度的比，即（如图1.8所示）

$$坡度（比）=\frac{铅直高度}{水平长度}$$

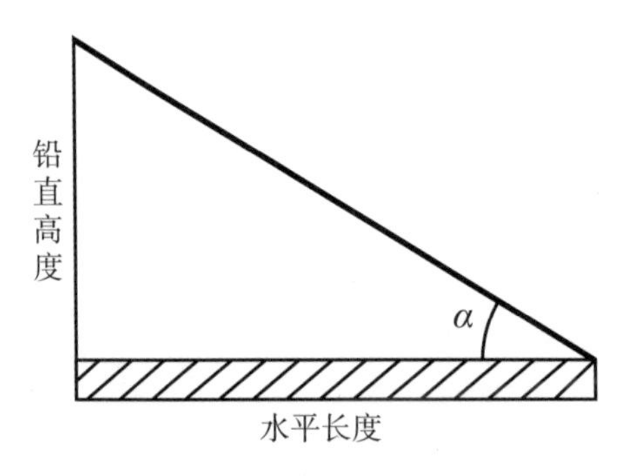

图 1.8

为了在平面直角坐标系中刻画直线的倾斜角，我们引入直线斜率的概念．这里的“坡度（比）”实际就是“α的正切值”．一条直线的倾斜角α的正切值叫作这条直线的斜率（slope），又称“角系数”，反映直线对水平面的倾斜度，斜率常用小写字母k表示，即

$$k=\tan\alpha$$

当直线的倾斜角$\alpha=90°$时，不存在正切值，则该直线没有斜率．当直线的倾斜角$\alpha\neq 90°$时，直线都有斜率．

例如，当倾斜角$\alpha=60°$时，这条直线的斜率$k=\tan 60°=\sqrt{3}$；当倾斜角$\alpha=120°$时，由$k=\tan 120°=-\sqrt{3}$知，这条直线的斜率为$-\sqrt{3}$．

思 考

在实际应用中，我们经常不能直接知道直线的倾斜角，那么在已知直线上的两点坐标的情况下，我们如何计算该直线的斜率呢？

下面我们探究如何由直线上两点的坐标计算直线的斜率．

已知直线l上两点$A(x_1, y_1)$，$B(x_2, y_2)$，$x_1\neq x_2$，求直线l的斜率k．

如图1.9（a）所示，设直线l的倾斜角为α（$\alpha\neq 90°$），当直线l的方向（即从A指向B

的方向）向上时，α为锐角，$x_1<x_2$，$y_1<y_2$，在Rt△ABQ中

$$\tan\alpha=\frac{|QB|}{|QA|}=\frac{y_2-y_1}{x_2-x_1}$$

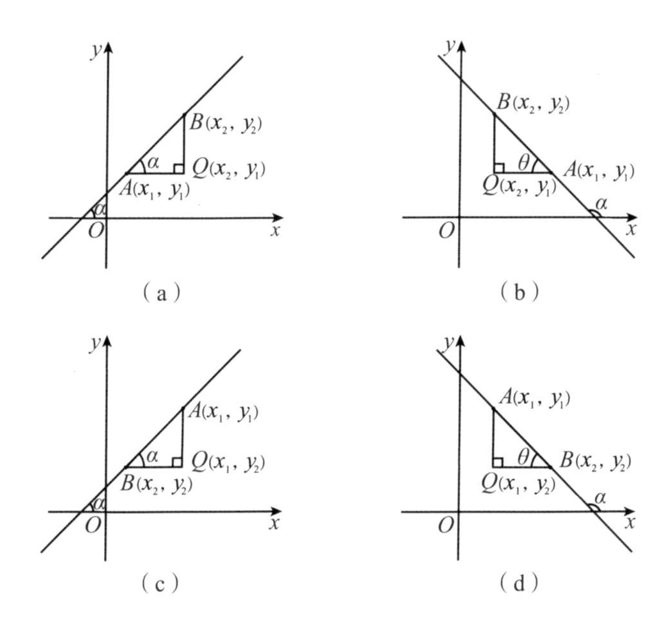

微件　图1.9 | 斜率的计算

如图1.9（b）所示，当α为钝角时，设$\angle QAB=\theta$，$x_2<x_1$，$y_1<y_2$，在Rt△ABQ中

$$\tan\alpha=\tan(180°-\theta)=-\frac{|QB|}{|AQ|}=-\frac{y_2-y_1}{x_1-x_2}=\frac{y_2-y_1}{x_2-x_1}$$

如图1.9（c）所示，当直线l的方向（即从A指向B的方向）向下时，α为锐角，$x_1>x_2$，$y_1>y_2$，在Rt△ABQ中

$$\tan\alpha=\frac{|QA|}{|QB|}=\frac{y_1-y_2}{x_1-x_2}=\frac{y_2-y_1}{x_2-x_1}$$

如图1.9（d）所示，当α为钝角时，设$\angle QBA=\theta$，$x_1<x_2$，$y_2<y_1$，在Rt△ABQ中

$$\tan\alpha=\tan(180°-\theta)=-\frac{|QA|}{|BQ|}=-\frac{y_1-y_2}{x_2-x_1}=\frac{y_2-y_1}{x_2-x_1}$$

综上所述，我们得到经过两点$A(x_1, y_1)$，$B(x_2, y_2)$（$x_1\neq x_2$）的直线的斜率公式为

$$k=\frac{y_2-y_1}{x_2-x_1}$$

【例题1.2】

若经过A（m，3），B（1，2）两点的直线的倾斜角为45°，求m的值.

答案：2.

解析：

$\tan 45^\circ=\dfrac{2-3}{1-m}=1$，得$m=2$.

变式1.2-1

（1）已知两点A（-3，4），B（3，2），过点P（2，-1）的直线l与线段AB有公共点，求直线l的斜率k的取值范围；

（2）求经过A（m，3），B（1，2）两点的直线的倾斜角α的取值范围（其中$m\geqslant 1$）.

变式1.2-2

点M（x，y）在函数$y=-2x+8$的图像上，当$x\in[2,5]$时，求$\dfrac{y+1}{x+1}$的取值范围.

变式1.2-3

已知直线$y=kx+2$与线段PQ的延长线或线段QP的延长线相交，其中P（-3，-4），Q（3，1），求直线的斜率k的取值范围.

总　结

1. 应用斜率公式时应先判定两定点的横坐标是否相等，若相等，直线垂直于x轴，斜率不存在；若不相等，再代入斜率公式求解.

2. 根据题目中代数式的特征，看是否可以写成$\frac{y_2-y_1}{x_2-x_1}$的形式，若可以，则联想其几何意义（即直线的斜率），再利用图形的直观性来分析解决问题.

1.1.2　两条直线的位置关系

在一张白纸上，我们可以画任意的两条直线，这两条任意直线有着怎样的位置关系呢？

通过动手操作，我们可以根据交点数判断出在同一平面内的任意两条直线有三大类位置关系：相交、平行、重合．而相交这种位置关系又包含一种特殊位置关系——垂直．我们归纳为图1.10.

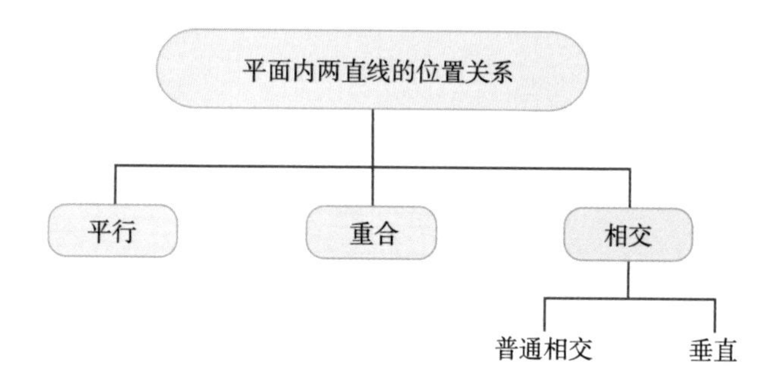

图 1.10 | 平面内两直线的位置关系

在立体几何中，我们学习了两条直线平行或垂直的判定定理和性质定理．那么，我们如何把几何问题转化为代数问题？在平面直角坐标系中，我们又该如何用现有的代数关系来判定两条直线的位置关系呢？

已知两条直线l_1，l_2的斜率分别为k_1，k_2，倾斜角分别为α_1，α_2（直线l_1，l_2倾斜角均不等于90°）.

如图1.11所示，若直线l_1与l_2的倾斜角α_1与α_2相等，则直线$l_1//l_2$．由$\alpha_1=\alpha_2$，可得$\tan\alpha_1=\tan\alpha_2$，即$k_1=k_2$．因此若$l_1//l_2$，则$k_1=k_2$.

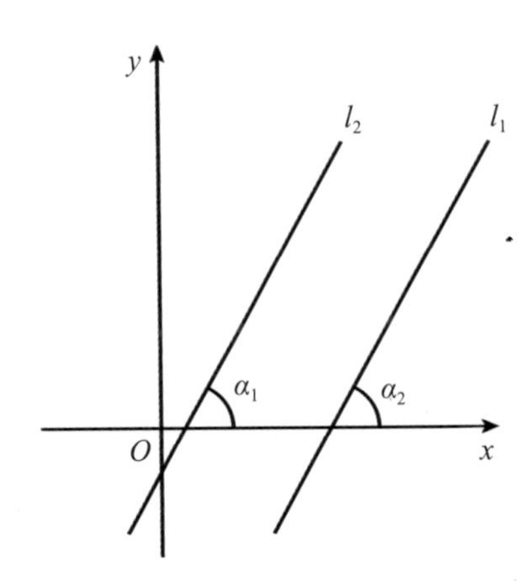

微件　图 1.11 | 两直线位置关系的判定

反之，若$k_1=k_2$，则$l_1//l_2$.

于是我们得到，对于两条不同直线l_1，l_2，其斜率分别为k_1，k_2，有$l_1//l_2 \Leftrightarrow k_1=k_2$.

请注意：当直线l_1，l_2可能重合时，我们得到$k_1=k_2 \Leftrightarrow l_1//l_2$或$l_1$与$l_2$重合.

例如，用斜率证明三个点共线时，就需要用到这个结论.

当直线l_1，l_2的倾斜角均为90°时，即两条直线的斜率均不存在，此时直线l_1，l_2平行或重合.

【例题1.3】

根据下列给定的条件，判断直线l_1与直线l_2是否平行.

（1）l_1经过点$A(2, 1)$，$B(-3, 5)$，l_2经过点$C(3, -3)$，$D(8, -7)$；

（2）l_1经过点$E(0, 1)$，$F(-2, -1)$，l_2经过点$G(3, 4)$，$H(2, 3)$；

（3）l_1的倾斜角为60°，l_2经过点$M(1, \sqrt{3})$，$N(-2, -2\sqrt{3})$；

（4）l_1平行于y轴，l_2经过点$P(0, -2)$，$Q(0, 5)$.

答案：（1）$l_1//l_2$；（2）重合；（3）平行或重合；（4）$l_1//l_2$.

解析：

（1）由题意知，$k_1=\dfrac{5-1}{-3-2}=-\dfrac{4}{5}$，$k_2=\dfrac{-7+3}{8-3}=-\dfrac{4}{5}$，所以直线$l_1$与直线$l_2$平行或重合，又$k_{BC}=\dfrac{-3-5}{3-(-3)}=-\dfrac{4}{3}\neq-\dfrac{4}{5}$，故$l_1/\!/l_2$.

（2）由题意知，$k_1=\dfrac{-1-1}{-2-0}=1$，$k_2=\dfrac{3-4}{2-3}=1$，所以直线l_1与直线l_2平行或重合，又$k_{FG}=\dfrac{4-(-1)}{3-(-2)}=1$，故直线$l_1$与直线$l_2$重合.

（3）由题意知，$k_1=\tan60°=\sqrt{3}$，$k_2=\dfrac{-2\sqrt{3}-\sqrt{3}}{-2-1}=\sqrt{3}$，所以直线$l_1$与直线$l_2$平行或重合.

（4）由题意知，l_1平行于y轴，l_2的斜率不存在，恰好与y轴重合，所以$l_1/\!/l_2$.

变式1.3-1

判断下列直线l_1与l_2是否平行：

（1）已知直线l_1的斜率$k_1=-\dfrac{2}{3}$，直线l_2经过两点A（0，2），$B\left(\dfrac{3}{2}，1\right)$；

（2）直线l_1经过两点A（-3，2），B（-3，10），直线l_2经过两点M（5，-2），N（5，5）.

变式1.3-2

判断下列直线l_1与l_2的位置关系：

（1）l_1的斜率为1，l_2经过点A（1，1），B（2，2）；

（2）l_1过点A（-1，-2），B（2，1），l_2过点M（3，4），N（-1，-1）.

变式1.3-3

已知$P(-2,m)$，$Q(m,4)$，$M(m+2,3)$，$N(1,1)$，若直线$PQ//MN$，求m的值.

总　结

判断两条不重合直线是否平行的步骤如图1.12所示.

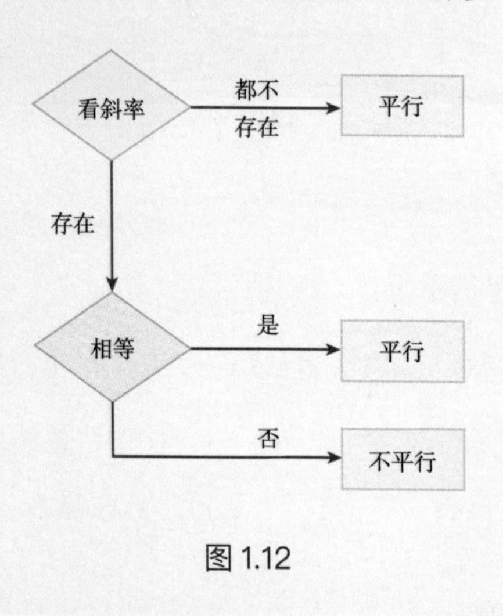

图 1.12

思　考

综上可知，当直线l_1，l_2平行或重合时，$k_1=k_2$，那么当直线$l_1\perp l_2$时，k_1与k_2满足什么关系?

设两条直线l_1与l_2的倾斜角分别为α_1与α_2，且α_1，α_2均不等于$90°$，此时两条直线的斜率均存在.

如图1.13所示，如果直线$l_1 \perp l_2$，这时$\alpha_1 \neq \alpha_2$．由三角形任一外角等于其不相邻两内角之和，即$\alpha_2=90° + \alpha_1$．

因为直线l_1，l_2的斜率分别为k_1，k_2，由

$$k_1=\tan\alpha_1，\quad k_2=\tan\alpha_2=\tan(90° + \alpha_1)=-\frac{1}{\tan\alpha_1}$$

得

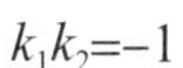

$$k_1k_2=-1$$

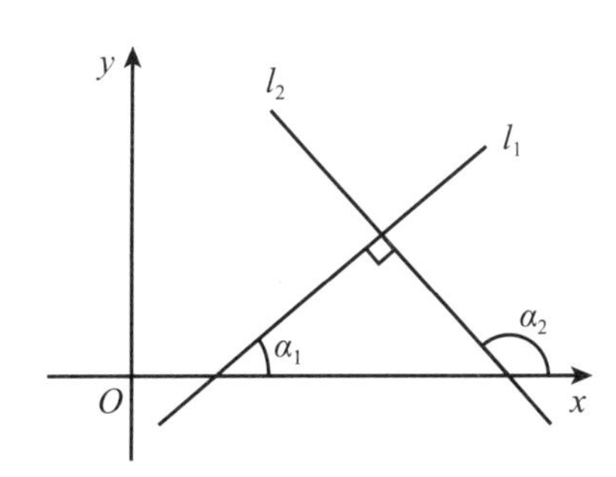

微件　图 1.13｜两直线位置关系的判定

综上我们得到，如果两条直线都有斜率，且它们互相垂直，那么它们的斜率之积等于−1；反之，如果它们的斜率之积等于−1，那么它们互相垂直，即$l_1 \perp l_2 \Leftrightarrow k_1k_2=-1$．

那么当两条直线中有一条直线的斜率不存在时，它们又在什么情况下垂直呢？

我们知道当直线的斜率不存在时，即这条直线的倾斜角为90°，那么此时倾斜角为0°的直线和这条直线垂直．就是说斜率为0的直线与斜率不存在的直线相互垂直．

【例题1.4】

判断下列直线l_1与l_2是否垂直：

（1）已知直线l_1的斜率$k_1=-10$，直线l_2经过点$A(1，-1)$，$B(11，0)$，试判断l_1与l_2是否垂直；

（2）已知直线l_1：$ax+(a+2)y+1=0$，l_2：$x+ay+2=0$，其中$a \in \mathbf{R}$，若$l_1 \perp l_2$，则实数a的值为多少？

答案：（1）垂直；（2）$a=0$或$a=-3$．

解析：

（1）因为直线l_1的斜率$k_1=-10$，直线l_2的斜率$k_2=\frac{0-(-1)}{11-1}=\frac{1}{10}$，所以$k_1 \cdot k_2=-10\times\frac{1}{10}=-1$，故直线$l_1$与$l_2$垂直.

（2）因为直线l_1：$ax+(a+2)y+1=0$，l_2：$x+ay+2=0$，且$l_1\perp l_2$，所以$a+a(a+2)=0$，解得$a=0$或$a=-3$.

变式1.4-1

判断下列直线l_1与l_2的位置关系：

（1）l_1的斜率为-10，l_2经过点$A(10, 2)$，$B(20, 3)$；

（2）l_1过点$A(2, 7)$，$B(65, 7)$，l_2过点$M(101, 11)$，$N(101, -6)$.

变式1.4-2

已知两条直线l_1，l_2的斜率是方程$3x^2+mx-3=0$（$m\in\mathbf{R}$）的两个根，判断l_1与l_2的位置关系.

变式1.4-3

已知定点$A(-1, 3)$，$B(4, 2)$，以AB为直径作圆，与x轴有交点C，求交点C的坐标.

总　结

使用斜率公式判定两直线垂直的步骤：

一看：看所给两点的横坐标是否相等，若相等，则直线的斜率不存在，若不相等，则进行第二步.

二用：将点的坐标代入斜率公式.

三求值：计算斜率的值，进行判断. 尤其是当点的坐标中含有参数时，应用斜率公式要对参数进行讨论.

总之，当l_1与l_2一个斜率为0，另一个斜率不存在时，$l_1 \perp l_2$；当l_1与l_2斜率都存在时，满足$k_1 \cdot k_2=-1$.

1.2　直线的方程

上一节我们分析了在直角坐标系内确定一条直线的几何要素. 已知直线上的一点和直线的倾斜角（斜率）可以确定一条直线，同时学习了斜率的概念，推导了直线斜率的计算公式；初中学过，已知两点也可以确定一条直线.

在平面直角坐标系中，直线上所有的点都有其对应的坐标（x，y）. 那么，我们能否用给定的条件，确定唯一一条直线，将直线上所有点的坐标（x，y）满足的关系表示出来呢?

这就是本节要研究的直线方程.

1.2.1　直线的点斜式方程和斜截式方程

如图1.14所示，直线l经过点P_0（x_0，y_0），且斜率为k，设点P（x，y）是直线l上不同于点P_0的任意一点，因为直线l的斜率为k，由斜率公式得

$$k=\frac{y-y_0}{x-x_0}$$

即

$$y-y_0=k(x-x_0) \tag{1.1}$$

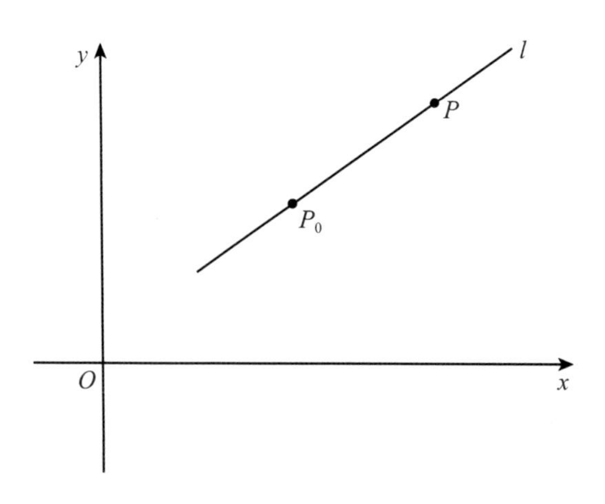

图 1.14

由上述推导过程我们可知：

方程（1.1）由直线上一定点以及斜率确定，我们把方程（1.1）叫作直线的点斜式方程（如图1.15所示），简称点斜式（point slope form）.

过坐标原点的直线我们可以看作过点O（0，0）、斜率为k的直线，即过原点的直线的点斜式方程为$y=kx$.

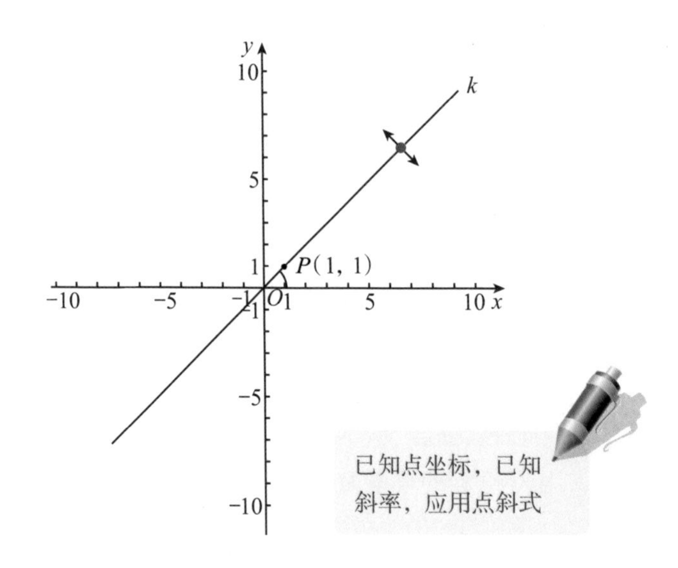

微件 图 1.15 | 直线的点斜式方程

思 考

x轴所在直线及平行于x轴的直线的方程是什么？y轴所在直线及平行于y轴的直线的方程是什么？

当直线l的倾斜角为0°时（如图1.16所示），$\tan 0°=0$，即$k=0$，这时直线l与x轴平行或重合，l的方程就是$y-y_0=0$或$y=y_0$.

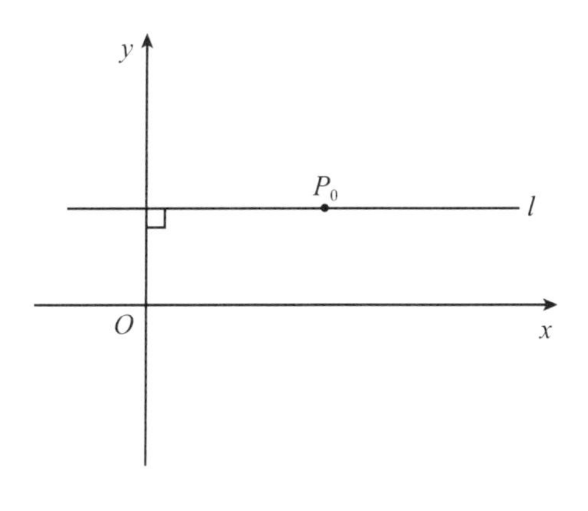

图 1.16

当直线l的倾斜角为90°时（如图1.17所示），该直线没有斜率，这时直线l与y轴平行或重合，它的方程不能用点斜式表示．因为这时直线l上每一点的横坐标都等于x_0，所以它的方程是$x-x_0=0$或$x=x_0$.

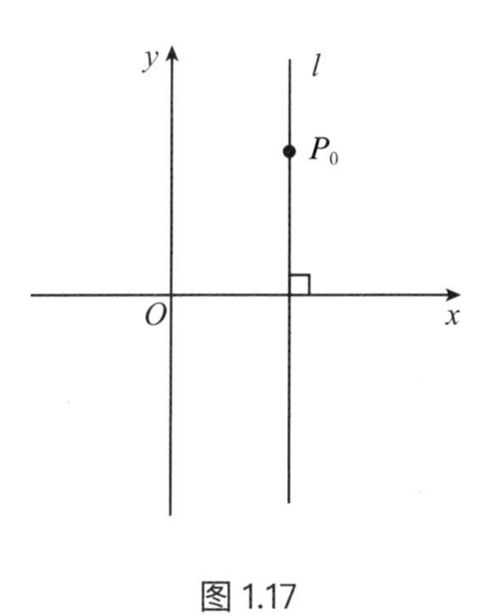

图 1.17

【例题 1.5】

（1）求经过点（−3，1）且平行于y轴的直线方程；

（2）直线$y=2x+1$绕着其上一点P（1，3）逆时针旋转90°后得直线l，求直线l的点斜式方程；

（3）直线l_1过点A（−1，−2），其倾斜角等于直线l_2：$y=\frac{\sqrt{3}}{3}x$的倾斜角的2倍，求l_1的点斜式方程.

答案：（1）$x=-3$；（2）$y-3=-\frac{1}{2}(x-1)$；（3）$y+2=\sqrt{3}(x+1)$.

解析：

（1）因为直线与y轴平行，所以该直线斜率不存在，所以直线方程为$x=-3$.

（2）由题意知，直线l与直线$y=2x+1$垂直，所以直线l的斜率为$-\frac{1}{2}$. 由点斜式方程可得l的方程为$y-3=-\frac{1}{2}(x-1)$.

（3）因为直线l_2的方程为$y=\frac{\sqrt{3}}{3}x$，设其倾斜角为α，则$\tan\alpha=\frac{\sqrt{3}}{3}$，得$\alpha=30°$，那么直线$l_1$的倾斜角为$2\times30°=60°$，故$l_1$的点斜式方程为$y+2=\tan60°(x+1)$，即$y+2=\sqrt{3}(x+1)$.

变式1.5−1

求经过点（−1，1），斜率是直线$y=\frac{\sqrt{2}}{2}x-2$的斜率的2倍的直线的点斜式方程.

变式1.5−2

求倾斜角是直线$y=-\sqrt{3}x+1$的倾斜角的一半，且经过点（−4，1）的直线方程.

变式1.5-3

（1）求经过点（−5，2）且平行于y轴的直线方程；

（2）直线$y=x+1$绕着其上一点P（3，4）逆时针旋转90° 后得直线l，求直线l的点斜式方程；

（3）求过点P（1，2）且与直线$y=2x+1$平行的直线方程.

总　结

已知直线上一点的坐标以及直线斜率或已知直线上两点的坐标，均可用直线方程的点斜式表示．直线方程的点斜式，应在直线斜率存在的条件下使用．当直线的斜率不存在时，直线方程为$x=x_0$.

如果直线l的斜率为k，且与y轴的交点为（0，b），代入直线的点斜式方程，得

$$y-b=k(x-0)$$

即

$$y=kx+b \qquad (1.2)$$

我们把直线l与y轴交点（0，b）的纵坐标b叫作直线l在y轴上的截距（intercept）．方程（1.2）由直线的斜率k与它在y轴上的截距b确定，所以方程（1.2）叫作直线的斜截式方程（如图1.18、图1.19所示），简称斜截式（slope intercept form）.

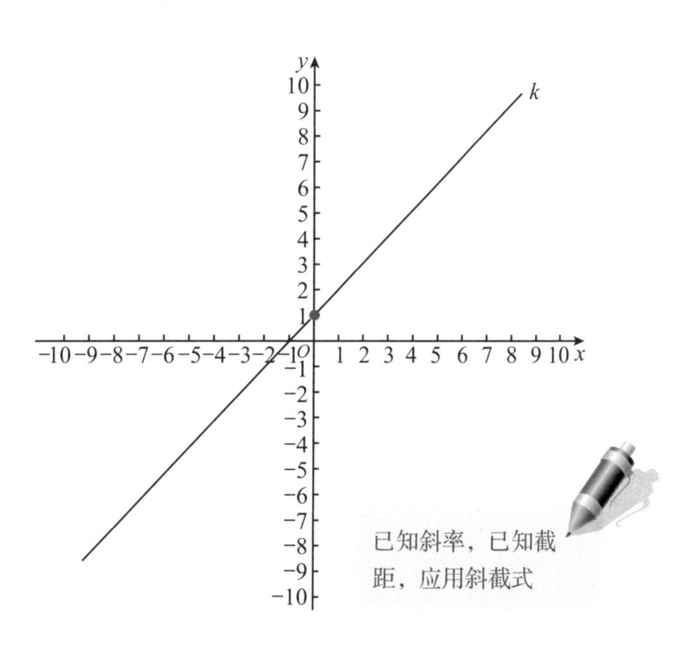

微件　图 1.18 | 直线的斜截式方程

思 考

（1）观察方程$y=kx+b$，它的形式具有什么特点？

我们发现，左端y的系数恒为1，右端x的系数k和常数项b均有明显的几何意义：k是直线的斜率，b是直线在y轴上的截距.

（2）我们可以通过上述方程清楚知道直线l在y轴上的截距，所以通常称之为纵截式. 那么有没有横截式方程呢？横截式方程又怎么表示呢？

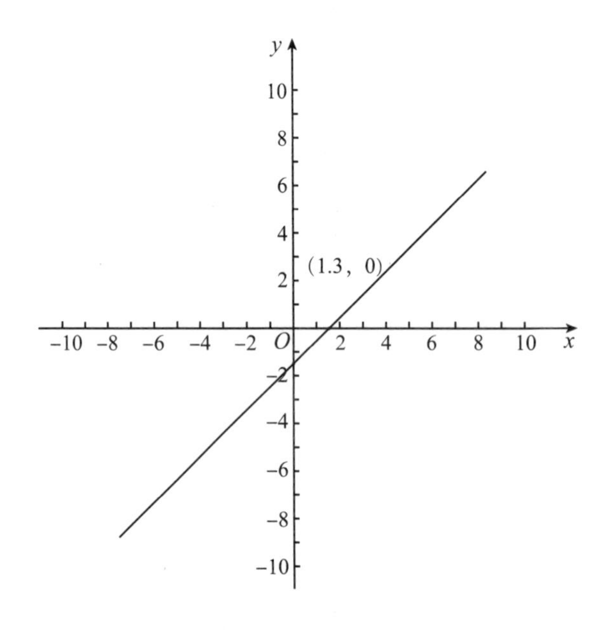

微件　图 1.19｜直线的斜截式方程

【例题1.6】

求下列直线的斜截式方程：

（1）倾斜角是150°，在y轴上的截距是-3；

（2）斜率是$\frac{1}{2}$，与y轴的交点到原点的距离为5.

答案：（1）$y=-\frac{\sqrt{3}}{3}x-3$；（2）$y=\frac{1}{2}x+5$或$y=\frac{1}{2}x-5$.

解析：

（1）因为倾斜角$\alpha=150°$，所以斜率$k=\tan150°=-\frac{\sqrt{3}}{3}$，而截距$b=-3$，故方程为

$y=-\frac{\sqrt{3}}{3}x-3$.

（2）因为直线与y轴的交点到原点的距离为5，所以截距$b=\pm5$，故直线方程为

$y=\frac{1}{2}x+5$或$y=\frac{1}{2}x-5$.

变式1.6–1

写出满足下列条件的直线的方程：

（1）斜率为3，在y轴上的截距为–2；

（2）倾斜角为60°，在y轴上的截距为3.

变式1.6–2

求倾斜角为60°、与y轴的交点到坐标原点的距离为3的直线的斜截式方程.

变式1.6–3

已知直线l_1的方程为$y=-2x+3$，l_2的方程为$y=4x-2$，直线l与l_1平行且与l_2在y轴上的截距相同，求直线l的方程.

总　结

1. 斜截式方程的应用前提是直线的斜率存在．当$b=0$时，$y=kx$表示过原点的直线；当$k=0$时，$y=b$表示与x轴平行（或重合）的直线．

2. 写斜截式方程应有的条件是已知斜率和直线在y轴上的截距．

3. “截距”并非指“距离”，一般地，直线C与y轴（x轴）交点的纵坐标（横坐标）叫作曲线C在y轴（x轴）上的截距，截距可以取一切实数，而距离必须大于或等于零，如$y=x+5$在x轴上的截距是-5，在y轴上的截距是5；与x轴、y轴的交点到原点的距离都是5．

1.2.2　直线的两点式方程和截距式方程

思　考

已知两点$A(x_1, y_1)$，$B(x_2, y_2)$（其中$x_1 \neq x_2$，$y_1 \neq y_2$），如何求过这两个点的直线方程呢?

当$x_1 \neq x_2$时，所求直线的斜率$k=\dfrac{y_2-y_1}{x_2-x_1}$．任取$A$，$B$中的一点，例如，取$A(x_1, y_1)$，由点斜式方程，得

$$y-y_1=\frac{y_2-y_1}{x_2-x_1}(x-x_1)$$

当$y_1 \neq y_2$时，可写为

$$\frac{y-y_1}{y_2-y_1}=\frac{x-x_1}{x_2-x_1} \qquad (1.3)$$

这就是经过点$A(x_1, y_1)$，$B(x_2, y_2)$（其中$x_1 \neq x_2$，$y_1 \neq y_2$）的直线方程，我们把方程（1.3）叫作直线的两点式方程（如图1.20所示），简称两点式（two-point form）．

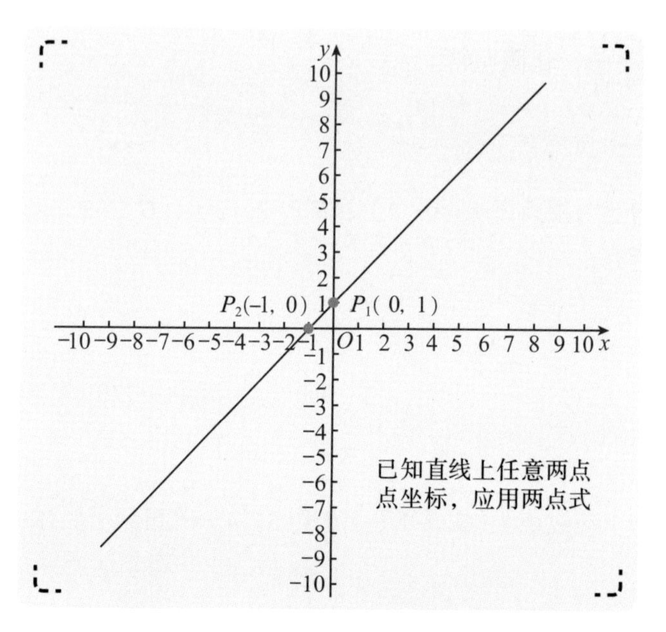

微件 图 1.20 | 直线的两点式方程

若$A(x_1, y_1)$，$B(x_2, y_2)$中有$x_1=x_2$或$y_1=y_2$，则直线AB没有两点式方程. 当$x_1=x_2$时，直线AB平行于y轴，直线方程为$x-x_1=0$或$x=x_1$；当$y_1=y_2$时，直线AB平行于x轴，直线方程为$y-y_1=0$或$y=y_1$.

【例题1.7】

已知三角形的三个顶点坐标$A(-4, 0)$，$B(0, -3)$，$C(-2, 1)$，求：

（1）BC边所在的直线方程；

（2）BC边上中线所在的直线方程.

答案：（1）$y=-2x-3$；（2）$y=-\frac{1}{3}x-\frac{4}{3}$.

解析：

（1）直线BC过点$B(0, -3)$，$C(-2, 1)$，由两点式方程可得$\frac{y+3}{1+3}=\frac{x-0}{-2-0}$，化简可得$y=-2x-3$.

（2）由中点坐标公式可得（见1.3.2小节），$x_D=\frac{x_B+x_C}{2}$，$y_D=\frac{y_B+y_C}{2}$，BC的中点D的坐标为$\left(\frac{0-2}{2}, \frac{-3+1}{2}\right)$，即$D(-1, -1)$，又直线$AD$过点$A(-4, 0)$，由两点式

方程可得 $\frac{y+1}{0+1}=\frac{x+1}{-4+1}$，化简可得 $y=-\frac{1}{3}x-\frac{4}{3}$.

变式1.7-1

已知$\triangle ABC$的三个顶点为A（1，2），B（-2，3），C（-3，-8），求边AC的中线所在直线的方程.

变式1.7-2

若点P（3，m）在过点A（2，-1），B（-3，4）的直线上，求m的值.

变式1.7-3

已知$\triangle ABC$的顶点是A（-1，-1），B（3，1），C（1，6），求与CB平行的中位线的直线方程.

总　结

求直线的两点式方程的策略以及注意点：

1. 当已知两点坐标，求过这两点的直线方程时，首先要判断是否满足两点式方程的适用条件：两点的连线不平行于坐标轴. 若满足，则考虑用两点式求方程.

2. 由于减法的顺序性，一般用两点式求直线方程时常会将字母或数字的顺序错位而导致错误. 在记忆和使用两点式方程时，必须注意坐标的对应关系.

思考

我们知道，当直线l不经过坐标原点且不与任一坐标轴平行时，这条直线将与两坐标轴各有一交点．当我们知道这两个特殊的点时，这条直线的方程又该怎么求呢？

如图1.21所示，已知直线l与x轴的交点为$A(a, 0)$，与y轴的交点为$B(0, b)$，其中$a\neq0$，$b\neq0$，此时直线l的方程是什么样的呢？

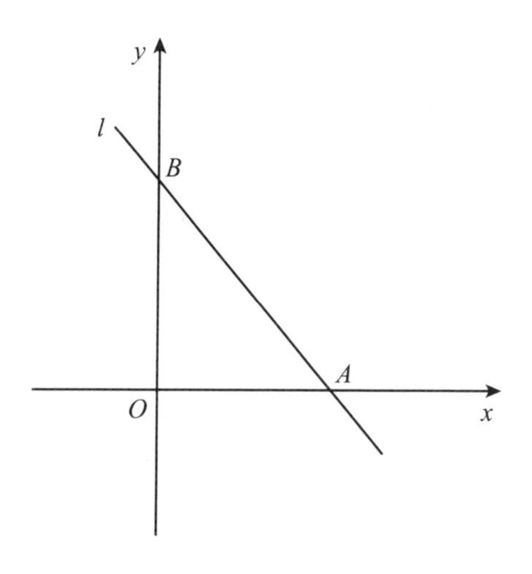

图 1.21

将两点$A(a, 0)$，$B(0, b)$的坐标代入两点式，得

$$\frac{y-0}{b-0}=\frac{x-a}{0-a}$$

即

$$\frac{x}{a}+\frac{y}{b}=1 \qquad (1.4)$$

我们把直线与x轴的交点为$(a, 0)$的横坐标a叫作直线在x轴上的截距，此时直线在y轴上的截距是b．方程（1.4）由直线l在两个坐标轴上的截距a与b确定，所以叫作直线的截距式方程（如图1.22所示）．

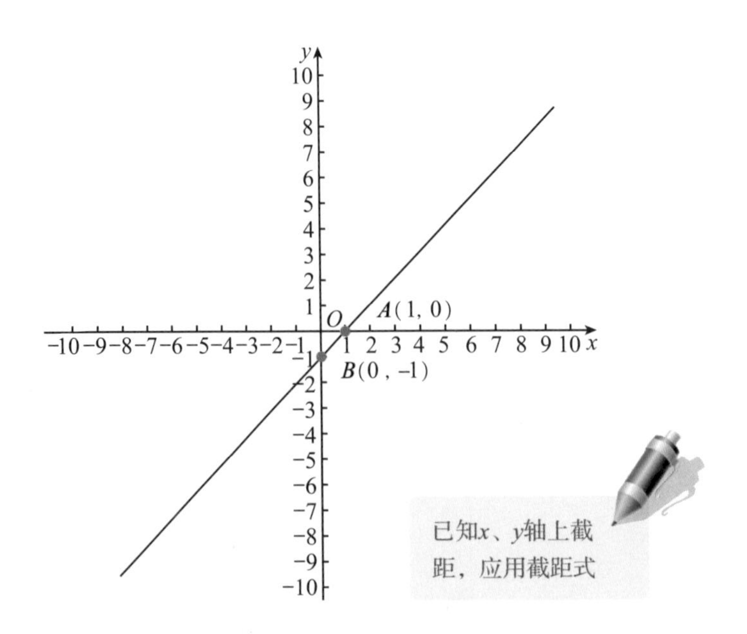

微件　图 1.22 | 直线的截距式方程

【例题1.8】

已知直线l过点P_0（3，2），且在两坐标轴上的截距互为相反数，求直线l的方程.

答案：$x-y=1$或 $y=\dfrac{2}{3}x$.

解析：

（1）当直线l不过原点时，因为直线l在两坐标轴上的截距互为相反数，所以设直线l的方程为 $\dfrac{x}{a}+\dfrac{y}{-a}=1$. 将点P_0（3，2）代入直线方程得 $\dfrac{3}{a}+\dfrac{2}{-a}=1$ ，解得$a=1$，故所求的直线l的方程为$x-y=1$.

（2）当直线l过原点时，设直线l的方程为$y=kx$，将点P_0（3，2）代入直线方程得 $k=\dfrac{2}{3}$ ，此时直线l的方程为 $y=\dfrac{2}{3}x$.

故所求直线l的方程为$x-y=1$或 $y=\dfrac{2}{3}x$.

变式1.8-1

求过点A（2，1），且在x轴上的截距是在y轴上的截距的2倍的直线方程.

变式1.8-2

直线l过定点$A(-2, 3)$，且与两坐标轴围成的三角形面积为4，求直线l的方程.

变式1.8-3

直线l过点$P\left(\frac{4}{3}, 2\right)$，且与$x$轴、$y$轴的正半轴分别交于$A$，$B$两点，$O$为坐标原点.

（1）当$\triangle AOB$的周长为12时，求直线l的方程；

（2）当$\triangle AOB$的面积为6时，求直线l的方程.

总　结

用截距式方程解决问题的优点及注意事项：

1. 由截距式方程可直接确定直线与x轴和y轴的交点的坐标，因此用截距式画直线比较方便.

2. 在解决与截距有关或直线与坐标轴围成的三角形面积、周长等问题时，经常使用截距式.

3. 但当直线与坐标轴平行时，有一个截距不存在；当直线通过原点时，两个截距均为零. 在这两种情况下都不能用截距式，故解决问题过程中要注意分类讨论.

温馨提示

如果直线与两坐标轴都相交，则可考虑选用截距式方程，用待定系数法确定其系数即可. 选用截距式方程时，必须首先考虑直线是否过原点以及是否与两坐标轴平行.

1.2.3 直线的一般式方程

直线的点斜式、斜截式、两点式、截距式方程都是关于x，y的二元一次方程．它们都表示平面直角坐标系中的一条直线．但是在表示直线时，都有其局限性，如图1.23所示．

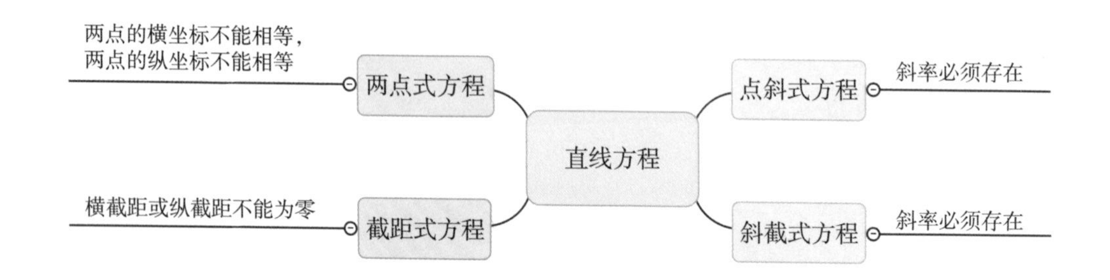

图 1.23 | 直线方程四种形式局限性归纳

那么我们能不能找到一个方程式可以表示平面直角坐标系中的所有直线呢？直线与二元一次方程又有什么关系呢？

现在我们考查直线与二元一次方程的关系，探讨以下两个问题：

（1）平面直角坐标系中的每一条直线都可以用一个关于x，y的二元一次方程表示吗？

（2）每一个关于x，y的二元一次方程都表示一条直线吗？

先看问题（1）．任意一条直线l，在其上任取一点P_0（x_0，y_0），当直线l的斜率为k时（此时直线的倾斜角$\alpha\neq 90°$），其方程为

$$y-y_0=k(x-x_0) \tag{1.5}$$

这是关于x，y的二元一次方程．

当直线l的倾斜角$\alpha=90°$时，直线的方程为

$$x-x_0=0 \tag{1.6}$$

方程（1.6）可以认为是关于x，y的二元一次方程，此时方程中y的系数为0．

方程（1.5）和方程（1.6）都是二元一次方程，因此平面上任意一条直线都可以用一个关于x，y的二元一次方程表示．

现在探讨问题（2）．对于任意一个二元一次方程

$$Ax+By+C=0 \quad (A，B\text{不同时为}0) \tag{1.7}$$

判断它是否表示一条直线，就看能否把它化成直线方程的某一种形式.

当$B\neq 0$时，方程（1.7）可变形为

$$y=-\frac{A}{B}x-\frac{C}{B}$$

它表示过点$\left(0,\ -\frac{C}{B}\right)$、斜率为$-\frac{A}{B}$的直线.

思考

当$B=0$时，情况又怎样呢？

综上可知，关于x，y的二元一次方程，它都表示一条直线. 我们把关于x，y的二元一次方程

$$Ax+By+C=0 \quad （A,\ B不同时为0） \tag{1.8}$$

叫作直线的一般式方程，简称一般式（general form）（如图1.24所示）.

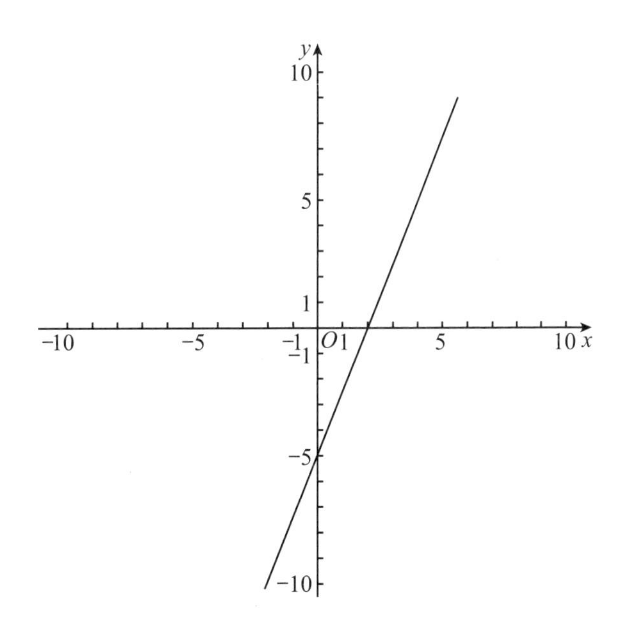

微件　图 1.24 | 直线的一般式方程

探 究

在方程$Ax+By+C=0$中，A，B，C为何值时，方程表示的直线：

（1）平行于x轴；

（2）平行于y轴；

（3）与x轴重合；

（4）与y轴重合.

【例题1.9】

根据下列条件求直线的一般式方程.

（1）斜率是$\sqrt{3}$，且经过点A（5，3）；

（2）斜率为4，在y轴上的截距为-2；

（3）在y轴上的截距为3，且平行于x轴；

（4）在x，y轴上的截距分别是-3，-1.

答案：（1）$\sqrt{3}x-y+3-5\sqrt{3}=0$；　（2）$4x-y-2=0$；

（3）$y-3=0$；　（4）$x+3y+3=0$.

解析：

（1）由点斜式方程得$y-3=\sqrt{3}(x-5)$，整理得$\sqrt{3}x-y+3-5\sqrt{3}=0$；

（2）$y=4x-2$，即$4x-y-2=0$；

（3）$y=3$，即$y-3=0$；

（4）由截距式方程得$\frac{x}{-3}+\frac{y}{-1}=1$，整理得$x+3y+3=0$.

变式1.9-1

求与直线$3x+4y+1=0$平行且过点（1，2）的直线l的方程.

变式1.9-2

求经过点A（2，1）且与直线$2x+y-10=0$垂直的直线l的方程.

变式1.9-3

设直线l的方程为（m^2-2m-3）$x-$（$2m^2+m-1$）$y+6-2m=0$.

（1）若直线l在x轴上的截距为-3，求m的值；

（2）若直线l的斜率为1，求m的值.

总　结

1. 已知直线l_1：$A_1x+B_1y+C_1=0$，直线l_2：$A_2x+B_2y+C_2=0$.

（1）若$l_1 // l_2 \Leftrightarrow A_1B_2-A_2B_1=0$且$B_1C_2-B_2C_1\neq 0$（或$A_1C_2-A_2C_1\neq 0$）；

（2）若$l_1 \perp l_2 \Leftrightarrow A_1A_2+B_1B_2=0$.

2. 与直线$Ax+By+C=0$平行的直线方程可设为$Ax+By+m=0$（$m\neq C$），与直线$Ax+By+C=0$垂直的直线方程可设为$Bx-Ay+m=0$.

思考

已知一条直线的一般式方程，我们如何画出它的图像呢？

已知直线l的一般式方程为$x-5y+10=0$，下面我们来画出直线l在平面直角坐标系中的图形.

分析：由前面的学习可以知道，有两种方法可以在坐标系中确定一条直线. 第一种是我们知道直线上一点坐标及其斜率；第二种是我们知道直线上两个点的坐标. 下面我们就根据这两种方法来画直线l的图像.

方法1：将直线l的一般式方程化成斜截式 $y=\frac{1}{5}x+2$.

因此，直线l的斜率$k=\frac{1}{5}$，它在y轴上的截距是2. 所以直线l与y轴的交点为B（0，2），我们可根据以上条件画出直线l的图像如图1.25所示.

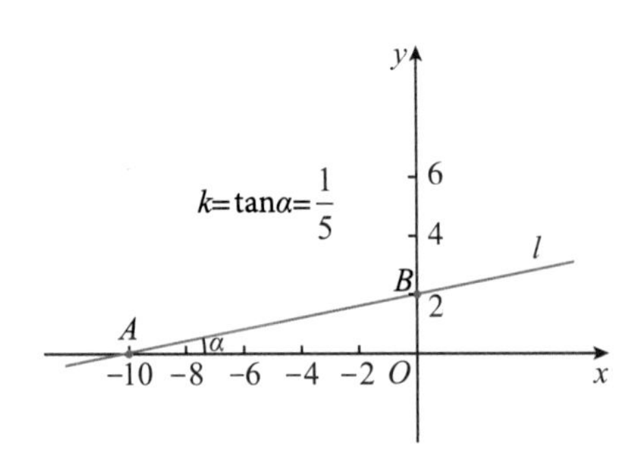

图 1.25

方法2：在直线l的方程$x-5y+10=0$中，令$y=0$，得$x=-10$，即直线l在x轴上的截距是-10.

由上面可得直线l与x轴、y轴的交点分别为A（-10，0），B（0，2），过点A，B作直线，就得直线l的图像，如图1.26所示.

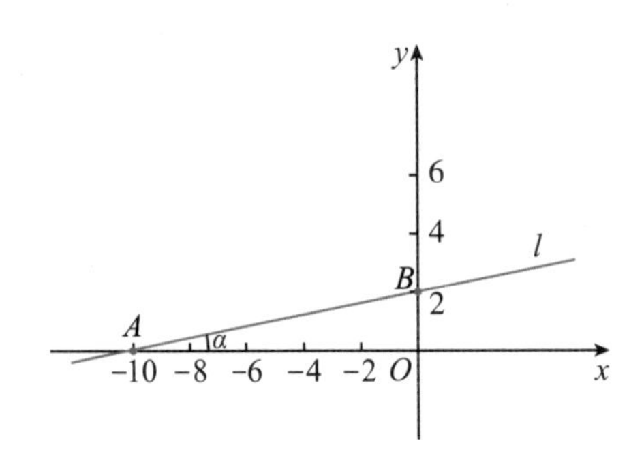

图 1.26

由此，我们可以从几何的角度看一个二元一次方程，即一个二元一次方程表示一条直线.

在代数中我们研究方程，着重研究方程的解. 建立平面直角坐标系后，二元一次方程的每一组解都可以看作平面直角坐标系中一个点的坐标，这个方程的全体解组成的集合，就是坐标满足二元一次方程的全体点的集合，这些点的集合就组成了一条直线．直角坐标系是把方程和直线联系起来的桥梁，这是笛卡儿的伟大贡献．戴上笛卡儿为我们特制的“眼镜”（即用解析几何的眼光）观看，一个二元一次方程就是直角坐标平面上的一条确定的直线．

探究

笛卡儿（如图1.27所示）是法国著名的哲学家、物理学家、数学家，他为现代数学的发展做出了重要的贡献，因将几何坐标体系公式化而被认为是解析几何之父．他的哲学思想深深影响了之后的几代欧洲人，开拓了所谓“欧陆理性主义”哲学．笛卡儿自成体系，融唯物主义与唯心主义于一体，在哲学史上产生了深远的影响，同时，他又是一位勇于探索的科学家，他所建立的解析几何在数学史上具有划时代的意义．

图 1.27 | 笛卡儿

笛卡儿坐标系，也称直角坐标系，是一种正交坐标系．二维的直角坐标系是由两条相互垂直、零点重合的数轴构成的．在平面内，任何一点的坐标都是根据数轴上对应的点的坐标设定的．在平面内，任何一点与坐标的对应关系，类似于数轴上点与坐标的对应关系．

采用直角坐标，几何形状可以用代数公式明确地表达出来．几何形状的每一个点的直角坐标必须遵守这个代数公式．

笛卡儿坐标系是由法国数学家勒内·笛卡儿创建的．1637年，笛卡儿发表了巨著《方法论》．这本专门研究与讨论西方治学方法的书，提供了许多正确的见解与良好的建议，对于后来的西方学术发展有很大的贡献．

为了显示新方法的优点与效果，以及对他个人在科学研究方面的帮助，在《方法论》的附录中，他增添了另外一本书《几何》．有关笛卡儿坐标系的研究，就是出现于《几何》这本书内．

笛卡儿在坐标系方面的研究结合了代数与欧几里得几何，对后来他在解析几何、微积分与地图学等领域的建树，起了关键性作用．

1.3 直线的交点坐标与距离公式

在平面几何中，我们可以对直线作定性的研究．引入平面直角坐标系后，我们用方程表示直线，直线的方程就是直线上每一点的坐标满足的一个关系式，即一个二元一次方程．这样，我们可以通过方程把握直线上的点，用代数方法研究直线上的点，对直线进行定量研究．

上一节，我们在平面直角坐标系中建立了直线的方程．这一节，我们将通过直线方程，用代数方法解决直线的有关问题，包括求两条直线的交点，判断两条直线的位置关系，求两点间的距离、点到直线的距离以及两条平行直线间的距离等．

1.3.1 两条直线的交点坐标

思考

在平面几何中，两条不重合、不平行的直线必有一交点．当我们知道这两条直线的方程后，如何求这个交点的坐标呢？

如图1.28所示，已知两条直线l_1：$A_1x+B_1y+C_1=0$，l_2：$A_2x+B_2y+C_2=0$相交，如何求这两条直线交点Q的坐标？

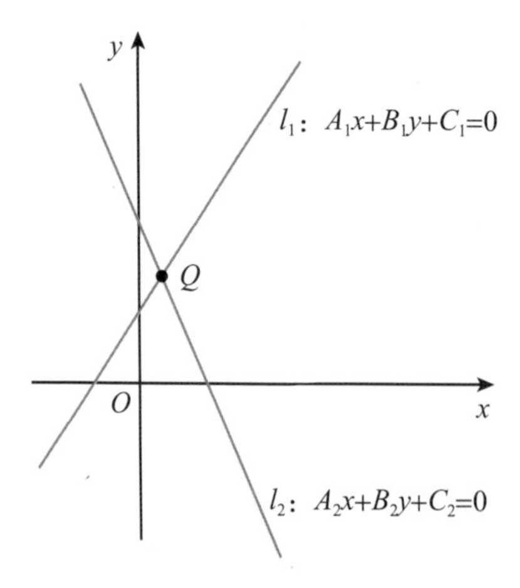

微件　图1.28｜两直线的交点坐标

两直线相交，交点一定同时在这两条直线上，用代数方法求两条直线的交点坐标，只需写出这两条直线的方程，然后联立求解.

一般地，将两条直线的方程联立，得方程组

$$\begin{cases} A_1x + B_1y + C_1 = 0 \\ A_2x + B_2y + C_2 = 0 \end{cases}$$

若方程组有唯一解，则两条直线相交，此解就是交点的坐标；若方程组无解，则两条直线无公共点，此时两条直线平行；若方程组有无数组解，则两条直线有无数个公共点，此时两条直线重合.

【例题1.10】

判断下列各对直线是否相交. 若相交，求出交点坐标.

（1）l_1：$x-y+1=0$，l_2：$2x+3y-3=0$；

（2）l_1：$2x+y+1=0$，l_2：$2x+y-3=0$；

（3）l_1：$2x-y+1=0$，l_2：$4x-2y+2=0$.

答案：（1）相交，交点坐标是（0，1）；

（2）不相交；

（3）重合.

解析：

（1）解方程组$\begin{cases} x-y+1=0 \\ 2x+3y-3=0 \end{cases}$，得$\begin{cases} x=0 \\ y=1 \end{cases}$，所以两直线$l_1$，$l_2$相交，交点坐标为（0，1）.

（2）解方程组$\begin{cases} 2x+y+1=0 \\ 2x+y-3=0 \end{cases}$，消元得4=0，矛盾. 方程组无解，所以两条直线没有公共点，$l_1//l_2$.

（3）解方程组$\begin{cases} 2x-y+1=0 \\ 4x-2y+2=0 \end{cases}$，消元得0=0，恒成立，方程组有无数个解，所以两条直线重合.

变式1.10-1

判断下列各组直线的位置关系. 如果相交，求出交点的坐标.

（1）l_1：$5x+4y-2=0$，l_2：$2x+y+2=0$；

（2）l_1：$2x-6y+3=0$，l_2：$y=\frac{1}{3}x+\frac{1}{2}$；

（3）l_1：$2x-6y=0$，l_2：$y=\frac{1}{3}x+\frac{1}{2}$.

变式1.10-2

若两条直线$2x-my+4=0$和$2mx+3y-6=0$的交点位于第二象限，求实数m的取值范围.

变式1.10-3

直线l_1：$y=kx+3k-2$与直线l_2：$x+4y-4=0$的交点在第一象限，求k的取值范围.

【例题1.11】

（1）无论m为何值，直线（$2m+1$）x+（$m+1$）$y-7m-4=0$恒过一定点P，求点P的坐标；

（2）无论m为何值，求直线l：（$m-1$）x+（$2m-1$）$y=m-5$恒过的定点坐标；

（3）如果对任何实数k，直线（$3+k$）x+（$1-2k$）$y+1+5k=0$都过一个定点A，求点A的坐标.

答案：（1）P（3，1）；（2）（9，−4）；（3）A（−1，2）.

解析：

（1）方法1：直线l的方程可化为（$x+y-4$）$+m$（$2x+y-7$）$=0$. 由$\begin{cases}x+y-4=0\\2x+y-7=0\end{cases}$，解得$P$（3，1）.

方法2：令$m=-1$，得$-x+7-4=0$，即$x-3=0$，$x=3$．令$m=-\frac{1}{2}$，得$\frac{1}{2}y+\frac{7}{2}-4=0$即$y=1$，所以定点$P$的坐标为（3，1）．

（2）直线$(m-1)x+(2m-1)y=m-5$化为$m(x+2y-1)+(-x-y+5)=0$，即直线l过$x+2y-1=0$与$-x-y+5=0$的交点，解方程组$\begin{cases}x+2y-1=0\\-x-y+5=0\end{cases}$，得$\begin{cases}x=9\\y=-4\end{cases}$．

（3）将方程写成$(x-2y+5)k+3x+y+1=0$，对于任意k值，等式成立，所以$x-2y+5=0$且$3x+y+1=0$，解得$x=-1$，$y=2$，所以点A的坐标为（-1，2）．

变式1.11-1

已知线段PQ两端点的坐标分别为$P(-1,1)$和$Q(2,2)$，若直线l：$x+my+m=0$与线段PQ有交点，求实数m的取值范围．

变式1.11-2

若直线l：$y=kx-\sqrt{3}$与直线$2x+3y-6=0$的交点位于第一象限，求直线l的倾斜角的取值范围．

变式1.11-3

已知点$A(1,3)$，$B(-2,-1)$．若直线l：$y=k(x-2)+1$与线段AB相交，求k的取值范围．

总结

判断两直线的位置关系，关键是看两直线的方程组成的方程组的解的情况.

1. 解方程组的重要思想就是消元，先消去一个变量，代入另外一个方程能解出另一个变量的值.

2. 解题过程中注意对其中参数进行分类讨论.

3. 最后把方程组解的情况还原为直线的位置关系.

温馨提示

两条直线相交的判定方法：

方法1：联立直线方程解方程组，若有解，则两直线相交；

方法2：两直线斜率都存在且斜率不等；

方法3：两直线的斜率一个存在，另一个不存在.

1.3.2 两点间的距离与中点坐标公式

思 考

平面上任意两点A，B，用$|AB|$表示两点间的距离. 在平面直角坐标系中如何求A，B两点间的距离呢？

已知平面直角坐标系上点$A(x_1, y_1)$，$B(x_2, y_2)$，下面我们来求A，B的距离$|AB|$.

如图1.29所示，过点A，B分别向y轴和x轴作垂线AN_1和BM_2，垂足分别为$N_1(0, y_1)$和$M_2(x_2, 0)$，直线AN_1与BM_2相交于点Q.

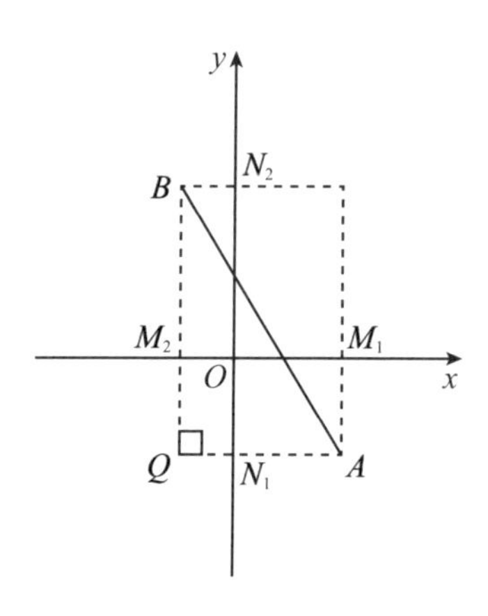

微件 图 1.29 | 平面中两点间距离

在Rt△AQB中，$|AB|^2=|AQ|^2+|QB|^2$. 为了计算$|AQ|$和$|QB|$，过点A向x轴作垂线，垂足为M_1（x_1，0）；过点B向y轴作垂线，垂足为N_2（0，y_2）.

于是有$|AQ|=|M_1M_2|=|x_2-x_1|$，$|QB|=|N_1N_2|=|y_2-y_1|$. 所以，$|AB|^2=|x_2-x_1|^2+|y_2-y_1|^2$. 由此得到两点$A$（$x_1$，$y_1$），$B$（$x_2$，$y_2$）间的距离公式：

$$|AB|=\sqrt{(x_2-x_1)^2+(y_2-y_1)^2}$$

特别地，原点O（0，0）与任意一点P（x，y）的距离$|OP|=\sqrt{x^2+y^2}$.

【例题1.12】

已知动点P的坐标为（x，$1-x$），$x\in\mathbf{R}$，求动点P到原点的距离的最小值.

答案：$\dfrac{\sqrt{2}}{2}$.

解析：

因为$|OP|=\sqrt{x^2+(1-x)^2}=\sqrt{2x^2-2x+1}=\sqrt{2\left(x^2-x+\dfrac{1}{4}\right)+\dfrac{1}{2}}=\sqrt{2\left(x-\dfrac{1}{2}\right)^2+\dfrac{1}{2}}\geqslant\dfrac{\sqrt{2}}{2}$，所以$P$到原点的距离的最小值为$\dfrac{\sqrt{2}}{2}$.

变式1.12-1

若x轴的正半轴上的点M到原点的距离与到点（5，-3）的距离相等，求点M的坐标.

变式1.12-2

已知点A（-1，2），B（2，$\sqrt{7}$），在x轴上求一点P，使$|PA|=|PB|$，并求$|PA|$的值.

变式1.12-3

已知点A（1，1），B（5，3），C（0，3），求证：$\triangle ABC$为直角三角形.

总　结

1. 计算两点间距离的方法：

（1）对于任意两点P_1（x_1，y_1）和P_2（x_2，y_2），则$|P_1P_2|=\sqrt{(x_2-x_1)^2+(y_2-y_1)^2}$.

（2）对于两点的横坐标或纵坐标相等的情况，可直接利用距离公式的特殊情况求解.

2. 解答这种类型的题目还要注意构成三角形的条件.

思　考

A，B两点之间的线段AB必然存在中点M，设中点M的坐标为（x，y），那么如何求中点M的坐标呢？

如图1.30所示，已知点$A(x_1, y_1)$，$B(x_2, y_2)$，设点$M(x, y)$是线段AB的中点，过A，B，M三点分别向x轴、y轴作垂线AA_1，AA_2，BB_1，BB_2，MM_1，MM_2，垂足分别为$A_1(x_1, 0)$，$A_2(0, y_1)$，$B_1(x_2, 0)$，$B_2(0, y_2)$，$M_1(x, 0)$，$M_2(0, y)$.

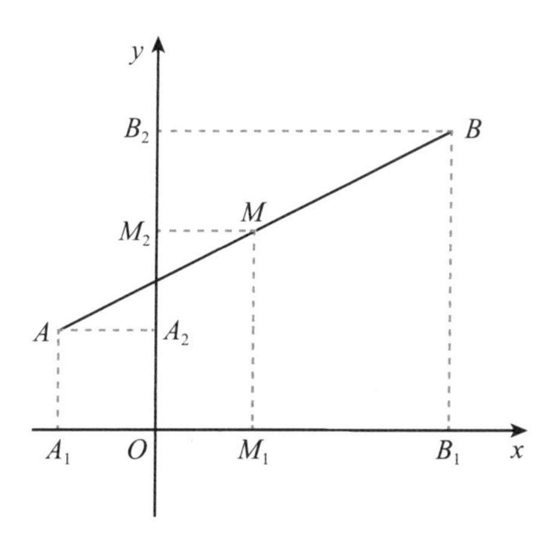

微件　图1.30 | 中点坐标公式

因为M是线段AB的中点，所以点M_1和点M_2分别是A_1B_1和A_2B_2的中点，则$A_1M_1=M_1B_1$，$A_2M_2=M_2B_2$. 故$x-x_1=x_2-x$，$y-y_1=y_2-y$，即

$$\begin{cases} x=\dfrac{x_1+x_2}{2} \\ y=\dfrac{y_1+y_2}{2} \end{cases}$$

这就是线段中点坐标的计算公式，简称中点坐标公式. 常用于解决点关于点的对称问题.

1.3.3　点到直线的距离

平面几何中，求点P到直线l距离的方法是：先过点P作直线l的垂线PP_0，垂足为P_0，再求出PP_0的长度，这就是点P到直线l的距离. 如图1.31所示，在平面直角坐标系中，如何用坐标的方法求出点到直线的距离呢?

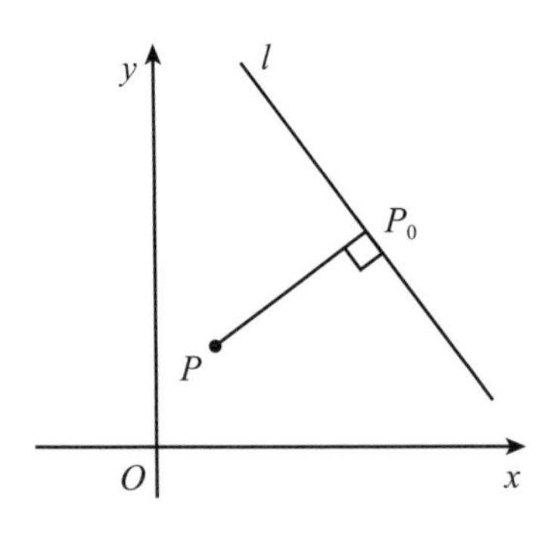

图 1.31

如图1.32所示，过点P（x_0，y_0）作直线l的垂线m，交l于点P_0（x_1，y_1）.

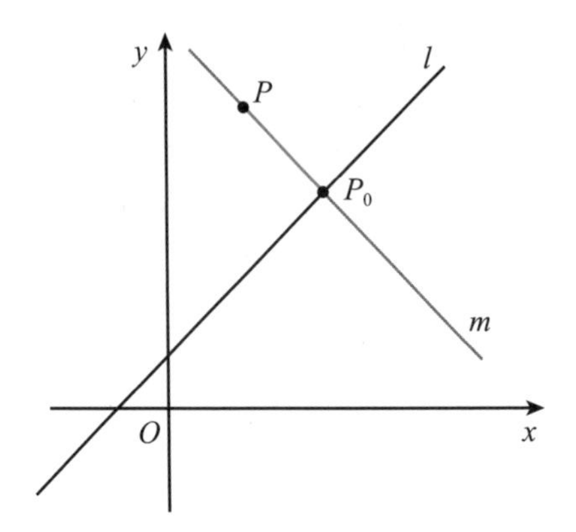

微件　图 1.32 | 点到直线的距离

容易求得直线m的方程为$B(x-x_0)-A(y-y_0)=0$．由此得

$$B(x_1-x_0)-A(y_1-y_0)=0 \tag{1.9}$$

因为点P_0又在直线l上，可知$Ax_1+By_1+C=0$，即$C=-Ax_1-By_1$．所以$Ax_0+By_0+C=Ax_0+By_0-Ax_1-By_1$，即

$$A(x_0-x_1)+B(y_0-y_1)=Ax_0+By_0+C \tag{1.10}$$

把式（1.9）和式（1.10）两边平方后相加，整理可得

$$(A^2+B^2)\left[(x_0-x_1)^2+(y_0-y_1)^2\right]=(Ax_0+By_0+C)^2$$

即

$$(x_0-x_1)^2+(y_0-y_1)^2=\frac{(Ax_0+By_0+C)^2}{A^2+B^2}$$

容易看出，等式左边即为点$P(x_0, y_0)$到直线l的距离的平方. 由此我们就可以得到点P到直线l的距离d的计算公式：

$$d=\frac{|Ax_0+By_0+C|}{\sqrt{A^2+B^2}}$$

可以验证，当$A=0$或$B=0$时，上述公式也成立.

【例题1.13】

求过点$M(-1, 2)$，且点$A(2, 3)$，$B(-4, 5)$到其距离相等的直线l的方程.

答案：$x=-1$或$x+3y-5=0$.

解析：

方法1：当过点$M(-1, 2)$的直线l的斜率不存在时，直线l的方程为$x=-1$，恰好与$A(2, 3)$，$B(-4, 5)$两点距离相等，故$x=-1$满足题意.

当过点$M(-1, 2)$的直线l的斜率存在时，设l的方程为$y-2=k(x+1)$，即$kx-y+k+2=0$. 由点$A(2, 3)$，$B(-4, 5)$到直线l的距离相等，得$\frac{|2k-3+k+2|}{\sqrt{k^2+1}}=\frac{|-4k-5+k+2|}{\sqrt{k^2+1}}$，解得$k=-\frac{1}{3}$，此时$l$的方程为$y-2=-\frac{1}{3}(x+1)$，即$x+3y-5=0$.

综上所述直线l的方程为$x=-1$或$x+3y-5=0$.

方法2：由题意得$l//AB$或l过AB的中点.

当$l//AB$时，设直线AB的斜率为k_{AB}，直线l的斜率为k_1，则$k_{AB}=k_1=\frac{5-3}{-4-2}=-\frac{1}{3}$，此时直线$l$的方程为$y-2=-\frac{1}{3}(x+1)$，即$x+3y-5=0$.

当l过AB的中点$(-1, 4)$时，直线l的方程为$x=-1$.

综上所述，直线l的方程为$x=-1$或$x+3y-5=0$.

变式1.13-1

求点$(-1, 0)$到直线$y=2x+1$的距离.

变式1.13-2

已知点$A(a, 2)$（$a>0$）到直线l：$x-y+3=0$的距离为1，求a的值.

变式1.13-3

（1）求点$P(2, -3)$到下列直线的距离：

① $y=\frac{4}{3}x+\frac{1}{3}$；　　② $3y=4$；　　③ $x=3$.

（2）求点$(1, -1)$到直线$y=x+1$的距离.

总　结

应用点到直线的距离公式应注意的三个问题：

1. 直线方程应为一般式，若给出其他形式应转化为一般式；

2. 当点P在直线l上时，点到直线的距离为0，公式仍然适用；

3. 直线方程$Ax+By+C=0$中，$A=0$或$B=0$公式也成立，但由于直线是特殊直线（与坐标轴垂直），故也可用数形结合求解.

1.3.4　两平行直线间的距离

在一条直线上任取一点作另一条平行线的垂线，这点与垂足之间的线段长叫作平行线的距离. 根据上述定义我们可以得到两个结论：

（1）两条平行直线间的距离就是指夹在两条平行直线间公垂线段的长；

（2）平行线间的距离处处相等.

如图1.33所示，设直线l_1：$Ax+By+C_1=0$，l_2：$Ax+By+C_2=0$，如何求l_1与l_2间的距离？

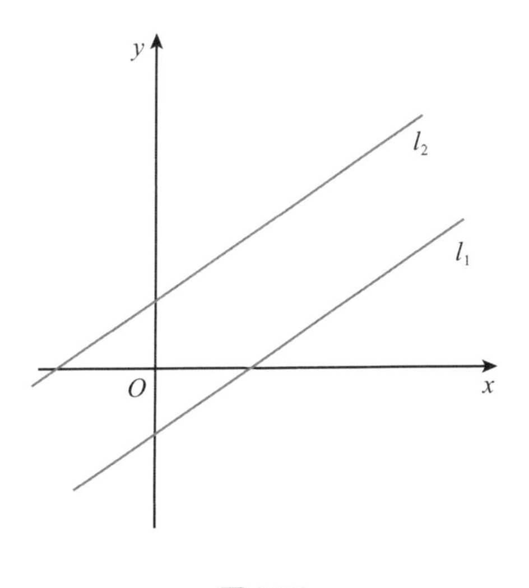

图 1.33

我们根据定义，可以将平行直线间的距离转化为点到直线的距离，如图1.34所示.

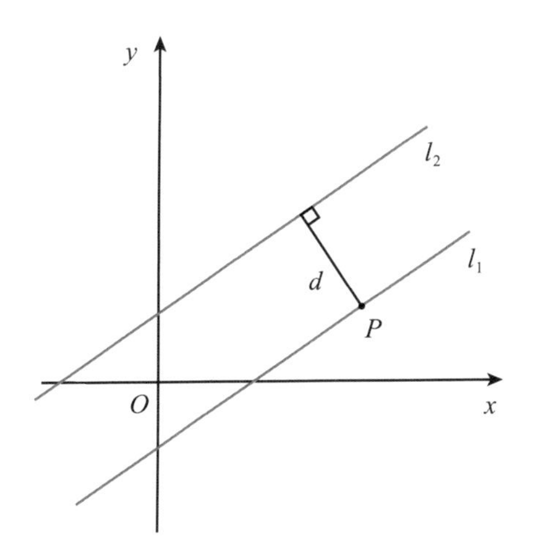

微件　图 1.34 | 两平行直线间的距离

设点P（a，b）在直线l_1上，则有$Aa+Bb+C_1=0$，即$Aa+Bb=-C_1$，由点到直线距离公式，点P到直线l_2的距离为

$$d=\frac{|Aa+Bb+C_2|}{\sqrt{A^2+B^2}}=\frac{|-C_1+C_2|}{\sqrt{A^2+B^2}}=\frac{|C_2-C_1|}{\sqrt{A^2+B^2}}$$

思考

将平行直线间的距离转化为点到直线的距离后，如何取点可使计算简单?

【例题1.14】

求两平行线l_1：$3x+4y=10$和l_2：$3x+4y=15$间的距离.

答案：1.

解析：

方法1：在l_1：$3x+4y=10$上任取一点A（2，1）. 点A到直线l_2的距离为$d=\dfrac{|3\times2+4\times1-15|}{\sqrt{3^2+4^2}}=1$，故所求两平行线$l_1$和$l_2$间的距离为1.

方法2：由公式得平行线l_1和l_2间的距离$d=\dfrac{|-10-(-15)|}{\sqrt{3^2+4^2}}=1$，故所求两平行线$l_1$和$l_2$间的距离为1.

方法3：如图1.35所示，过原点O作直线l_1和l_2的垂线，垂足分别为E，F，则原点到直线l_1和l_2间的距离分别为$|OE|$，$|OF|$. 由图可知$|OF|-|OF|=\dfrac{|0-(-15)|}{\sqrt{3^2+4^2}}-\dfrac{|0-(-10)|}{\sqrt{3^2+4^2}}=1$，故所求两平行线$l_1$和$l_2$间的距离为1.

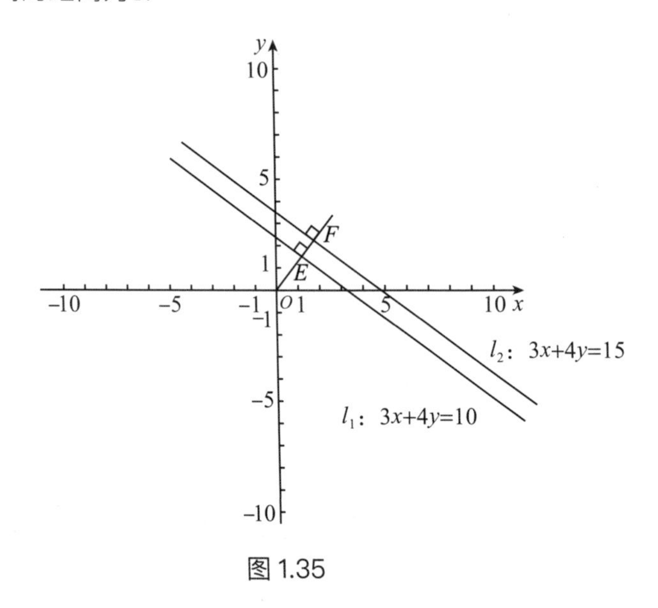

图1.35

变式1.14-1

两直线$3x+y-3=0$和$6x+my-1=0$平行，求两直线间的距离.

变式1.14-2

已知两平行直线l_1：$3x+4y+5=0$，l_2：$6x+8y-15=0$，求到l_1和l_2距离相等的直线l的方程.

变式1.14-3

求与直线l：$7x+24y=5$平行，且到l的距离等于3的直线方程.

变式1.14-4

（1）求与直线l：$5x-12y+6=0$平行，且到l的距离为2的直线方程；

（2）两平行直线l_1，l_2分别过P_1（1，0），P_2（0，5），若l_1与l_2的距离为5，求两直线方程.

总 结

求两平行线间的距离，一般是直接利用两平行线间的距离公式：

若直线l_1：$y=kx+b_1$，l_2：$y=kx+b_2$，且$b_1 \neq b_2$，则$d=\dfrac{|b_1-b_2|}{\sqrt{k^2+1}}$；

若直线l_1：$Ax+By+C_1=0$，l_2：$Ax+By+C_2=0$，且$C_1 \neq C_2$，则$d=\dfrac{|C_1-C_2|}{\sqrt{A^2+B^2}}$.

但必须注意两直线方程中x，y的系数对应相等.

1.4　直线中的对称问题

现实生活中处处可见对称的物体，跷跷板、风车、倒影、光线的反射等都是生活中常见的对称的物体.

图 1.36

对于这些对称，我们只能主观感受. 那么在数学中，我们该如何精细地刻画这些关系?

对称问题是我们学习平面解析几何过程中不可忽视的问题，我们对直线方程中的对称问题进行了归纳，如图1.37所示.

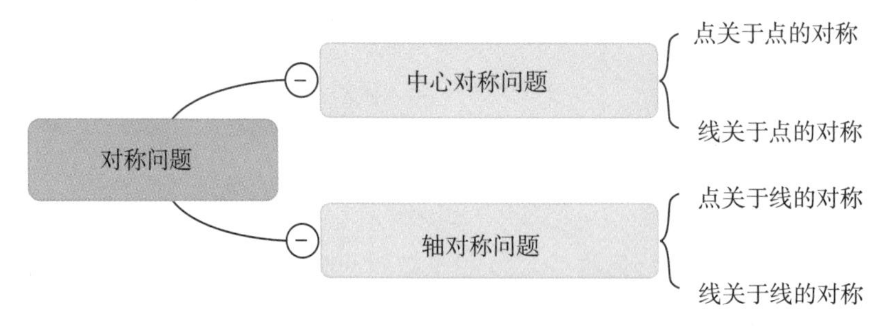

图 1.37 | 直线方程中的对称问题

1.4.1　点关于点的对称

在平面直角坐标系中，点M关于点P必然有一对称点M'，如图1.38所示.

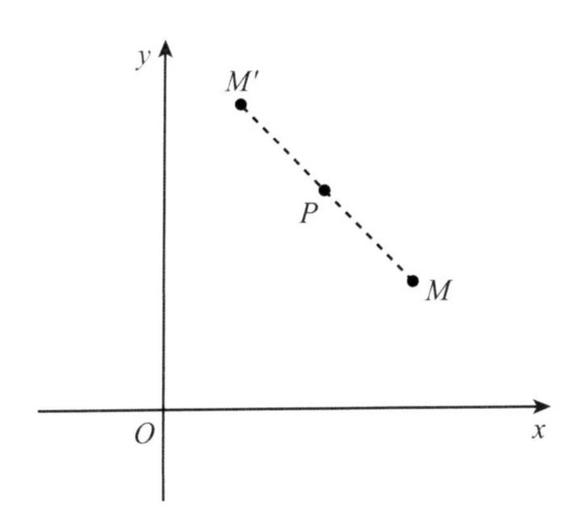

微件　图 1.38 | 点关于点对称

此类问题常用中点坐标公式解决.

【例题1.15】

（1）求点A（3，1）关于点P（2，3）的对称点A'的坐标；

（2）点A（2，4），A'（0，2）关于点P对称，求点P的坐标.

答案：（1）A'（1，5）；（2）P（1，3）.

解析：

根据平面内点A（x_0，y_0）关于点P（a，b）的对称点坐标为（$2a-x_0$，$2b-y_0$），平面内点A（x_1，y_1），A'（x_2，y_2）关于点$P\left(\dfrac{x_1+x_2}{2},\ \dfrac{y_1+y_2}{2}\right)$对称. 由题意知点$P$是线段$AA'$的中点. 所以对于（1）有$\begin{cases}\dfrac{3+x_2}{2}=2\\ \dfrac{1+y_2}{2}=3\end{cases}$，求得$A'$（1，5），（2）有$\begin{cases}a=\dfrac{2+0}{2}\\ b=\dfrac{4+2}{2}\end{cases}$，求得$P$（1，3）.

变式1.15-1

已知点A（5，8），B（−4，1），试求点A关于点B的对称点C的坐标.

变式1.15-2

求点P（3，2）关于点Q（1，4）的对称点M的坐标.

变式1.15-3

过点P（0，1）作直线l，且直线l_1：$2x+y-8=0$和l_2：$x-3y+10=0$截得l的线段被点P平分，求直线l的方程.

1.4.2 线关于点的对称

在平面直角坐标系中，直线l关于点P必然有一对称直线l'，如图1.39所示.

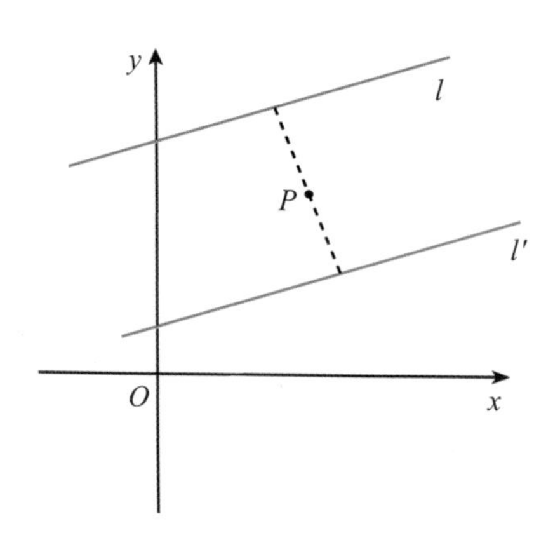

微件 图 1.39 | 直线关于点对称

直线l上的任意一点关于点P的对称点都在直线l'上，我们可以将直线关于点对称的问题转化为点关于点对称的问题.

关于点对称的直线平行且对称点到其距离相等.

【例题1.16】

求与直线λ_1：$x+2y-1=0$关于点P（2，1）对称的直线λ_2的方程.

答案：$x+2y-7=0$.

解析：

方法1：直线λ_1：$x+2y-1=0$与两坐标轴交点为$A\left(0,\ \frac{1}{2}\right)$，$B$（1，0）. 点$A\left(0,\ \frac{1}{2}\right)$关于点$P$（2，1）的对称点为$A'\left(4,\ \frac{3}{2}\right)$，点$B$（1，0）关于点$P$（2，1）的对称点为$B'$（3，2），过点$A'$，$B'$的直线方程为$x+2y-7=0$，故所求直线$\lambda_2$的方程为$x+2y-7=0$.

方法2：由两直线关于点对称，易知两直线平行，所以可设λ_2的方程为$x+2y+m=0$.

又对称点到两直线的距离相等，可以建立等式$\frac{|2+2-1|}{\sqrt{1+4}}=\frac{|2+2+m|}{\sqrt{1+4}}$，解得$m=-7$，即所求直线$\lambda_2$方程为$x+2y-7=0$.

变式1.16-1

求直线l_1：$3x-y-4=0$关于点P（2，-1）对称的直线l_2的方程.

变式1.16-2

求直线$2x+3y-6=0$关于点（1，-1）对称的直线方程.

变式1.16-3

已知直线l：$y=2x+1$，求直线l关于点M（3，2）对称的直线方程.

1.4.3 点关于线的对称

在平面直角坐标系中，点M关于直线l必然有一对称点M'，如图1.40所示.

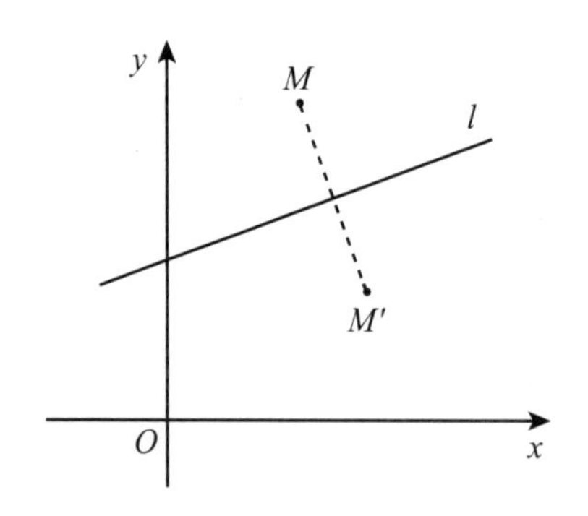

微件　图 1.40 | 点关于直线对称

综上可以得到两个结论：

（1）MM'与直线l互相垂直；

（2）MM'的中点在直线l上.

点P（a，b）关于一些特殊直线的对称点归纳总结如表1.1所示.

表 1.1 | 点关于线的对称

点	对称轴	对称点坐标
P（a，b）	$x+y+c=0$	（$-b-c$，$-a-c$）
	x轴	（a，$-b$）
	y轴	（$-a$，b）
	$y=x$	（b，a）
	$y=-x$	（$-b$，$-a$）
	$x=m$（$m\neq0$）	（$2m-a$，b）
	$y=n$（$n\neq0$）	（a，$2n-b$）

【例题1.17】

已知点A（1，1），直线l：$y-x+2=0$，求点A关于直线l的对称点A'的坐标.

答案：A'（3，-1）.

解析：

方法1：设$A'(x, y)$，则AA'中点坐标为$\left(\frac{1+x}{2}, \frac{1+y}{2}\right)$且满足直线$l$的方程，所以

$$\frac{1+y}{2}-\frac{1+x}{2}+2=0 \qquad (1.11)$$

又因为AA'与l垂直，且AA'，l斜率都存在，所以$k_{AA'}\cdot k_l=-1$，即有

$$\frac{y-1}{x-1}\times 1=-1 \qquad (1.12)$$

由方程（1.11）、方程（1.12）解得$x=3$，$y=-1$，所以A'（3，-1）.

方法2：由题可知，AA'是斜率为-1且过点A的直线，即$y+x-2=0$. 联立l：$y-x+2=0$可得交点坐标为（2，0）. 求点关于线对称的问题，可以转化为求点关于点对称的问题，利用中点坐标公式得到A'坐标为（3，-1）.

变式1.17-1

若点P（3，4）和点Q（a，b）关于直线$x-y-1=0$对称，求实数a，b的值.

变式1.17-2

已知点A与点B（1，2）关于直线$x+y+3=0$对称，求点A的坐标.

变式1.17-3

求点A（-1，3）关于直线l：$2x-y+3=0$的对称点B的坐标.

1.4.4 线关于线的对称

在平面直角坐标系中，直线a关于直线l必然有一对称直线a'，如图1.41所示.

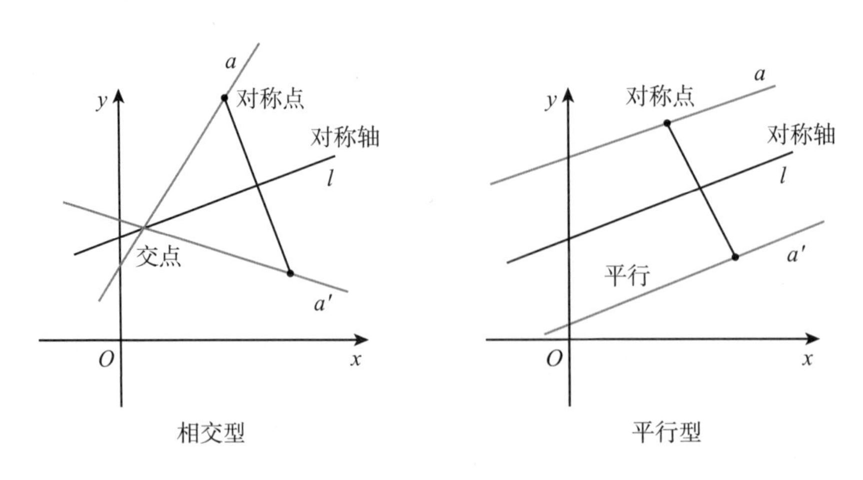

微件 图 1.41 | 直线关于直线对称

此类问题我们一般转化为点关于直线的对称问题来解决. 有两种情况：一是已知直线与对称轴相交；二是已知直线与对称轴平行.

直线$f(x, y)=0$关于一些特殊直线和点的对称直线归纳总结如表1.2所示.

表 1.2 | 线关于线的对称

原直线	对称轴	对称直线
$f(x, y)=0$	x轴	$f(x, -y)=0$
	y轴	$f(-x, y)=0$
	原点	$f(-x, -y)=0$
	$y=x$	$f(y, x)=0$
	$y=-x$	$f(-y, -x)=0$
	$x=a$	$f(2a-x, y)=0$
	$y=b$	$f(x, 2b-y)=0$

【例题1.18】

求已知直线l：$x-y-2=0$关于直线$3x-y+3=0$对称的直线方程.

答案：$7x+y+22=0$.

解析：

在l：$x-y-2=0$上任取一点A（2，0），因为直线$3x-y+3=0$的斜率为3，所以过点A（2，0）且与直线$3x-y+3=0$垂直的直线斜率为$-\frac{1}{3}$，方程为$x+3y-2=0$. 联立方程$\begin{cases}x+3y-2=0\\3x-y+3=0\end{cases}$，得$\begin{cases}x=-\frac{7}{10}\\y=\frac{9}{10}\end{cases}$，所以点$\left(-\frac{7}{10},\frac{9}{10}\right)$为直线$3x-y+3=0$与$x+3y-2=0$的交点，利用中点坐标公式求出$A$（2，0）关于$3x-y+3=0$的对称点坐标为$\left(-\frac{17}{5},\frac{9}{5}\right)$.

又直线l：$x-y-2=0$与直线$3x-y+3=0$的交点也在所求直线上. 由$\begin{cases}x-y-2=0\\3x-y+3=0\end{cases}$，得$\begin{cases}x=-\frac{5}{2}\\y=-\frac{9}{2}\end{cases}$，所以交点坐标为$\left(-\frac{5}{2},-\frac{9}{2}\right)$. 过$\left(-\frac{17}{5},\frac{9}{5}\right)$和$\left(-\frac{5}{2},-\frac{9}{2}\right)$的直线方程为$7x+y+22=0$，故所求直线方程为$7x+y+22=0$.

变式1.18-1

试求直线l_1：$x-y+2=0$关于直线l_2：$x-y+1=0$对称的直线l的方程.

变式1.18-2

求直线l_1：$y=2x+3$关于直线l：$y=x+1$对称的直线l_2的方程.

变式1.18-3

已知直线l：$2x-3y+1=0$，求直线m：$3x-2y-6=0$关于直线l的对称直线m'的方程.

1.4.5 对称问题的应用

生活中有很多问题可以用对称知识来解决，应用我们所学习的对称知识，可以方便简洁地解决实际问题，比如说，运用对称来简化剪纸，利用光的反射定律来解决相关问题等（如图1.42所示）.

图 1.42

【例题1.19】

已知光线从点A（-4，-2）射出，到直线$y=x$上的点B后被直线$y=x$反射到y轴上的点C，又被y轴反射，这时反射光线恰好过点D（-1，6），求BC所在的直线方程.

答案：$10x-3y+8=0$.

解析：

作出草图，如图1.43所示，设点A关于直线$y=x$的对称点为A'，D关于y轴的对称点为D'，则易得A'（-2，-4），D'（1，6）. 由入射角等于反射角可得$A'D'$所在直线经过点B与C. 故BC所在的直线方程为$\frac{y-6}{-4-6}=\frac{x-1}{-2-1}$，即$10x-3y+8=0$.

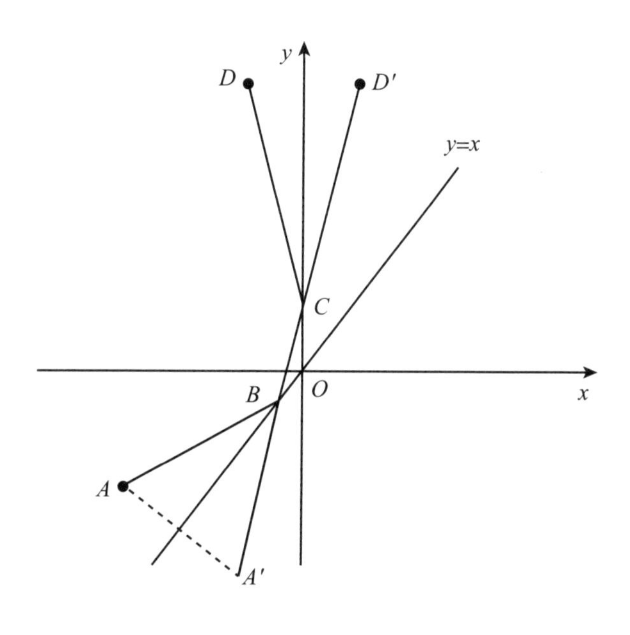

图1.43

变式1.19-1

已知入射光线经过点M（-3，4），被直线l：$x-y+3=0$反射，反射光线经过点N（2，6），求反射光线所在直线的方程.

变式1.19-2

已知光线从点$A(-5,-2)$射出，到直线$y=x$上的点B后被直线$y=x$反射到y轴上的点C，又被y轴反射，这时反射光线恰好过点$D(-2,6)$，求BC所在的直线方程.

变式1.19-3

在等腰直角三角形ABC中，$AB=AC=4$，点P是边AB上异于A，B的一点，光线从点P出发，经BC，CA发射后又回到原点P（如图1.44所示）. 若光线QR经过$\triangle ABC$的重心，求AP的长度.

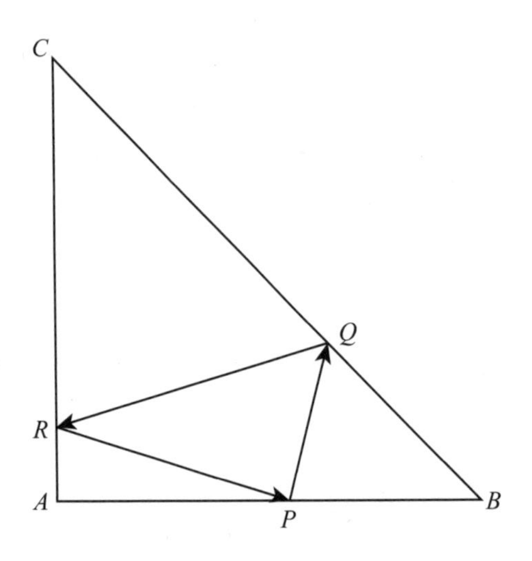

图 1.44

章末总结

Chapter Summary

本章根据课程标准要求，紧扣考纲，深研高考，结合老师的教学过程和学生的学习过程编写，依次介绍了倾斜角与斜率，展现了直线方程的五种形式，考查了与直线有关的位置关系、交点以及距离问题，结合几何关系考查对称问题. 其中，要掌握倾斜角与斜率的关系；理解直线方程的五种形式：点斜式、斜截式、两点式、截距式和一般式，能根据适当的条件选取合适的方程形式表达直线，同时需要了解每种形式的局限性；两直线的位置关系可以转化为斜率的关系并且注意斜率不存在这一特殊情况；点与点、点与线、线与线之间的距离公式需要重点掌握，熟练应用，理解其几何意义；对点关于点、点关于线、线关于点、线关于线的对称问题要结合几何关系，用代数的方法准确地刻画出对称的内涵本质，四种对称难度逐步提高，解题思路可以相互转化. 本章在高考中更多体现在综合题型中，往往作为解题的突破口之一，要求对知识点有完整而明确的把握.

知识图谱
Knowledge Graph

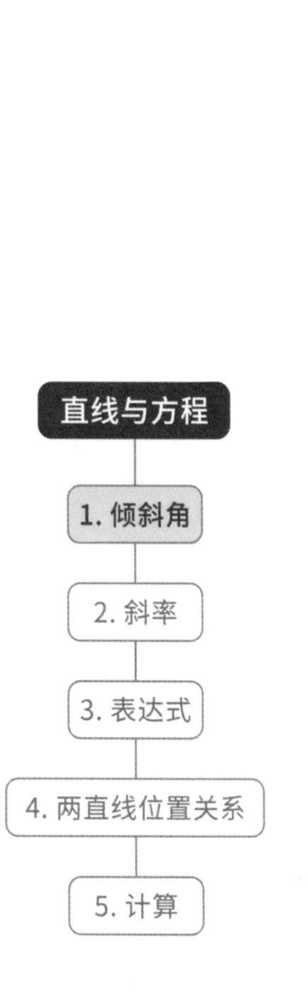

定义

1. 倾斜角

范围

当直线l与x轴相交时，我们取x轴作为基准，x轴正向与直线l向上方向之间所成的角

$0° \leqslant \alpha < 180°$，若直线$l$平行$x$轴，则规定其倾斜角$\alpha=0°$

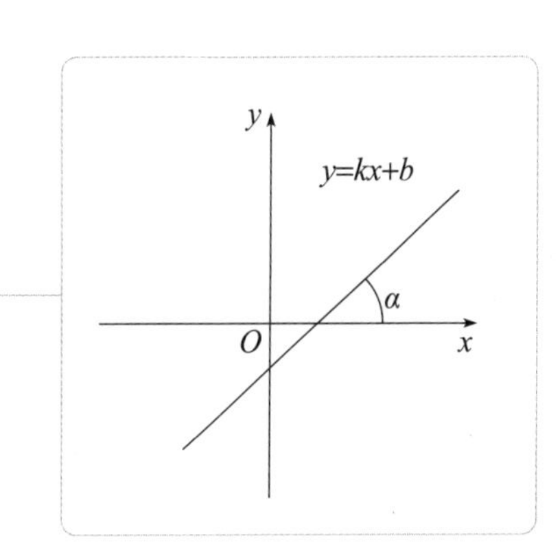

知识图谱

Knowledge Graph

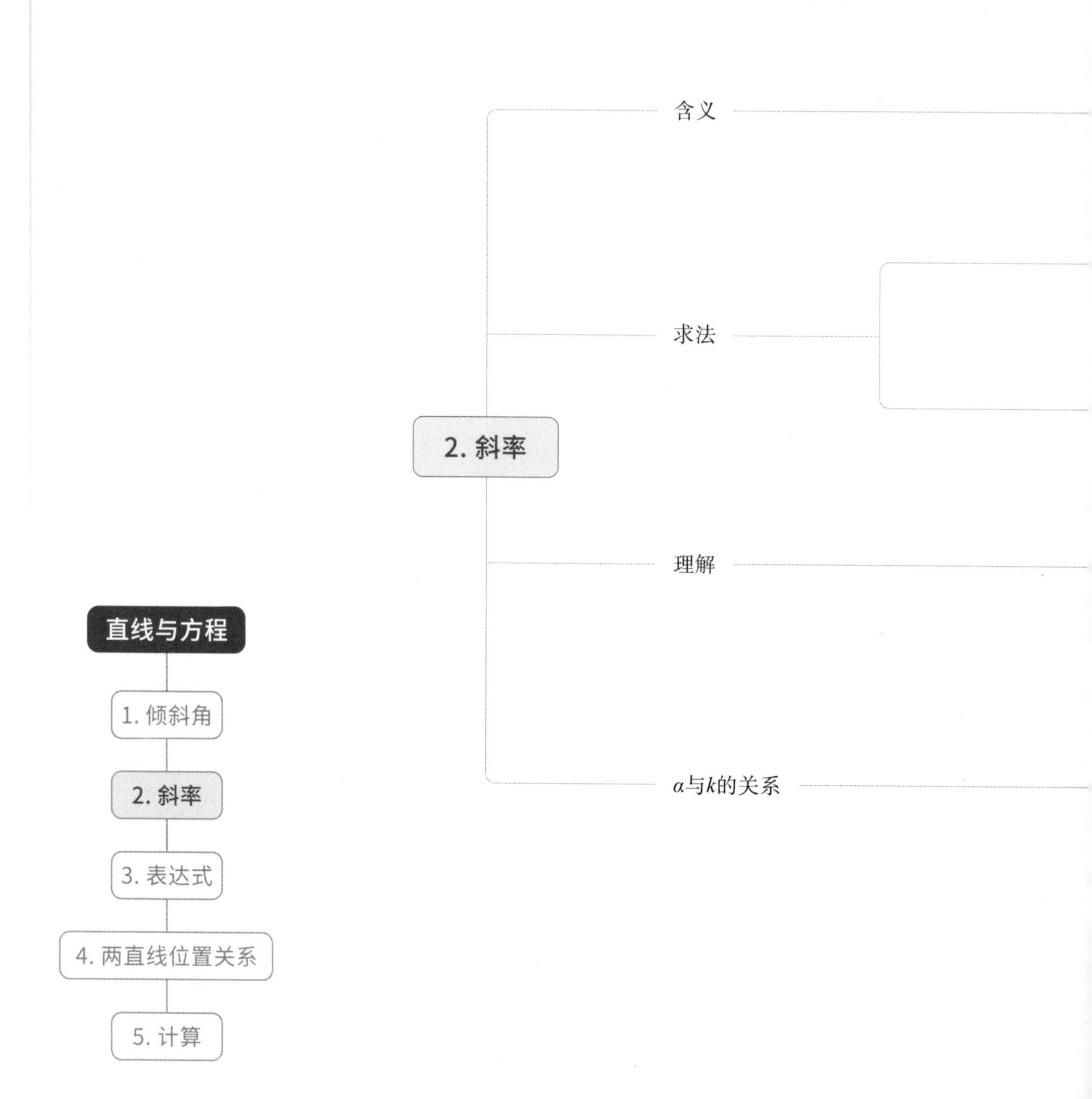

斜率$k=\tan\alpha$（$\alpha\neq 90°$）

已知倾斜角α，$k=\tan\alpha$（$\alpha\neq 90°$）

过P_1（x_1，y_1），P_2（x_2，y_2）的直线斜率$k_{P_1P_2}=\dfrac{y_1-y_2}{x_1-x_2}$（$x_1\neq x_2$）

反映直线的倾斜程度

$\alpha=0°\Leftrightarrow k=0$
$0°<\alpha<90°\Leftrightarrow k>0$，$k$增大，$\alpha$增大
$\alpha=90°\Leftrightarrow k$不存在，直线$\perp x$轴
$90°<\alpha<180°\Leftrightarrow k<0$，$k$增大，$\alpha$增大

知识图谱
Knowledge Graph

3. 表达式

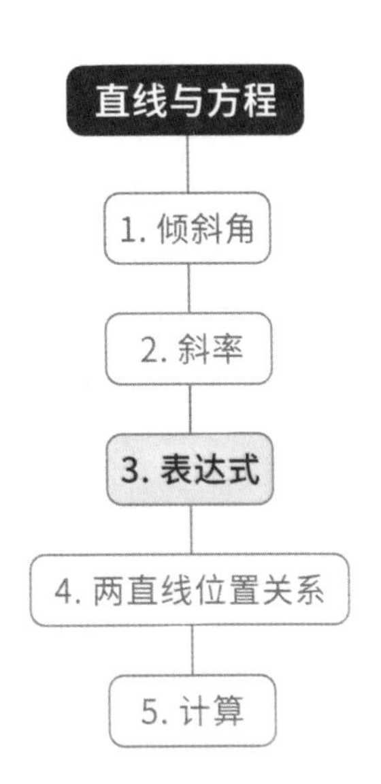

名称	方程	几何条件	局限性
点斜式	$y-y_0=k(x-x_0)$	过点(x_0, y_0) 斜率为k	不含垂直于x轴的直线
斜截式	$y=kx+b$	斜率为k 纵截距为b	不含垂直于x轴的直线
两点式	$\frac{y-y_1}{x-x_1}=\frac{y_2-y_1}{x_2-x_1}$	过两点 (x_1, y_1)，(x_2, y_2) $x_1 \neq x_2$，$y_1 \neq y_2$	不含垂直于坐标轴的直线
截距式	$\frac{x}{a}+\frac{y}{b}=1$	在x轴、y轴上的 截距分别为a，b $(a \neq 0, b \neq 0)$	不含垂直于坐标轴和过原点的直线
一般式	$Ax+By+C=0$ (A，B不全为0)	全部符合	无

知识图谱
Knowledge Graph

4. 两直线位置关系

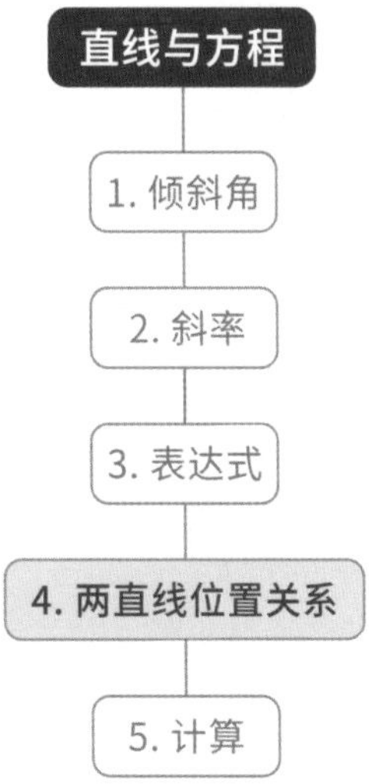

直线与方程

1. 倾斜角

2. 斜率

3. 表达式

4. 两直线位置关系

5. 计算

关系 \ 直线	l_1：$y=k_1x+b_1$ l_2：$y=k_2x+b_2$	l_1：$A_1x+B_1y+C_1=0$ l_2：$A_2x+B_2y+C_2=0$	$\begin{cases} l_1: A_1x+B_1y+C_1=0 \\ l_2: A_2x+B_2y+C_2=0 \end{cases}$
平行	$k_1=k_2$且$b_1\neq b_2$	$A_1B_2=A_2B_1$且$A_1C_2\neq A_2C_1$	无解
垂直	$k_1k_2=-1$	$\frac{A_1}{B_1}\cdot\frac{A_2}{B_2}=-1$（$B_1\neq 0$，$B_2\neq 0$） 或$A_1A_2+B_1B_2=0$	一解
相交	$k_1\neq k_2$	$A_1B_2-A_2B_1\neq 0$	一解
重合	$k_1=k_2$且$b_1=b_2$	$A_1B_2=A_2B_1$且$A_1C_2=A_2C_1$	无数解

知识图谱
Knowledge Graph

$$P_1P_2=\sqrt{(x_1-x_2)^2+(y_1-y_2)^2}$$

$$d_1=\frac{|Ax_0+By_0+C|}{\sqrt{A^2+B^2}}$$

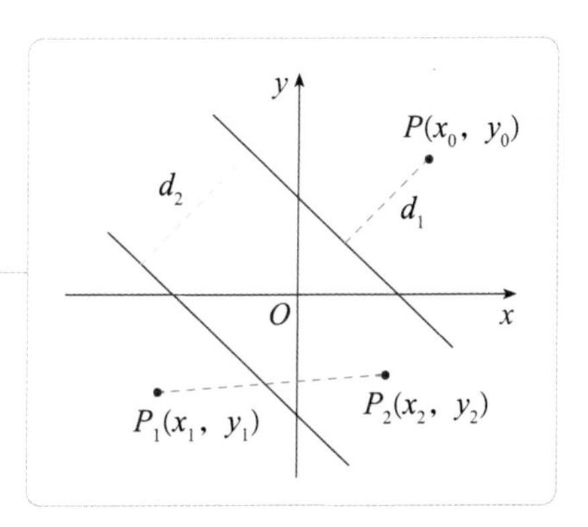

$$d_2=\frac{|C_1-C_2|}{\sqrt{A^2+B^2}}$$

知识图谱
Knowledge Graph

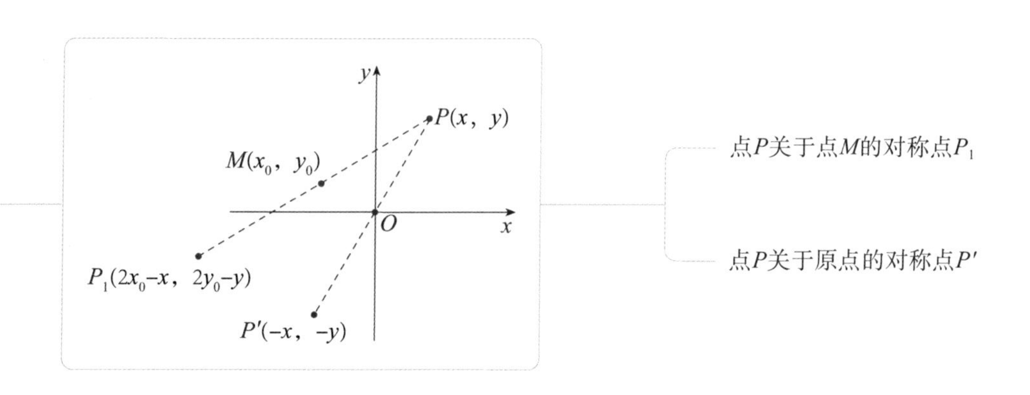
y
$P(x, y)$
$M(x_0, y_0)$
O
x
$P_1(2x_0-x, 2y_0-y)$
$P'(-x, -y)$
点P关于点M的对称点P_1
点P关于原点的对称点P'

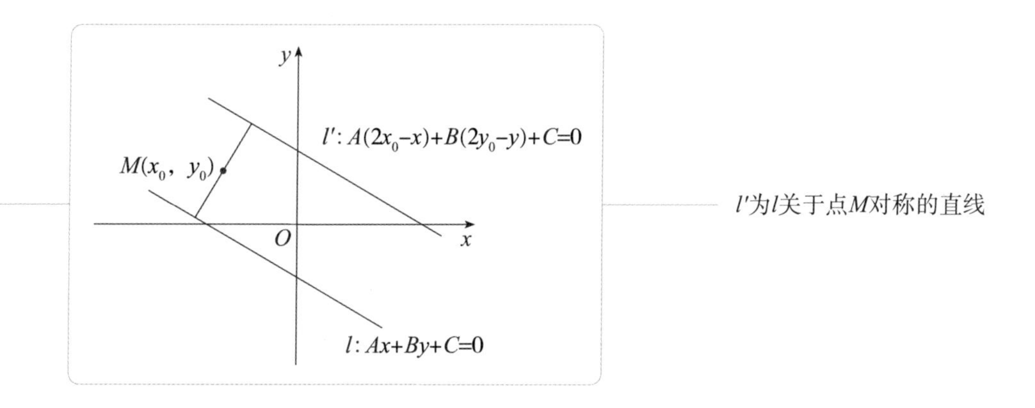
y
$l': A(2x_0-x)+B(2y_0-y)+C=0$
$M(x_0, y_0)$
O
x
$l: Ax+By+C=0$
l'为l关于点M对称的直线

知识图谱
Knowledge Graph

5. 计算 —— 对称问题 —— 轴对称 —— 点关于线对称

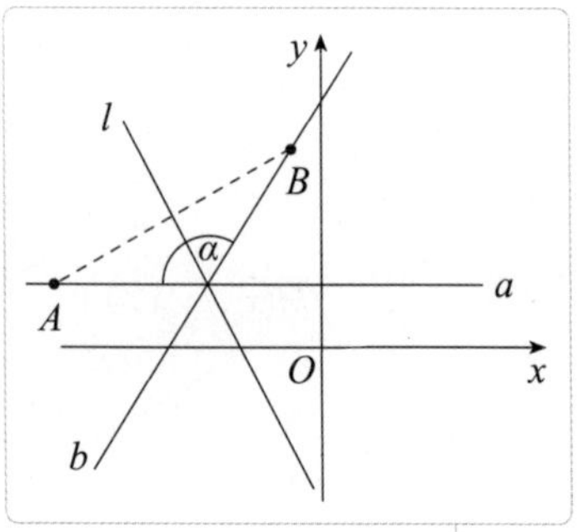

线关于线对称 —— 关于直线

直线与方程

1. 倾斜角

2. 斜率

3. 表达式

4. 两直线位置关系

5. 计算

点P关于直线l的对称点$P'(x,y)$

$$\begin{cases} A\dfrac{x+x_0}{2}+B\dfrac{y+y_0}{2}+C=0 \\ \dfrac{y-y_0}{x-x_0}\cdot\left(-\dfrac{A}{B}\right)=-1 \end{cases}$$

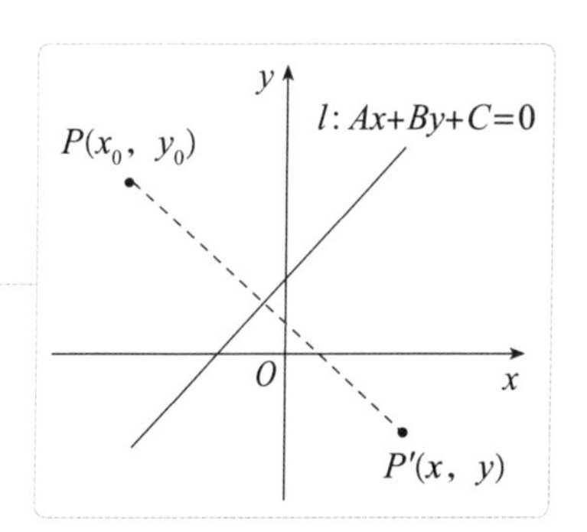

特殊位置对称

点	对称轴	对称点坐标
$P(a,b)$	$x+y+c=0$	$(-b-c,-a-c)$
	x轴	$(a,-b)$
	y轴	$(-a,b)$
	$y=x$	(b,a)
	$y=-x$	$(-b,-a)$
	$x=m\ (m\neq0)$	$(2m-a,b)$
	$y=n\ (n\neq0)$	$(a,2n-b)$

一般性质
- a，b相交，l平分角α
- A，B关于l对称且AB垂直l

求法
- 转换为点关于直线对称问题
- 运用夹角公式

特殊位置对称 —— 直线关于直线对称

原直线	对称轴	对称直线
$f(x,y)=0$	x轴	$f(x,-y)=0$
	y轴	$f(-x,y)=0$
	原点	$f(-x,-y)=0$
	$y=x$	$f(y,x)=0$
	$y=-x$	$f(-y,-x)=0$
	$x=a$	$f(2a-x,y)=0$
	$y=b$	$f(x,2b-y)=0$

高考链接

1【2013年全国 II 理 12】

已知点A（−1，0），B（1，0），C（0，1），直线$y=ax+b$（$a>0$）将$\triangle ABC$分割为面积相等的两部分，则b的取值范围是（　　）.

A.（0，1）　　B.$\left(1-\frac{\sqrt{2}}{2},\ \frac{1}{2}\right)$　　C.$\left(1-\frac{\sqrt{2}}{2},\ \frac{1}{3}\right)$　　D.$\left[\frac{1}{3},\ \frac{1}{2}\right)$

答案：B.

解析：

（1）如图1.45所示，当$y=ax+b$位于①位置时，过点A（−1，0）与BC的中点D时，符合要求，此时$b=\frac{1}{3}$；

（2）当$y=ax+b$位于②位置时，$A_1\left(-\frac{b}{a},\ 0\right)$，令$S_{\triangle A_1BD_1}=\frac{1}{2}$，得$a=\frac{b^2}{1-2b}$，因为$a>0$，所以$b<\frac{1}{2}$；

（3）当$y=ax+b$位于③位置时，$A_2\left(\frac{b-1}{1-a},\ \frac{b-a}{1-a}\right)$，$D_2\left(\frac{1-b}{a+1},\ \frac{a+b}{a+1}\right)$，令$S_{\triangle A_2CD_2}=\frac{1}{2}$，

即$\frac{1}{2}(1-b)\left(\frac{1-b}{a+1}-\frac{b-1}{1-a}\right)=\frac{1}{2}$，化简得$-a^2=2b^2-4b+1$，因为$a>0$，所以$2b^2-4b+1<0$，解得$1-\frac{\sqrt{2}}{2}<b<1+\frac{\sqrt{2}}{2}$.

综上所述，$1-\frac{\sqrt{2}}{2}<b<\frac{1}{2}$.

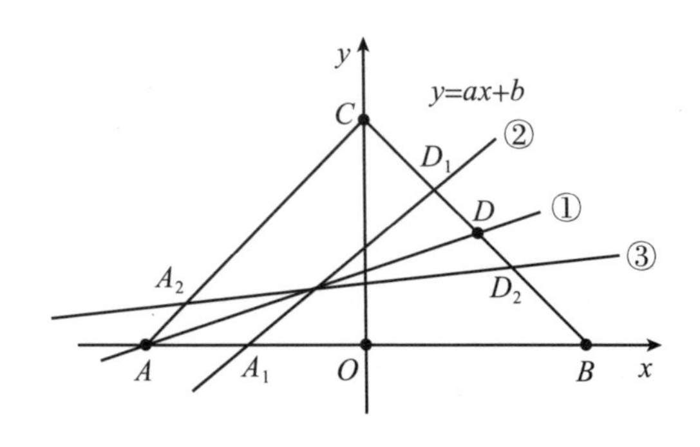

图 1.45

2【2014年四川文 9】

设$m\in \mathbf{R}$，过定点A的动直线$x+my=0$和过定点B的动直线$mx-y-m+3=0$交于点$P(x, y)$，求$|PA|+|PB|$的取值范围是（　　）.

A. $[\sqrt{5}, 2\sqrt{5}]$　　B. $[\sqrt{10}, 2\sqrt{5}]$　　C. $[\sqrt{10}, 4\sqrt{5}]$　　D. $[2\sqrt{5}, 4\sqrt{5}]$

答案：B.

解析：

易知直线$x+my=0$过定点$A(0, 0)$，直线$mx-y-m+3=0$过定点$B(1, 3)$，且两条直线相互垂直，故点P在以AB为直径的圆上运动，故

$$|PA|+|PB|=|AB|\cos\angle PAB+|AB|\sin\angle PAB=\sqrt{10}\cdot\sqrt{2}\sin\left(\angle PAB+\frac{\pi}{4}\right)\in[\sqrt{10}, 2\sqrt{5}]$$

3【2014年四川理 14】

设$m\in \mathbf{R}$，过定点A的动直线$x+my=0$和过定点B的动直线$mx-y-m+3=0$交于点$P(x, y)$，求$|PA|\cdot|PB|$的最大值是______.

答案：5.

解析：

由题意知，$A(0, 0)$，$B(1, 3)$，因为$PA\perp PB$，所以$|PA|^2+|PB|^2=|AB|^2=10$，故

$|PA|\cdot|PB|\leqslant\dfrac{|PA|^2+|PB|^2}{2}=5$（当且仅当$|PA|=|PB|=\sqrt{5}$时取“=”）.

第2章
圆与方程

上一章，我们学习了直线与方程，知道在直角坐标系中，直线可以用方程表示．通过方程，可以研究直线间的位置关系，直线与直线的交点、距离等几何问题．

本章在上一章的基础上，同样在直角坐标系中构建圆的方程．确定圆的方程之后，研究直线与圆、圆与圆的位置关系以及其他几何关系．在直角坐标系中，建立几何对象的方程，并通过方程研究几何对象，这是研究几何问题的重要方法．通过坐标系，把点与坐标、曲线与方程联系起来，实现空间形式与数量关系的转化和结合．

如图2.1所示，彩色同心圆、齿轮锯、艺术作品、单车车轮等都和圆形息息相关．

图 2.1

2.1 圆的方程

2.1.1 圆的标准方程

在平面直角坐标系中，两点可以确定一条直线．圆的几何描述是：到定点距离等于定长的点的集合．这个定点称为圆心，定长称为半径，一个圆的圆心位置和半径一旦给定，这个圆就被确定下来了．那么，在平面直角坐标系中，如何确定一个圆呢？

如图2.2所示，在平面直角坐标系中，圆心（点）M的位置用坐标（a，b）表示，半径r的大小等于圆上任意点A（x，y）到圆心M（a，b）的距离，圆心为M、半径为r的圆就是集合$Q=\{A||AM|=r\}$．

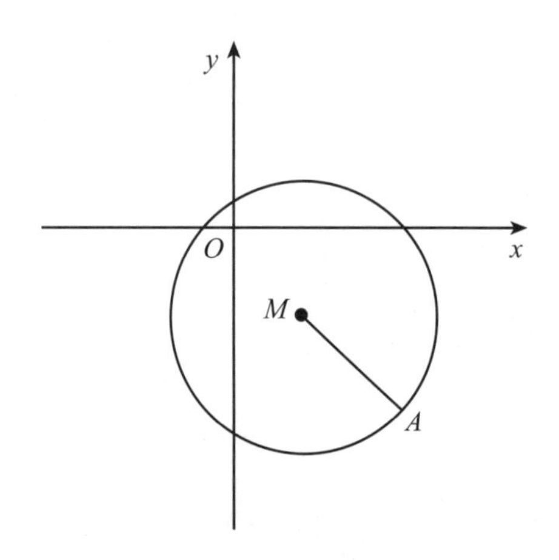

微件　图 2.2 | 圆的标准方程

由两点间的距离公式，点M的坐标适合的条件可以表示为

$$\sqrt{(x-a)^2+(y-b)^2}=r \tag{2.1}$$

将式（2.1）两边平方得

$$(x-a)^2+(y-b)^2=r^2 \tag{2.2}$$

若点P（x，y）在圆上，由上述讨论可知，点P的坐标适合方程（2.2）；反之，若点P（x，y）的坐标适合方程（2.2），这就说明点P与圆心M的距离为r，即点P在圆心

为M、半径为r的圆上．我们把方程（2.2）称为圆心为$M(a,b)$、半径为r的圆的方程，我们一般称它为圆的标准方程（standard equation of circle）．

【例题2.1】

求过点$A(1,-1)$，$B(-1,1)$且圆心在直线$x+y-2=0$上的圆的标准方程．

答案：$(x-1)^2+(y-1)^2=4$.

解析：

方法1：设所求圆的标准方程为$(x-a)^2+(y-b)^2=r^2$，由已知条件知$\begin{cases}(1-a)^2+(-1-b)^2=r^2\\(-1-a)^2+(1-b)^2=r^2\\a+b-2=0\end{cases}$，解此方程组，得$\begin{cases}a=1\\b=1\\r^2=4\end{cases}$．故所求圆的标准方程为$(x-1)^2+(y-1)^2=4$.

方法2：设点C为圆心，因为点C在直线$x+y-2=0$上，所以可设点C的坐标为$(a,2-a)$．又因为该圆经过A，B两点，所以$|CA|=|CB|$，故$\sqrt{(a-1)^2+(2-a+1)^2}=\sqrt{(a+1)^2+(2-a-1)^2}$，解得$a=1$．所以圆心坐标为$C(1,1)$，半径长$r=|CA|=2$．故所求圆的标准方程为$(x-1)^2+(y-1)^2=4$.

方法3：由已知可得线段AB的中点坐标为$(0,0)$，$k_{AB}=\frac{1-(-1)}{-1-1}=-1$，所以弦$AB$的垂直平分线的斜率为$k=1$．故$AB$的垂直平分线的方程为$y-0=x-0$，即$y=x$．圆心是直线$y=x$与$x+y-2=0$的交点，由$\begin{cases}y=x\\x+y-2=0\end{cases}$，得$\begin{cases}x=1\\y=1\end{cases}$，即圆心坐标为$(1,1)$，圆的半径为$\sqrt{(1-1)^2+[1-(-1)]^2}=2$．故所求圆的标准方程为$(x-1)^2+(y-1)^2=4$.

变式2.1-1

求以点$A(-3,-1)$和$B(5,5)$为直径端点的圆的方程.

变式2.1-2

求与y轴相切，且圆心坐标为$(-5,-3)$的圆的标准方程.

变式2.1–3

求圆心在直线$2x-y-3=0$上，且过点A（5，2），B（3，-2）的圆的方程.

总　结

1. 直接法.

根据已知条件，直接求出圆心坐标和圆的半径，然后写出圆的方程.

2. 待定系数法.

（1）根据题意，设出标准方程；

（2）根据条件，列关于a，b，r 的方程组；

（3）解出a，b，r，代入标准方程.

温馨提示

（1）圆过定点转化为定点坐标满足圆的方程，或圆心到定点的距离等于半径.

（2）圆与定直线相切转化为圆心到定直线的距离等于圆的半径，或过切点垂直于切线的直线必过圆心.

（3）弦的垂直平分线经过圆心.

思　考

点M（x_0，y_0）与圆O：$(x-a)^2+(y-b)^2=r^2$有怎样的位置关系呢？

如图2.3所示，点M与圆O有三种位置关系：点M在圆外、点M在圆上、点M在圆内.

圆心O的坐标为（a，b），M（x_0，y_0）到圆心的距离为d，$d=|OM|=\sqrt{(x_0-a)^2+(y_0-b)^2}$.

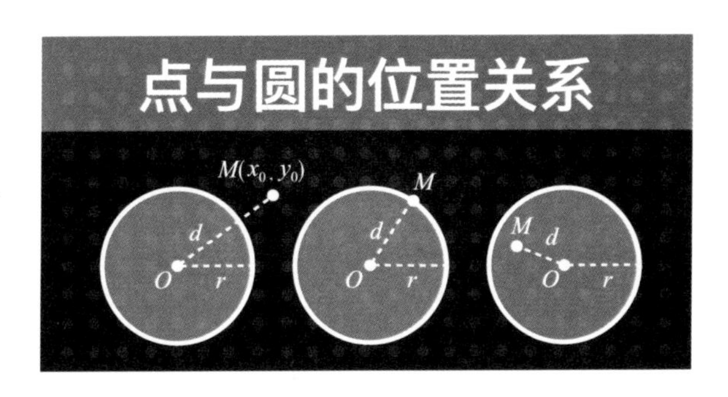

微件　图 2.3 | 点与圆的位置关系

我们判断点与圆的位置关系时比较d与r的关系即可，归纳总结如表2.1所示.

表 2.1 | 点与圆的位置关系

图形	d	d与r的关系	判别式	位置关系
$M(x_0, y_0)$ d O r		$d>r$	$(x_0-a)^2+(y_0-b)^2>r^2$	点在圆外
$M(x_0, y_0)$ d O r	$d=\|OM\|=\sqrt{(x_0-a)^2+(y_0-b)^2}$	$d=r$	$(x_0-a)^2+(y_0-b)^2=r^2$	点在圆上
$M(x_0, y_0)$ d O r		$d<r$	$(x_0-a)^2+(y_0-b)^2<r^2$	点在圆内

【例题2.2】

写出圆心为（3，4）、半径为5的圆的方程，并判定点A（0，0），B（1，3）与该圆的位置关系.

答案：圆的方程为$(x-3)^2+(y-4)^2=25$；点A（0，0）在圆上，点B（1，3）在圆内.

解析：

方法1：所求圆的方程为$(x-3)^2+(y-4)^2=25$.

因为点A（0，0）与圆心C（3，4）的距离$d=\sqrt{(0-3)^2+(0-4)^2}=5$，而$r=5$，所以$d=r$，故点$A$（0，0）在圆上；而点$B$（1，3）到圆心$C$（3，4）的距离$d=\sqrt{(1-3)^2+(3-4)^2}=\sqrt{5}<5$，所以点$B$在圆内.

方法2：所求圆的方程为$(x-3)^2+(y-4)^2=25$.

将点A（0，0），B（1，3）分别代入圆的方程，得$(0-3)^2+(0-4)^2=25$. $(1-3)^2+(3-4)^2=5<25$，所以点A（0，0）在圆上，点B（1，3）在圆内.

变式2.2-1

判断点$P(m^2, 5)$与圆$x^2+y^2=24$的位置关系.

变式2.2-2

已知点$M(5\sqrt{a}+1, \sqrt{a})$在圆$(x-1)^2+y^2=26$的内部，求a的取值范围.

变式2.2-3

如图2.4所示，已知两点P_1（4，9）和P_2（6，3）.

（1）求以P_1P_2为直径的圆的方程；

（2）试判断点M(6，9)，N(3，3)，Q(5，3)是在圆上，在圆内，还是在圆外.

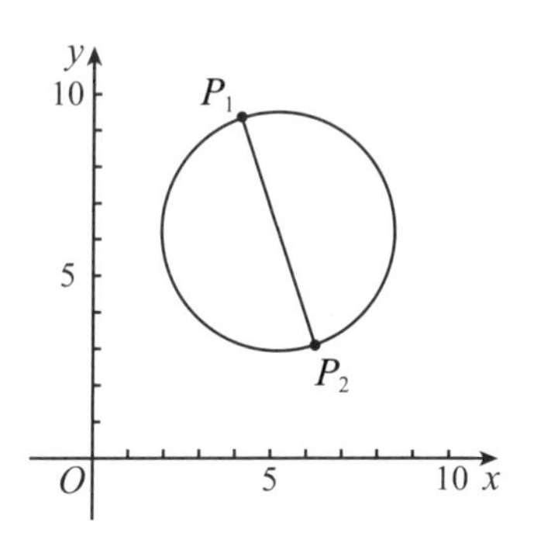

图 2.4

总 结

1. 判断点与圆的位置关系的方法.

（1）只需计算该点与圆心的距离，再与半径作比较即可；

（2）把点的坐标代入圆的标准方程，判断式子两边的大小关系，并作出判断.

2. 灵活运用.

若已知点与圆的位置关系，也可利用以上两种方法列出不等式或方程，求解参数范围.

【例题2.3】

已知实数x，y满足方程（$x-2$）$^2+y^2=3$.

（1）求$\dfrac{y}{x}$的最大值和最小值；

（2）求$y-x$的最大值和最小值；

（3）求x^2+y^2的最大值和最小值.

答案：（1）$\sqrt{3}$，$-\sqrt{3}$；（2）$-2+\sqrt{6}$，$-2-\sqrt{6}$；（3）$7+4\sqrt{3}$，$7-4\sqrt{3}$.

解析：

（1）原方程表示以点（2，0）为圆心、$\sqrt{3}$为半径的圆，设$\dfrac{y}{x}=k$，即$y=kx$，当直

线$y=kx$与圆相切时，斜率k取最大值和最小值，此时$\frac{|2k-0|}{\sqrt{k^2+1}}=\sqrt{3}$，解得$k=\pm\sqrt{3}$．故$\frac{y}{x}$的最大值为$\sqrt{3}$，最小值为$-\sqrt{3}$．

（2）设$y-x=b$，即$y=x+b$，当$y=x+b$与圆相切时，纵截距b取得最大值和最小值，此时$\frac{|2-0+b|}{\sqrt{2}}=\sqrt{3}$，即$b=-2\pm\sqrt{6}$．故$y-x$的最大值为$-2+\sqrt{6}$，最小值为$-2-\sqrt{6}$．

（3）x^2+y^2表示圆上的点与原点距离的平方，显然当圆上的点与坐标原点的距离取最大值和最小值时，其平方也相应取得最大值和最小值．由平面几何知识知，它在原点与圆心所在直线与圆的两个交点处分别取得最大值和最小值，又圆心到原点的距离为2，故$(x^2+y^2)_{\max}=(2+\sqrt{3})^2=7+4\sqrt{3}$，$(x^2+y^2)_{\min}=(2-\sqrt{3})^2=7-4\sqrt{3}$．

变式2.3－1

已知点$A(-1，0)$，$B(0，2)$，点P在圆$(x-1)^2+y^2=1$上，求$\triangle PAB$面积的最小值.

变式2.3－2

已知x，y满足$x^2+y^2=1$，求$\frac{y-2}{x-1}$的最小值.

变式2.3－3

已知x和y满足$(x+1)^2+y^2=\frac{1}{4}$，试求：

（1）x^2+y^2的最值；

（2）$x+y$的最值.

总　结

与圆有关的最值问题，常见的有以下几种类型：

1. 形如$u=\frac{y-b}{x-a}$的最值问题，可转化为过点（x，y）和点（a，b）的动直线斜率的最值问题.

2. 形如$l=ax+by$的最值问题，可转化为动直线$y=-\frac{a}{b}x+\frac{l}{b}$截距的最值问题.

3. 形如$u=(x-a)^2+(y-b)^2$的最值问题，可转化为动点（x，y）到定点（a，b）的距离的平方的最值问题.

2.1.2　圆的一般方程

把圆的标准方程$(x-a)^2+(y-b)^2=r^2$的左边展开，整理得

$$x^2+y^2-2ax-2by+a^2+b^2-r^2=0$$

在这个方程中，如果令$D=-2a$，$E=-2b$，$F=a^2+b^2-r^2$，则这个方程可以表示成

$$x^2+y^2+Dx+Ey+F=0 \tag{2.3}$$

其中D，E，F为常数.

这是一个二元二次方程，将方程（2.3）同一般的二元二次方程$Ax^2+By^2+Cxy+Dx+Ey+F=0$作比较，就会发现方程（2.3）具有两个特点：

（1）x^2和y^2项的系数相等且不为零.（x^2和y^2项的系数如果为不是1的非零常数，只需在方程两边除以这个数，就可以得到方程（2.3）的形式.）

（2）没有xy这样的二次项.

以上两个特点就是二元二次方程表示圆的必备条件，利用这两个特点，我们可以判断哪些二元二次方程的曲线肯定不是圆.

那么具备这两个特点的二元二次方程是否一定表示圆呢？我们将方程（2.3）左边配方，得

$$\left(x+\frac{D}{2}\right)^2+\left(y+\frac{E}{2}\right)^2=\frac{D^2+E^2-4F}{4} \tag{2.4}$$

（1）当$D^2+E^2-4F>0$时，将方程（2.4）与圆的标准方程比较，可以看出方程（2.3）

表示以$\left(-\dfrac{D}{2}, -\dfrac{E}{2}\right)$为圆心、$\dfrac{1}{2}\sqrt{D^2+E^2-4F}$为半径的圆；

（2）当$D^2+E^2-4F=0$时，方程（2.3）只有实数解$x=-\dfrac{D}{2}$，$y=-\dfrac{E}{2}$，所以方程（2.3）表示一个点$\left(-\dfrac{D}{2}, -\dfrac{E}{2}\right)$；

（3）当$D^2+E^2-4F<0$时，方程（2.3）没有实数解，因而它不表示任何图形.

因此只有当$D^2+E^2-4F>0$时，二元二次方程$x^2+y^2+Dx+Ey+F=0$才表示一个圆，这时这个方程叫作圆的一般方程（图2.5）. 圆的标准方程，明确指出了圆的圆心和半径，而圆的一般方程表示了方程形式上的特点.

要给出圆的标准方程，需要确定圆心坐标和半径；而要给出圆的一般方程，则需要确定一般方程中的三个系数D，E，F.

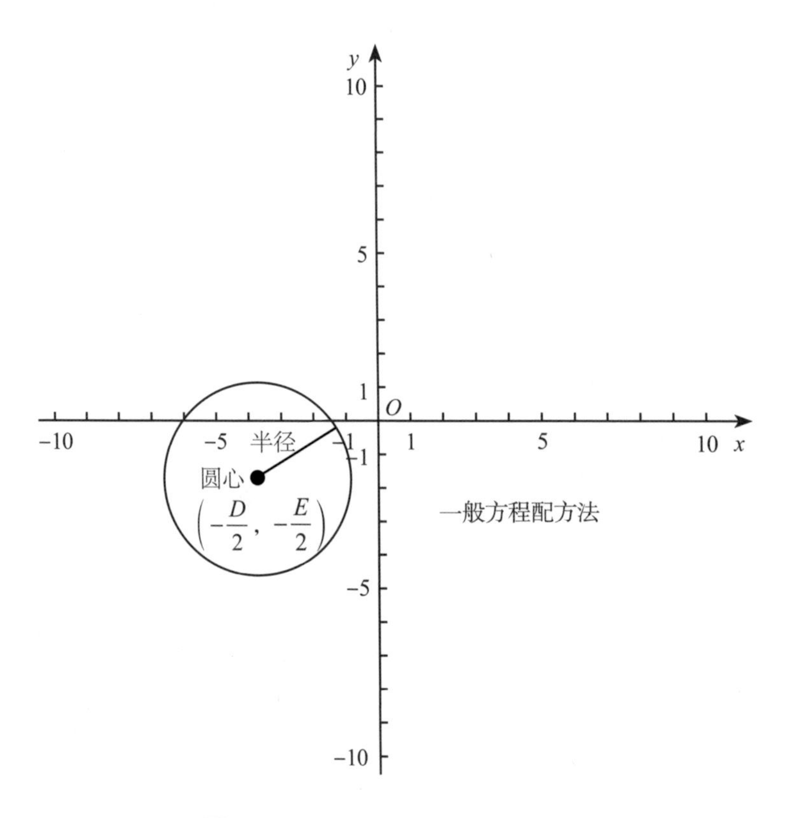

微件 图 2.5 | 圆的一般方程

【例题2.4】

（1）已知方程$x^2+y^2-2(t+3)x+2(1-4t^2)y+16t^4+9=0$表示一个圆，求实数$t$的取值范围和此圆的圆心与半径；

（2）已知圆C：$x^2+y^2+2x-2my-4-4m=0$（$m\in\mathbf{R}$），则当圆C的面积最小时，圆上的点到坐标原点的距离的最大值为多少？

答案：（1）$-\frac{1}{7}<t<1$，圆心坐标为（$t+3$，$4t^2-1$），半径为$\sqrt{1+6t-7t^2}$；

（2）$\sqrt{5}+1$.

解析：

（1）因为方程表示一个圆，所以$D^2+E^2-4F>0$，即$4(t+3)^2+4(1-4t^2)^2-4(16t^4+9)>0$，故$7t^2-6t-1<0$，因此$-\frac{1}{7}<t<1$. 圆的方程可化为$[x-(t+3)]^2+[y+(1-4t^2)]^2=1+6t-7t^2$，所以圆心坐标为（$t+3$，$4t^2-1$），半径为$\sqrt{1+6t-7t^2}$.

（2）由$x^2+y^2+2x-2my-4-4m=0$得$(x+1)^2+(y-m)^2=m^2+4m+5$，因此圆心为$C(-1, m)$，半径为$r=\sqrt{m^2+4m+5}=\sqrt{(m+2)^2+1}\geqslant 1$，当且仅当$m=-2$时，半径最小，则面积也最小；此时圆心为$C(-1, -2)$，半径为$r=1$，因此圆心到坐标原点的距离为$d=\sqrt{(-1)^2+(-2)^2}=\sqrt{5}>r$，即原点在圆$C$外，根据圆的性质，圆上的点到坐标原点的距离的最大值为$d+r=\sqrt{5}+1$.

变式2.4-1

若方程$x^2+y^2-2x-4y+m=0$表示一个圆，求实数m的取值范围.

变式2.4-2

若方程$x^2+y^2+ax-ay=0$（$a\neq 0$）表示一个圆，求该圆的圆心坐标和半径.

变式2.4-3

若方程$x^2+y^2+2mx-2y+m^2+5m=0$表示一个圆，求：

（1）实数m的取值范围；

（2）该圆的圆心坐标和半径.

总　结

形如$x^2+y^2+Dx+Ey+F=0$的二元二次方程，判定其是否表示圆时可有如下两种方法：

1. 由圆的一般方程的定义，若$D^2+E^2-4F>0$成立，则表示圆，否则不表示圆；

2. 将方程配方后，根据圆的标准方程的特征求解，应用这两种方法时，要注意所给方程是不是$x^2+y^2+Dx+Ey+F=0$这种标准形式，若不是，则要化为这种形式再求解.

2.1.3　圆的参数方程

在给定的坐标系中，如果曲线上任意一点的坐标x，y都是某个变数t的函数，即$\begin{cases}x=f(t)\\y=g(t)\end{cases}$，并且对于$t$的每一个允许值，由上述方程组所确定的点$M(x,\ y)$都在这条曲线上，那么上述方程组就叫作这条曲线的参数方程，联系x，y之间关系的变数叫作参变数，简称参数．参数方程的参数可以是有物理、几何意义的变数，也可以是没有明显意义的变数.

相对于参数方程来说，直接给出曲线上点的坐标关系的方程，叫作曲线的普通方程.

思考

圆的标准方程为 $(x-a)^2+(y-b)^2=r^2$，我们如何将它转化成参数方程呢？

如图2.6所示，圆O的圆心在原点上，半径为r，设圆上任意一点$P(x, y)$，θ为OP与x轴正半轴所成的角，根据三角函数定义，点P的横坐标x、纵坐标y都是θ的函数，即

$$\begin{cases} x = r\cos\theta \\ y = r\sin\theta \end{cases} \tag{2.5}$$

并且对于θ的每一个允许值，由方程组（2.5）所确定的点$P(x, y)$都在圆O上.

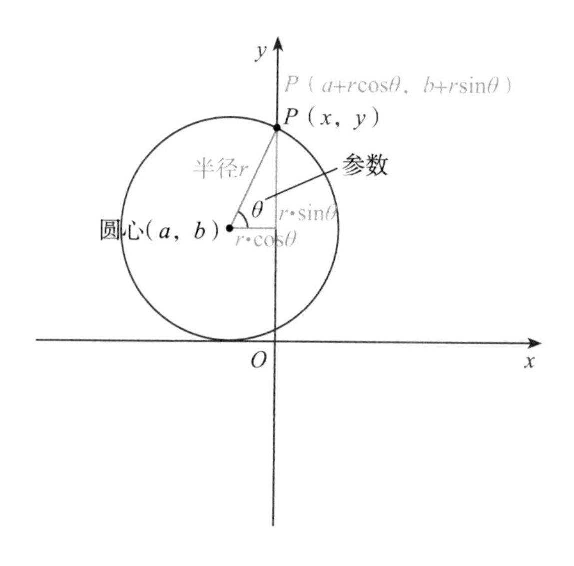

微件　图 2.6 | 圆的参数方程

如图2.7所示，圆心为$O_1(a, b)$、半径为r的圆可以看作由圆心为O、半径为r的圆平移得到，设圆O_1上任意一点$P_1(x_1, y_1)$是圆O上的点$P(x, y)$平移得到的，根据平移公式有$\begin{cases} x_1 = x + a \\ y_1 = y + b \end{cases}$，又因为$\begin{cases} x = r\cos\theta \\ y = r\sin\theta \end{cases}$，所以$\begin{cases} x_1 = a + r\cos\theta \\ y_1 = b + r\sin\theta \end{cases}$.

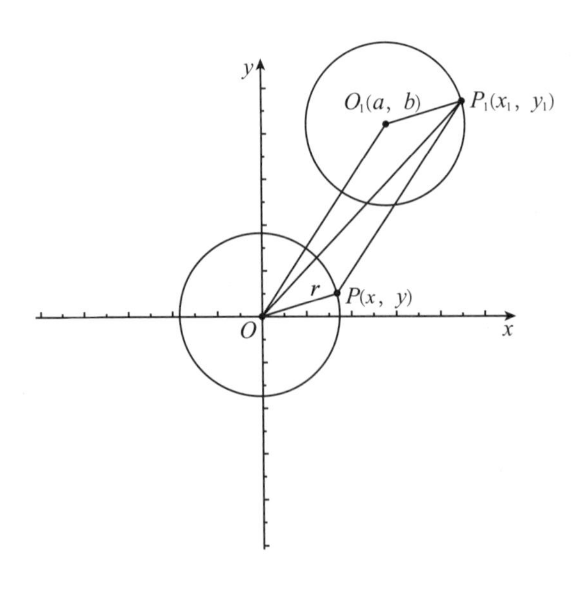

图 2.7

【例题2.5】

已知$\triangle ABC$的三个顶点为A（1，4），B（−2，3），C（4，−5），求$\triangle ABC$的外接圆方程、外心坐标和外接圆半径.

答案：$(x-1)^2+(y+1)^2=25$；外心坐标为（1，−1）；半径$r=5$.

解析：

方法1：设$\triangle ABC$的外接圆方程为$x^2+y^2+Dx+Ey+F=0$．因为A，B，C在圆上，所以$\begin{cases}1+16+D+4E+F=0\\4+9-2D+3E+F=0\\16+25+4D-5E+F=0\end{cases}$，解得$\begin{cases}D=-2\\E=2\\F=-23\end{cases}$．故$\triangle ABC$的外接圆方程为$x^2+y^2-2x+2y-23=0$，即$(x-1)^2+(y+1)^2=25$．所以外心坐标为（1，−1），外接圆半径为5.

方法2：因为$k_{AB}=\dfrac{4-3}{1+2}=\dfrac{1}{3}$，$k_{AC}=\dfrac{4+5}{1-4}=-3$，所以$k_{AB}\cdot k_{AC}=-1$，故$AB\perp AC$．于是$\triangle ABC$是以角$A$为直角的直角三角形．所以外心是线段$BC$的中点，坐标为（1，−1），$r=\dfrac{1}{2}|BC|=5$．故外接圆方程为$(x-1)^2+(y+1)^2=25$.

方法3：因为$\overrightarrow{AB}=(-3,-1)$，$\overrightarrow{AC}=(3,-9)$，所以$\overrightarrow{AB}\cdot\overrightarrow{AC}=0$，故$AB\perp AC$．后续解法参照方法2.

拓 展

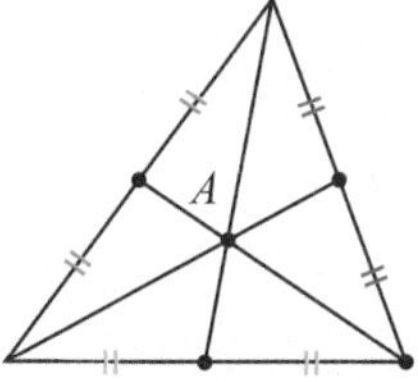

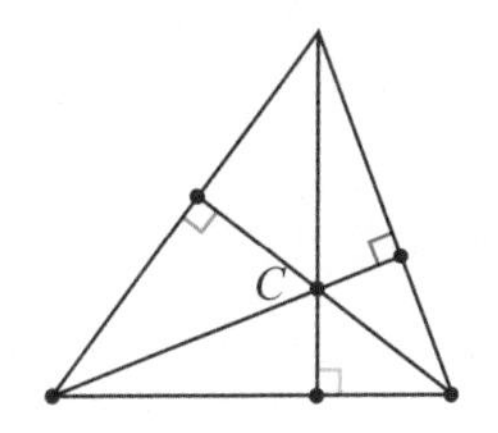

三条中线的交点A——重心　三条角平分线的交点B——内心　三条高的交点C——垂心

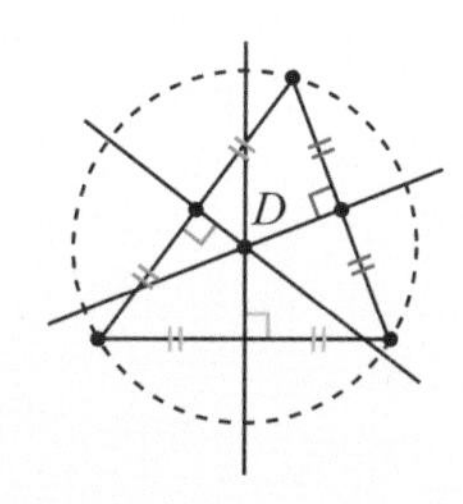

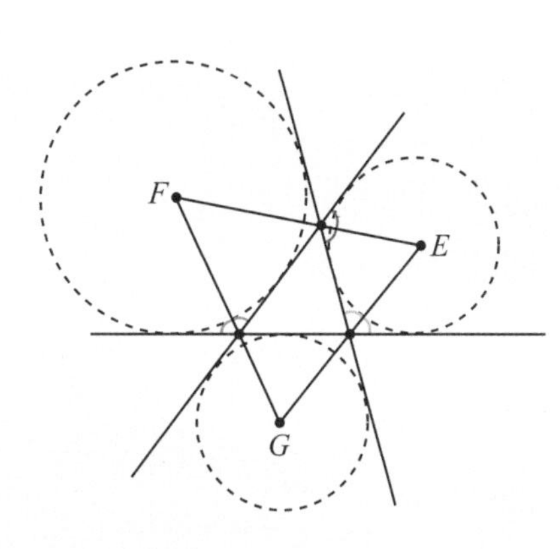

三条垂直平分线的交点D——外心　外角平分线的交点E，F，G——旁心

注：任意三角形都具有以上五心：重心、内心、垂心、外心、旁心.

微件　图 2.8 | 三角形的五个心

变式2.5-1

求过三点$A(0,5)$，$B(1,-2)$，$C(-3,-4)$的圆的方程，并指出圆心和半径.

变式2.5-2

已知$A(2,2)$，$B(5,3)$，$C(3,-1)$.

（1）求$\triangle ABC$的外接圆的方程；

（2）若点$M(a,2)$在$\triangle ABC$的外接圆上，求a的值.

变式2.5-3

已知圆经过三点$A(-1,5)$，$B(5,5)$，$C(6,-2)$，求该圆的方程.

总　结

应用待定系数法求圆的方程时：

1. 如果由已知条件容易求得圆心坐标、半径或需利用圆心的坐标、半径列方程，则一般选用圆的标准方程，再用待定系数法求出a，b，r.

2. 如果已知条件与圆心和半径都无直接关系，一般采用圆的一般方程，再用待定系数法求出常数D，E，F.

温馨提示

一般地，当给出了圆上的三点坐标，特别是当这三点的横、纵坐标均不相同时，选用圆的一般方程比选用圆的标准方程简洁；而其他情况下的首选应该是圆的标准方程，此时要注意从几何角度来分析问题，以便找到与圆心和半径相联系的可用条件.

【例题2.6】

已知圆O的方程为$x^2+y^2=9$，求圆O上经过点A（1，2）的弦的中点P的轨迹.

答案：点P的轨迹是以$\left(\frac{1}{2},\ 1\right)$为圆心、$\frac{\sqrt{5}}{2}$为半径的圆.

解析：

方法1：设动点P的坐标为（x，y），当AP的斜率不存在时，中点P的坐标为（1，0）；当AP的斜率存在时，设过点A的弦为MN，且M（x_1，y_1），N（x_2，y_2）．因为M，N在圆O上，所以

$$x_1^2+y_1^2=9 \tag{2.6}$$

$$x_2^2+y_2^2=9 \tag{2.7}$$

式（2.6）−式（2.7），得（x_1+x_2）$+\frac{y_1-y_2}{x_1-x_2}$（y_1+y_2）$=0$（$x_1\neq x_2$）．因为点P为中点，所以$x=\frac{x_1+x_2}{2}$，$y=\frac{y_1+y_2}{2}$. 又因为M，N，A，P四点共线，所以$\frac{y_1-y_2}{x_1-x_2}=\frac{y-2}{x-1}$（$x\neq1$）．故$2x+\frac{y-2}{x-1}\cdot 2y=0$，因此中点$P$的轨迹方程是$x^2+y^2-x-2y=0$. 经检验，点（1，0），（1，2）适合上式.

综上所述，点P的轨迹是以$\left(\frac{1}{2},\ 1\right)$为圆心、$\frac{\sqrt{5}}{2}$为半径的圆.

方法2：设P（x，y），连接OP，设弦为BC，则$OP\perp BC$.

① 当$x\neq0$且$x\neq1$时，$k_{OP}\cdot k_{AP}=-1$，即$\frac{y}{x}\cdot\frac{y-2}{x-1}=-1$，即

$$x^2+y^2-x-2y=0 \tag{2.8}$$

② 经检验，点（1，0），A（1，2）也是方程（2.8）的解，所以该圆中经过点A（1，2）的弦的中点P的轨迹方程为$x^2+y^2-x-2y=0$（在已知圆内的部分）.

综上所述，点P的轨迹是以$\left(\frac{1}{2},\ 1\right)$为圆心、$\frac{\sqrt{5}}{2}$为半径的圆.

方法3：① 当点P不与点A重合时，由垂径定理可知：$OP\perp AP$，$\angle OPA=90°$，所以P在以OA为直径的圆弧上（不包含点A）．因为O（0，0），A（1，2），由中点坐标公式可知，圆心坐标为$\left(\frac{1}{2},\ 1\right)$．因为$|OA|=\sqrt{1^2+2^2}=\sqrt{5}$，所以半径$r=\frac{|OA|}{2}=\frac{\sqrt{5}}{2}$.

② 当点P与点A重合时，存在经过点A的弦与OA垂直.

综上所述，点P的轨迹是以$\left(\frac{1}{2}, 1\right)$为圆心、$\frac{\sqrt{5}}{2}$为半径的圆.

变式2.6-1

如图2.9所示，已知$P(4, 0)$是圆$x^2+y^2=36$内的一点，A，B是圆上两动点，且满足$\angle APB=90°$，求矩形$APBQ$的顶点Q的轨迹方程.

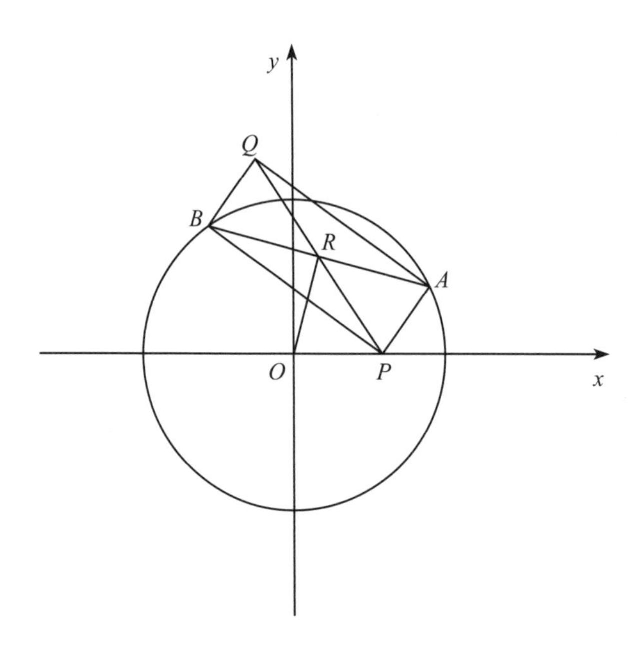

微件　图 2.9 | 轨迹方程

变式2.6-2

如图2.10所示，已知定点$A(2, 0)$，圆$x^2+y^2=1$上有一个动点Q，AQ的中点为P，求动点P的轨迹方程.

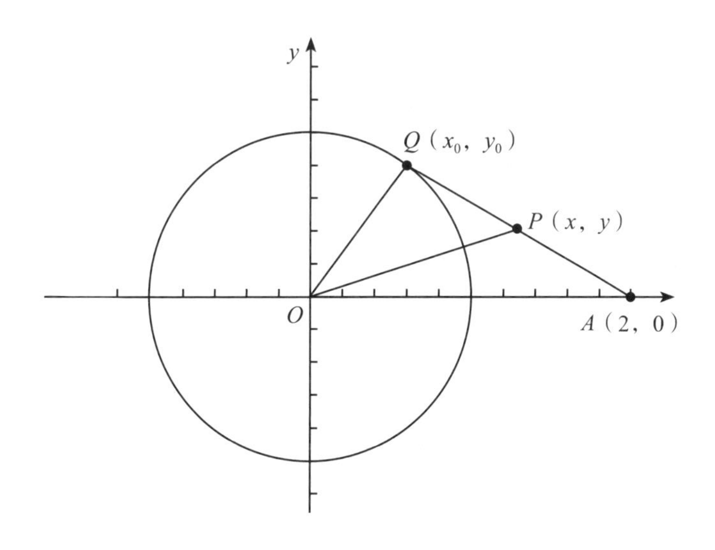

微件　图 2.10 | 轨迹方程

变式2.6–3

已知△ABC的边AB长为4，若BC边上的中线为定长3，求顶点C的轨迹方程.

总　结

求轨迹方程的一般步骤如图2.11所示.

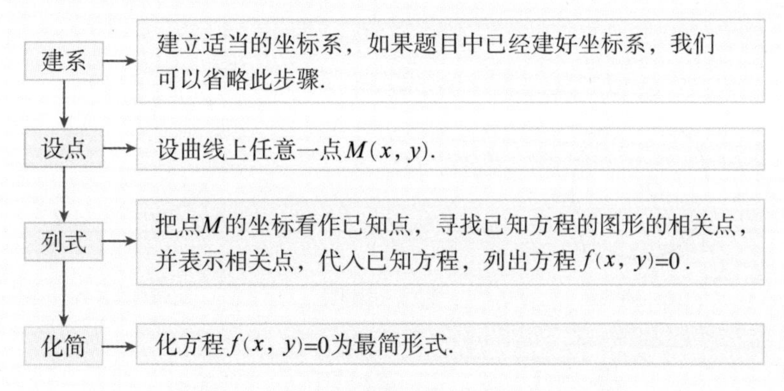

图 2.11

2.2 直线、圆的位置关系

唐代诗人张九龄《望月怀远》一诗中，“海上生明月，天涯共此时”二句寄景抒情，诗人通过朴实而自然的语言描绘出一幅画面（图2.12）：一轮皎月从东海那边冉冉升起．从数学的角度出发，将海平面看成直线，月亮看成圆．这幅画面描述了直线和圆怎样的位置关系呢?

图 2.12

2.2.1 直线与圆的位置关系

从数学的角度出发把月亮看成圆，把水平线看成一条直线．月亮升起过程就展现了平面几何中圆与直线的三种位置关系（图2.13）．

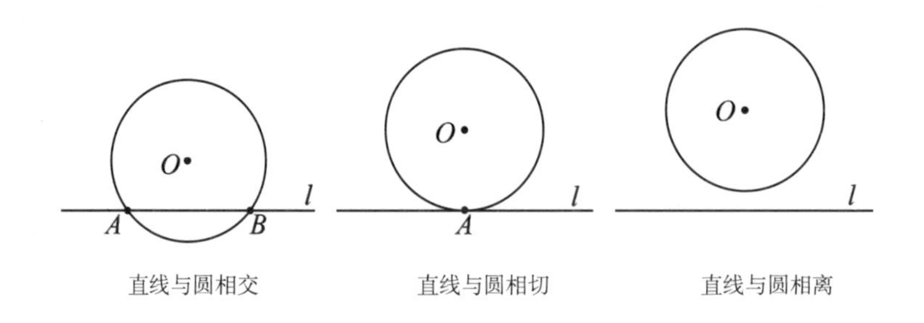

微件 图 2.13 | 直线与圆的位置关系

可将上述三种位置关系概括为以下文字：

（1）直线与圆相离，没有公共点；

（2）直线与圆相切，只有一个公共点；

（3）直线与圆相交，有两个公共点.

我们可以将上述关系归纳为表2.2.

表 2.2 | 直线与圆的位置关系

关系	交点个数	距离	图像
相离	0	$d>r$	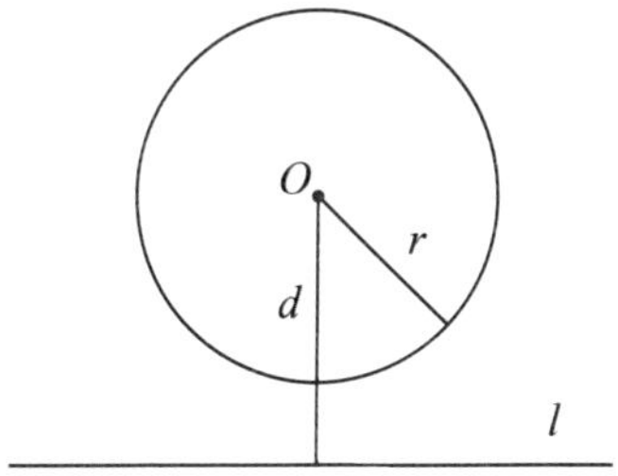
相切	1	$d=r$	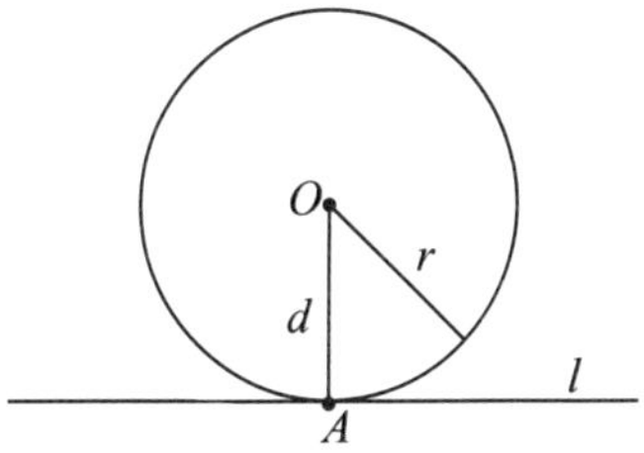
相交	2	$d<r$	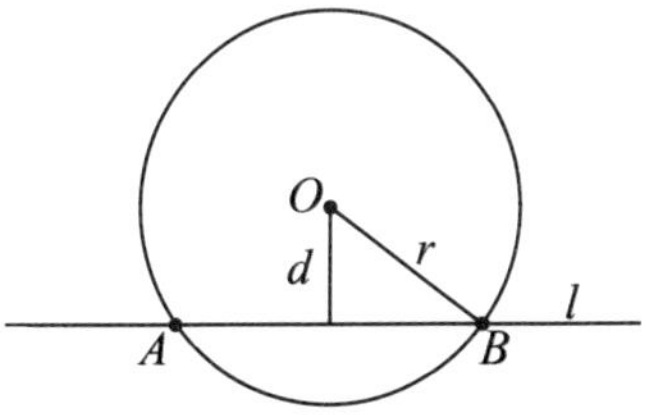

【例题2.7】

已知圆C：$x^2+y^2=1$与直线$y=kx-3k$，当k为何值时，直线与圆相交、相切、相离.

答案：$-\frac{\sqrt{2}}{4}<k<\frac{\sqrt{2}}{4}$；$k=\pm\frac{\sqrt{2}}{4}$；$k<-\frac{\sqrt{2}}{4}$或$k>\frac{\sqrt{2}}{4}$.

解析：

方法1（代数法）：联立$\begin{cases} y=kx-3k \\ x^2+y^2=1 \end{cases}$，消去$y$，整理得（$k^2+1$）$x^2-6k^2x+9k^2-1=0$，于是$\Delta=(-6k^2)^2-4(k^2+1)(9k^2-1)=-32k^2+4=4(1-8k^2)$.

① 当直线与圆相交时，$\Delta>0$，即$-\frac{\sqrt{2}}{4}<k<\frac{\sqrt{2}}{4}$.

② 当直线和圆相切时，$\Delta=0$，即$k=\pm\frac{\sqrt{2}}{4}$.

③ 当直线和圆相离时，$\Delta<0$，即$k<-\frac{\sqrt{2}}{4}$或$k>\frac{\sqrt{2}}{4}$.

方法2（几何法）：圆心（0，0）到直线$y=kx-3k$的距离$d=\frac{|0-0-3k|}{\sqrt{k^2+1}}=\frac{3|k|}{\sqrt{k^2+1}}$.
由条件知，圆的半径$r=1$.

① 当直线与圆相交时，$d<r$，即$\frac{3|k|}{\sqrt{k^2+1}}<1$，得$-\frac{\sqrt{2}}{4}<k<\frac{\sqrt{2}}{4}$.

② 当直线与圆相切时，$d=r$，即$\frac{3|k|}{\sqrt{k^2+1}}=1$，得$k=\pm\frac{\sqrt{2}}{4}$.

③ 当直线与圆相离时，$d>r$，即$\frac{3|k|}{\sqrt{k^2+1}}>1$，得$k<-\frac{\sqrt{2}}{4}$或$k>\frac{\sqrt{2}}{4}$.

变式2.7-1

设$m>0$，判断直线$\sqrt{2}(x+y)+1+m=0$与圆$x^2+y^2=m$的位置关系.

变式2.7-2

（1）判断直线$x-ky+1=0$与圆$x^2+y^2=1$的位置关系；

（2）过点$P(-\sqrt{3},-1)$的直线l与圆$x^2+y^2=1$有公共点，求直线l的倾斜角α的取值范围.

变式2.7-3

已知条件p：“点（a，b）在圆$x^2+y^2=1$内”，条件q：“直线$ax+by+1=0$与圆$x^2+y^2=1$相离”，判断p是q的何种条件.

总　结

判断直线与圆位置关系的三种方法.

1. 几何法：由圆心到直线的距离d与圆的半径r的大小关系判断.

2. 代数法：根据直线与圆的方程组成的方程组解的个数来判断.

3. 直线系法：若直线恒过定点，可通过点与圆的位置关系判断，但有一定的局限性，必须是过定点的直线系.

【例题2.8】

过圆$x^2+y^2=8$内的点P（-1，2）作直线l交圆于A，B两点．若直线l的倾斜角为135°，求弦AB的长.

答案：$\sqrt{30}$.

解析：

方法1（交点法）：由题意知直线l的方程为$y-2=-(x+1)$，即$x+y-1=0$.

由$\begin{cases}x+y-1=0\\x^2+y^2=8\end{cases}$，解得$A\left(\dfrac{1+\sqrt{15}}{2},\dfrac{1-\sqrt{15}}{2}\right)$，$B\left(\dfrac{1-\sqrt{15}}{2},\dfrac{1+\sqrt{15}}{2}\right)$．所以$|AB|=\sqrt{\left(\dfrac{1-\sqrt{15}}{2}-\dfrac{1+\sqrt{15}}{2}\right)^2+\left(\dfrac{1+\sqrt{15}}{2}-\dfrac{1-\sqrt{15}}{2}\right)^2}=\sqrt{30}$.

方法2（弦长公式）：由题意知直线l的方程为$y-2=-(x+1)$，即$x+y-1=0$．由$\begin{cases}x+y-1=0\\x^2+y^2=8\end{cases}$，消去$y$，得$2x^2-2x-7=0$.

设$A(x_1, y_1)$，$B(x_2, y_2)$，所以$x_1+x_2=1$，$x_1x_2=-\frac{7}{2}$．故$|AB|=\sqrt{1+k^2}\cdot\sqrt{(x_1+x_2)^2-4x_1x_2}$
$=\sqrt{1+1}\cdot\sqrt{1^2+4\cdot\frac{7}{2}}=\sqrt{30}$.

方法3（几何法）：由题意知直线l的方程为$y-2=-(x+1)$，即$x+y-1=0$，圆心$O(0, 0)$到直线l的距离是$d=\frac{|-1|}{\sqrt{2}}=\frac{\sqrt{2}}{2}$，则有$|AB|=2\sqrt{r^2-d^2}=2\sqrt{8-\frac{1}{2}}=\sqrt{30}$.

变式2.8-1

已知点$P(0, 5)$及圆C：$x^2+y^2+4x-12y+24=0$．若直线l过P且被圆C截得的线段长为$4\sqrt{3}$，求l的方程．

变式2.8-2

直线l经过点$P(5, 5)$，且和圆C：$x^2+y^2=25$相交于A，B两点，截得的弦长为$4\sqrt{5}$，求l的方程．

变式2.8-3

已知直线l：$kx-y+k+2=0$与圆C：$x^2+y^2=8$.

（1）证明直线l与圆相交；

（2）当直线l被圆截得的弦长最短时，求直线l的方程，并求出弦长．

总　结

求直线与圆相交时的弦长有三种方法.

1. 交点法：将直线方程与圆的方程联立，求出交点A，B的坐标，根据两点间的距离公式$|AB|=\sqrt{(x_1-x_2)^2+(y_1-y_2)^2}$求解.

2. 弦长公式：将直线方程与圆的方程联立，设直线与圆的两交点分别是A（x_1，y_1），B（x_2，y_2），则$|AB|=\sqrt{(x_1-x_2)^2+(y_1-y_2)^2}=\sqrt{1+k^2}\,|x_1-x_2|$

$=\sqrt{1+\dfrac{1}{k^2}}\,|y_1-y_2|$（直线$l$的斜率$k$存在且不为0）.

3. 几何法：如图2.14所示，直线l与圆C交于A，B两点，设弦心距为d，圆的半径为r，弦长为$|AB|$，则有$\left(\dfrac{|AB|}{2}\right)^2+d^2=r^2$，即$|AB|=2\sqrt{r^2-d^2}$.

通常采用几何法较为简便.

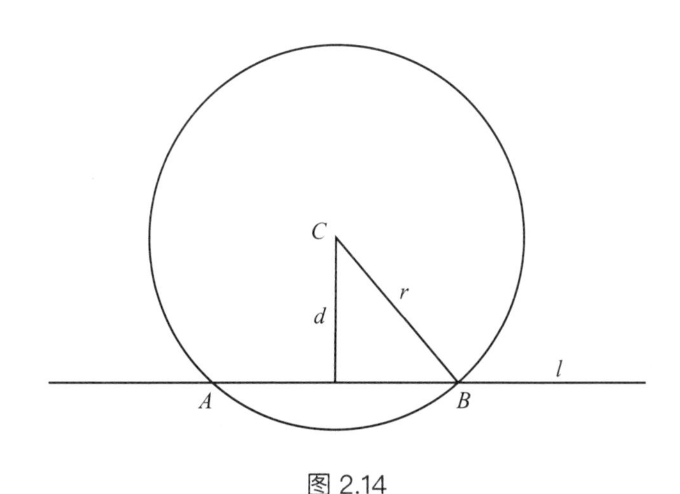

图 2.14

【例题2.9】

过点A（4，-3）作圆（$x-3$）^{2}+（$y-1$）^{2}=1的切线，求：

（1）此切线的方程；

（2）点A到切点的距离.

答案：（1）$15x+8y-36=0$或$x=4$；（2）4.

解析：

（1）因为 $(4-3)^2+(-3-1)^2=17>1$，所以点A在圆外.

① 若所求直线的斜率存在，设切线斜率为k，则切线方程为$y+3=k(x-4)$. 设圆心为C，因为圆心$C(3,1)$到切线的距离等于半径1，所以$\dfrac{|3k-1-3-4k|}{\sqrt{k^2+1}}=1$，即$|k+4|=\sqrt{k^2+1}$，故$k^2+8k+16=k^2+1$，解得$k=-\dfrac{15}{8}$. 于是切线方程为$y+3=-\dfrac{15}{8}(x-4)$，即$15x+8y-36=0$.

② 若直线斜率不存在，圆心$C(3,1)$到直线$x=4$的距离也为1，这时直线与圆也相切，所以另一条切线方程是$x=4$.

综上所述，所求切线方程为$15x+8y-36=0$或$x=4$.

（2）因为圆心C的坐标为$(3,1)$，设切点为B，则$\triangle ABC$为直角三角形，$|AC|=\sqrt{(3-4)^2+(1+3)^2}=\sqrt{17}$，又$|BC|=r=1$，则$|AB|=\sqrt{|AC|^2-|BC|^2}=\sqrt{(\sqrt{17})^2-1^2}=4$，所以切线长为4.

变式2.9-1

若直线$3x+4y=b$与圆$x^2+y^2-2x-2y+1=0$相切，求b的值.

变式2.9-2

若直线l经过点$P(3,-2)$，且与圆C：$x^2+y^2-2x-4y+1=0$相切，求直线l的方程.

变式2.9-3

过点$A(-1,4)$作圆$(x-2)^2+(y-3)^2=1$的切线l，求切线l的方程.

总　结

求过某一点的圆的切线方程，首先判定点与圆的位置关系，以确定切线的数目．通常有以下两种情况．

1. 求过圆上一点$P(x_0, y_0)$的圆的切线方程：先求切点与圆心连线的斜率k，则由垂直关系，切线斜率为$-\frac{1}{k}$，由点斜式方程可求得切线方程．如果$k=0$或斜率不存在，则由图形可直接得切线方程为$y=y_0$或$x=x_0$．

2. 求过圆外一点$P(x_0, y_0)$的圆的切线时，常用几何方法求解：

设切线方程为$y-y_0=k(x-x_0)$，即$kx-y-kx_0+y_0=0$，由圆心到直线的距离等于半径，可求得k，进而求出切线方程．但要注意，若求出的k值只有一个时，则另一条切线的斜率一定不存在，可由数形结合求出．

【例题2.10】

已知圆C：$x^2+(y-1)^2=5$，直线l：$mx-y+1-m=0$．

（1）求证：对$m\in\mathbf{R}$，直线l与圆C恒有两个交点；

（2）设l与圆C交于A，B两点，求AB中点M的轨迹方程．

答案：（1）见解析；（2）$\left(x-\frac{1}{2}\right)^2+(y-1)^2=\frac{1}{4}$.

解析：

（1）方法1：由已知可得，直线l：$y-1=m(x-1)$，所以直线l恒过一定点$P(1, 1)$．

又因为$1^2+(1-1)^2=1<5$，故点P在圆内，所以直线l恒与圆C有两个交点．

方法2：圆心$C(0, 1)$到直线l的距离为$\frac{|-1+1-m|}{\sqrt{m^2+1}}=\frac{|m|}{\sqrt{m^2+1}}<\frac{|m|}{|m|}=1<\sqrt{5}$，所以直线$l$与圆$C$相交．故直线$l$恒与圆$C$有两个交点．

（2）方法1：如图2.15所示，当直线l不垂直x轴且不垂直y轴时，由（1）知直线l恒过点$P(1, 1)$，而M是AB中点，故$CM\perp MP$.

所以点M在以CP为直径的圆上．以CP为直径的圆的方程为$\left(x-\frac{1}{2}\right)^2+(y-1)^2=\frac{1}{4}$.

当直线l垂直于y轴时，过点（0，1），满足条件.

当直线l垂直于x轴时，M（1，1）适合方程$\left(x-\frac{1}{2}\right)^2+(y-1)^2=\frac{1}{4}$.

综上所述，点M的轨迹方程是$\left(x-\frac{1}{2}\right)^2+(y-1)^2=\frac{1}{4}$.

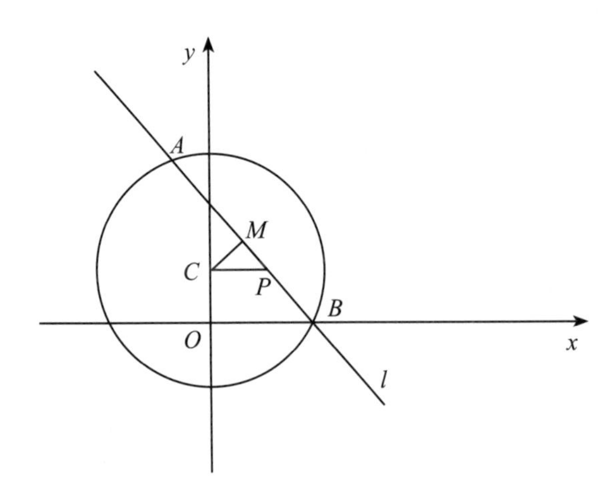

图 2.15

方法2：设$A(x_1,\ y_1)$，$B(x_2,\ y_2)$，$M(x,\ y)$，当直线l不垂直x轴时，依题意有

$$x_1^2+(y_1-1)^2=5 \tag{2.9}$$

$$x_2^2+(y_2-1)^2=5 \tag{2.10}$$

式（2.9）–式（2.10）可得

$$(x_1+x_2)(x_1-x_2)=-(y_1+y_2-2)(y_1-y_2)$$

所以

$$\frac{y_1-y_2}{x_1-x_2}=\frac{x_1+x_2}{-(y_1+y_2-2)}=\frac{2x}{-(2y-2)}=\frac{x}{1-y}$$

而直线恒过点（1，1），故$\frac{y_1-y_2}{x_1-x_2}=\frac{y-1}{x-1}$，因此$\frac{y-1}{x-1}=\frac{x}{1-y}$，即$x^2-x+(y-1)^2=0$，即$\left(x-\frac{1}{2}\right)^2+(y-1)^2=\frac{1}{4}$.

当直线l垂直x轴时，M（1，1）适合方程$\left(x-\frac{1}{2}\right)^2+(y-1)^2=\frac{1}{4}$.

综上所述，点M的轨迹方程是$\left(x-\frac{1}{2}\right)^2+(y-1)^2=\frac{1}{4}$.

方法3：① 当点P，点C不与M重合时，由垂径定理可知：$CM \perp MP$，$\angle CMP=90°$．所以M在以CP为直径的圆弧上（不包含点P，点C）．

因为C（0，1），P（1，1），由中点坐标公式可知，圆心坐标为$\left(\frac{1}{2},\ 1\right)$.

因为$\left|CP\right|=\sqrt{1^2+0^2}=1$，所以半径$r=\frac{|CP|}{2}=\frac{1}{2}$.

② 当点P与M重合时，存在经过点P的弦与CP垂直.

综上所述，点M的轨迹方程是$\left(x-\frac{1}{2}\right)^2+(y-1)^2=\frac{1}{4}$.

变式2.10-1

已知圆$x^2+y^2+x-6y+m=0$与直线$x+2y-3=0$相交于P，Q两点，O为原点，且$OP \perp OQ$，求实数m的值.

变式2.10-2

如图2.16所示，求过直线$2x+y+4=0$和圆$x^2+y^2+2x-4y+1=0$的交点，且面积最小的圆的方程.

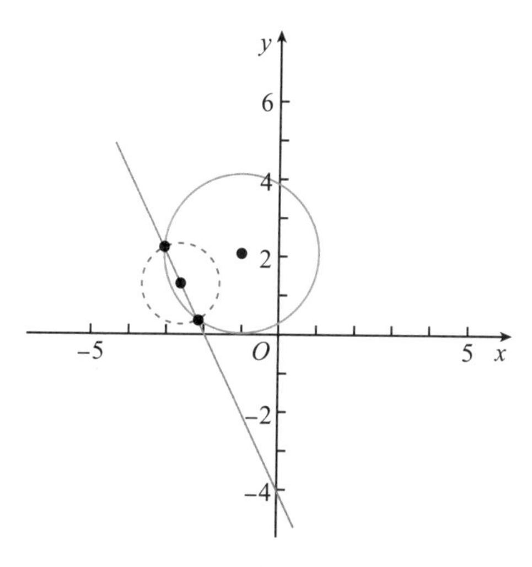

微件　图 2.16 | 圆垂径定理的应用

变式2.10－3

已知圆C：$x^2+(y-a)^2=4$，点$A(1,0)$.

（1）当过点A的圆C的切线存在时，求实数a的取值范围；

（2）设AM，AN为圆C的两条切线，M，N为切点，当$MN=\frac{4\sqrt{5}}{5}$时，求MN所在直线的方程.

总　结

此类综合问题要注意题目所给的已知条件与隐含条件，注意一题多解，方法各有千秋．判定直线与圆相交的各种方法，常用方法是几何法，另外还可运用代数法，即联立方程组转化求解，计算量相对较大，较少运用.

2.2.2　圆与圆的位置关系

上一小节我们研究了直线与圆的位置关系，那么，圆与圆又有哪些位置关系呢？圆与圆的位置关系如图2.17所示，这里我们不讨论同心圆.

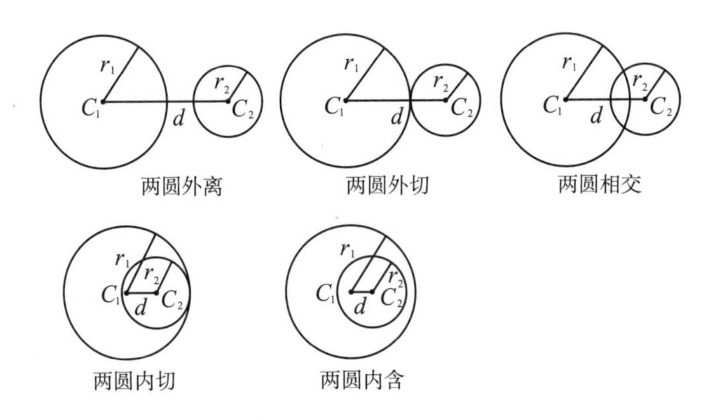

微件　图 2.17 | 圆与圆的位置关系

一般地，设圆C_1和C_2的方程分别为

$$(x-x_1)^2+(y-y_1)^2=r_1^2$$

$$(x-x_2)^2+(y-y_2)^2=r_2^2$$

则圆心分别为$C_1(x_1, y_1)$，$C_2(x_2, y_2)$，半径分别为r_1，r_2，圆心距为

$$d=\left|C_1C_2\right|=\sqrt{(x_1-x_2)^2+(y_1-y_2)^2}$$

那么，当$d>r_1+r_2$时，两圆外离；当$d=r_1+r_2$时，两圆外切；当$\left|r_1-r_2\right|<d<\left|r_1+r_2\right|$时，两圆相交；当$d=\left|r_1-r_2\right|$时，两圆内切；当$d<\left|r_1-r_2\right|$时，两圆内含（表2.3）.

表 2.3 | 圆与圆的位置关系

关系	交点个数	距离	公切线数	图像
外离	0	$d>r_1+r_2$	4	
外切	1	$d=r_1+r_2$	3	
相交	2	$\left|r_1-r_2\right|<d<\left|r_1+r_2\right|$	2	
内切	1	$d=\left|r_1-r_2\right|$	1	
内含	0	$d<\left|r_1-r_2\right|$	0	

两圆外离的公切线如图2.18所示.

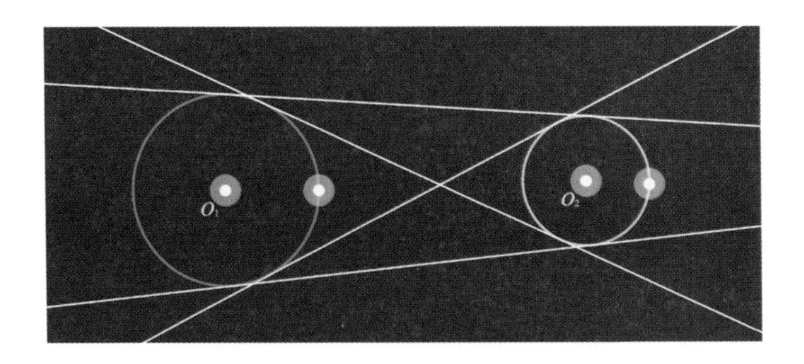

微件　图 2.18 | 两圆的公切线

【例题2.11】

判断下列各题中两圆的位置关系.

（1）$x^2+y^2+3x-2y-\frac{3}{4}=0$和$x^2+y^2-2x-4y-20=0$；

（2）$(x-2)^2+(y-4)^2=4$和$(x-1)^2+(y-4)^2=1$；

（3）$x^2+y^2-10x-8y+32=0$和$x^2+y^2-4x+2y+1=0$.

答案：（1）内含；（2）内切；（3）外离.

解析：

（1）将圆的一般方程化为标准方程，得$\left(x+\frac{3}{2}\right)^2+(y-1)^2=4$，$(x-1)^2+(y-2)^2=25$. 故两圆的半径分别为$r_1=2$和$r_2=5$，两圆的圆心距$d=\sqrt{\left(1+\frac{3}{2}\right)^2+(2-1)^2}=\frac{\sqrt{29}}{2}$. 显然$\frac{\sqrt{29}}{2}<5-2=3$，即$d<|r_1-r_2|$，所以两圆内含.

（2）根据题意得，两圆的半径分别为$r_1=2$和$r_2=1$，两圆的圆心距$d=\sqrt{(2-1)^2+(4-4)^2}=1$，因为$d=|r_1-r_2|$，所以两圆内切.

（3）将圆的一般方程化为标准方程，得$(x-5)^2+(y-4)^2=9$，$(x-2)^2+(y+1)^2=4$. 故两圆的半径分别为$r_1=3$和$r_2=2$，两圆的圆心距$d=\sqrt{(5-2)^2+(4+1)^2}=\sqrt{34}$. 显然$\sqrt{34}>2+3=5$，即$d>r_1+r_2$，所以两圆外离.

变式2.11-1

（1）判断圆$x^2+y^2-2y=0$与圆（$x-4$）^{2}+（$y+2$）^{2}=4的位置关系；

（2）已知$0<r<\sqrt{2}+1$，判断两圆$x^2+y^2=r^2$与（$x-1$）^{2}+（$y+1$）^{2}=2的位置关系.

变式2.11-2

当a为何值时，两圆C_1：$x^2+y^2-2ax+4y+a^2-5=0$和C_2：$x^2+y^2+2x-2ay+a^2-3=0$外切、相交、外离？

变式2.11-3

当实数k为何值时，两圆C_1：$x^2+y^2+4x-6y+12=0$和C_2：$x^2+y^2-2x-14y+k=0$相交、相切、相离？

总　结

1. 判断两圆的位置关系或利用两圆的位置关系求参数的取值范围有以下几个步骤：

（1）化成圆的标准方程，写出圆心和半径；

（2）计算两圆圆心的距离d；

（3）通过d，r_1+r_2，$|r_1-r_2|$的关系来判断两圆的位置关系或求参数的范围，必要时可借助于图形，数形结合.

2. 应用几何法判定两圆的位置关系或求参数的范围是非常简单清晰的，要理清圆心距与两圆半径的关系.

【例题2.12】

（1）已知圆M：$(x-3)^2+(y+4)^2=4$与圆N：$x^2+y^2=9$，则两圆为何种位置关系？

（2）试求圆$x^2+y^2=50$与圆$x^2+y^2-12x-6y+40=0$的公共弦长.

（3）求圆C_1：$x^2+y^2-2x=0$与圆C_2：$x^2+y^2+4y=0$的公共弦所在的方程.

（4）试求圆$x^2+y^2=2$与圆$x^2+y^2-4x+4y-4=0$的公共弦长.

答案：（1）外切；（2）$2\sqrt{5}$；（3）$x+2y=0$；（4）$\dfrac{\sqrt{30}}{2}$.

解析：

（1）圆M：$(x-3)^2+(y+4)^2=4$的圆心坐标为$M(3,-4)$，半径为2；圆N：$x^2+y^2=9$的圆心坐标为$N(0,0)$，半径为3.

因为$|MN|=\sqrt{3^2+(-4)^2}=5=2+3$，所以两圆的位置关系是外切.

（2）两圆方程相减得公共弦所在直线方程$12x+6y=90$，即$2x+y-15=0$，圆心$(0,0)$到直线$2x+y-15=0$的距离$d=\dfrac{|-15|}{\sqrt{4+1}}=3\sqrt{5}$，因此公共弦长为$2\sqrt{r^2-d^2}=2\sqrt{50-45}=2\sqrt{5}$.

（3）因为$x^2+y^2-2x=0$，$x^2+y^2+4y=0$，所以$x^2+y^2+4y-(x^2+y^2-2x)=0$，整理可得$x+2y=0$，即所求直线方程为$x+2y=0$.

（4）根据题意，有$\begin{cases}x^2+y^2=2\\x^2+y^2-4x+4y-4=0\end{cases}$，变形得$2x-2y+1=0$，即两圆的公共弦所在直线的方程为$2x-2y+1=0$，圆$x^2+y^2=2$的圆心为$(0,0)$，半径$r=\sqrt{2}$，圆心到公共弦的距离$d=\dfrac{1}{\sqrt{4+4}}=\dfrac{\sqrt{2}}{4}$，则公共弦的弦长为$2\times\sqrt{r^2-d^2}=2\times\sqrt{2-\dfrac{1}{8}}=\dfrac{\sqrt{30}}{2}$.

变式2.12-1

求圆$x^2+y^2-6x+16y-48=0$和圆$x^2+y^2+4x-8y-44=0$的公切线的条数.

变式2.12-2

若圆C_1：$x^2+y^2=1$与圆C_2：$x^2+y^2-6x-8y+m=0$外切，求m的值.

变式2.12-3

已知以C（4，-3）为圆心的圆与圆O：$x^2+y^2=1$相切，求圆的方程.

总　结

1. 定性，即必须准确把握是内切还是外切，若只是告诉相切，则必须分两圆内切和外切两种情况讨论.

2. 转化思想，即将两圆相切的问题转化为两圆的圆心距等于半径之差的绝对值（内切时）或两圆半径之和（外切时）.

【例题2.13】

已知两圆$x^2+y^2-2x+10y-24=0$和$x^2+y^2+2x+2y-8=0$.

（1）判断两圆的位置关系；

（2）求公共弦所在的直线方程；

（3）求公共弦的长度.

答案：（1）两圆相交；（2）$x-2y+4=0$；（3）$2\sqrt{5}$.

解析：

（1）将两圆方程配方化为标准方程，得C_1：$(x-1)^2+(y+5)^2=50$，C_2：$(x+1)^2+(y+1)^2=10$，则圆C_1的圆心为（1，-5），半径$r_1=5\sqrt{2}$；圆C_2的圆心为（-1，-1），半径$r_2=\sqrt{10}$.

又因为$|C_1C_2|=2\sqrt{5}$，$r_1+r_2=5\sqrt{2}+\sqrt{10}$，$r_1-r_2=5\sqrt{2}-\sqrt{10}$，所以$r_1-r_2<|C_1C_2|<r_1+r_2$，故两圆相交.

（2）将两圆方程相减，得公共弦所在直线方程为$x-2y+4=0$.

（3）方法1：由（2）知圆C_1的圆心（1，−5）到直线$x-2y+4=0$的距离为$d=\dfrac{|1-2\times(-5)+4|}{\sqrt{1+(-2)^2}}=3\sqrt{5}$，所以公共弦长$l=2\sqrt{r_1^2-d^2}=2\sqrt{50-45}=2\sqrt{5}$.

方法2：设两圆相交于点A，B，则A，B两点满足方程组$\begin{cases}x-2y+4=0\\x^2+y^2+2x+2y-8=0\end{cases}$，解得$\begin{cases}x=-4\\y=0\end{cases}$或$\begin{cases}x=0\\y=2\end{cases}$，所以$|AB|=\sqrt{(-4-0)^2+(0-2)^2}=2\sqrt{5}$，即公共弦长为$2\sqrt{5}$.

变式2.13−1

两圆相交于两点A（1，3）和B（m，−1），两圆圆心都在直线$x-y+c=0$上，求$m+c$的值.

变式2.13−2

已知圆C_1：$x^2+y^2+2x-6y+1=0$与圆C_2：$x^2+y^2-4x+2y-11=0$相交于A，B两点，求AB所在的直线方程和公共弦AB的长.

变式2.13−3

求经过两圆$x^2+y^2+6x-4=0$和$x^2+y^2+6y-28=0$的交点且圆心在直线$x-y-4=0$上的圆的方程.

总 结

1. 圆系方程.

一般地，过圆C_1：$x^2+y^2+D_1x+E_1y+F_1=0$与圆C_2：$x^2+y^2+D_2x+E_2y+F_2=0$交点的圆的方程可设为：$x^2+y^2+D_1x+E_1y+F_1+\lambda(x^2+y^2+D_2x+E_2y+F_2)=0(\lambda\neq-1)$，然后再由其他条件求出$\lambda$，即可得圆的方程.

2. 两圆相交时，公共弦所在的直线方程.

若圆C_1：$x^2+y^2+D_1x+E_1y+F_1=0$与圆C_2：$x^2+y^2+D_2x+E_2y+F_2=0$相交，则两圆公共弦所在直线的方程为$(D_1-D_2)x+(E_1-E_2)y+F_1-F_2=0$.

3. 公共弦长的求法.

（1）代数法：将两圆的方程联立，解出交点坐标，利用两点间的距离公式求出弦长.

（2）几何法：求出公共弦所在直线的方程，利用圆的半径、半弦长、弦心距构成的直角三角形，根据勾股定理求解.

2.2.3 直线与圆的方程的应用

直线与圆的方程在实际生产、生活实践以及数学中有着广泛的应用，本小节通过几个例子说明直线与圆的方程在实际生活以及平面几何中的应用.

【例题2.14】

某圆拱桥的水面跨度20 m，拱高4 m．现有一船，宽10 m，水面以上高3 m，这条船能否从桥下通过?

答案：能.

解析：

建立如图2.19所示的坐标系．依题意，有$A(-10, 0)$，$B(10, 0)$，$P(0, 4)$，$D(-5, 0)$，$E(5, 0)$.

设所求圆的方程是 $(x-a)^2+(y-b)^2=r^2$，于是有 $\begin{cases}(a+10)^2+b^2=r^2\\(a-10)^2+b^2=r^2\\a^2+(b-4)^2=r^2\end{cases}$，解此方程组，得 $a=0$，$b=-10.5$，$r=14.5$．所以这座圆拱桥的拱圆的方程是 $x^2+(y+10.5)^2=14.5^2$（$0\leqslant y\leqslant 4$），即圆心 $C(0, -10.5)$，把点 D 的横坐标 $x=-5$ 代入上式，得 $y\approx 3.1$．由于船在水面以上高3 m，$3<3.1$，所以该船可以从桥下通过．

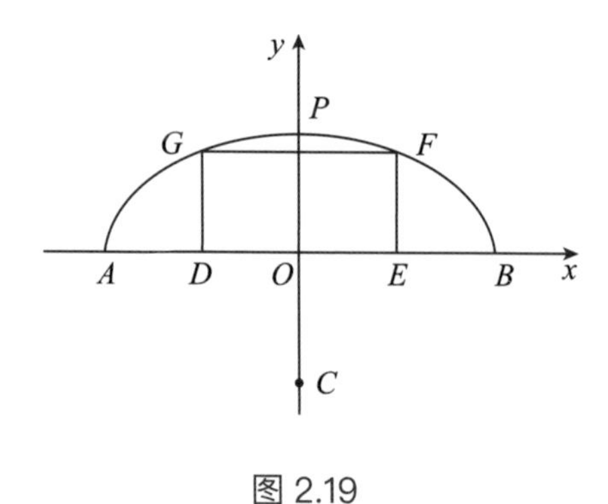

图 2.19

变式2.14−1

图2.20是一座圆拱桥的截面图，当水面在某位置时，拱顶离水面2 m，水面宽12 m，当水面下降1 m后，求水面宽度为多少？

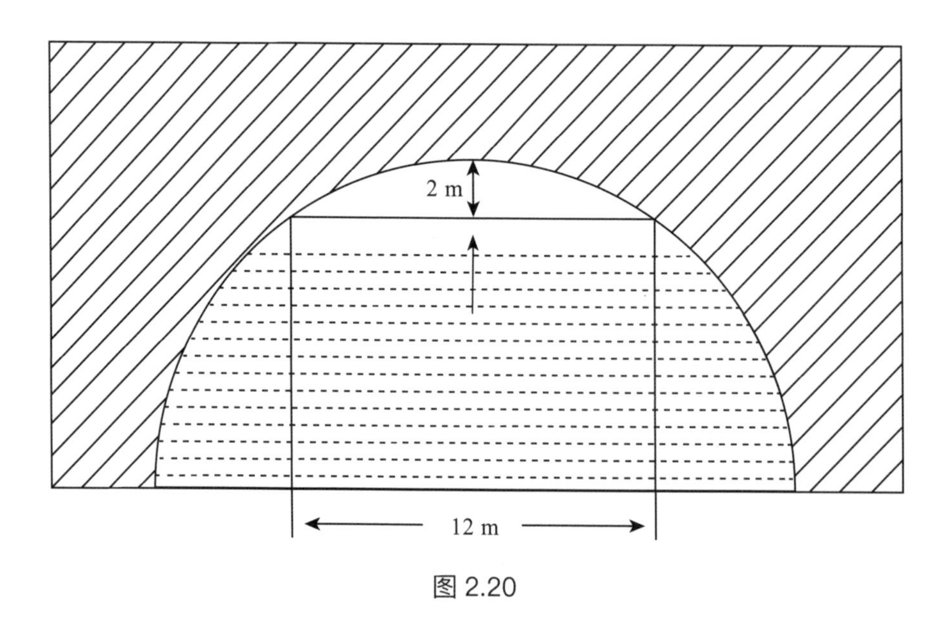

图 2.20

变式2.14-2

图2.21是某圆拱桥的示意图．这个圆拱桥的水面跨度$AB=24$ m，拱高$OP=8$ m．现有一船，宽10 m，水面以上高6 m，这条船能从桥下通过吗？

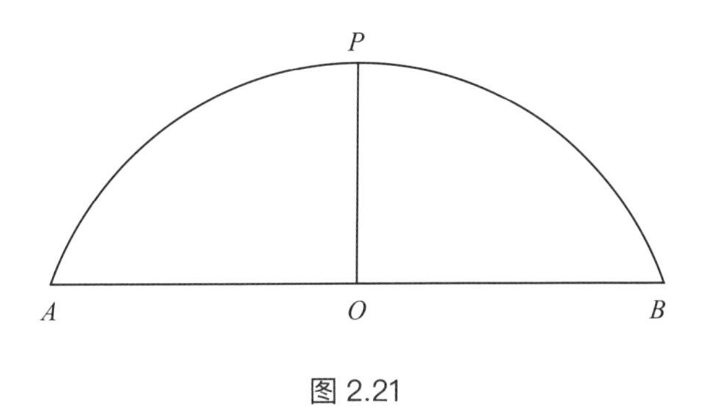

图 2.21

变式2.14-3

有一种大型商品，A，B两地均有出售且价格相同，某地居民从两地之一购得商品后运回来，每公里的运费A地是B地的两倍．若A，B两地相距10千米，顾客选择A地或B地购买这种商品的标准是：包括运费和价格的总费用最低，那么，不同地点的居民应如何选择购买此商品的地点？

总　结

解决直线与圆的实际应用题的步骤：

1. 审题：从题目中抽象出几何模型，明确已知和未知；

2. 建系：建立适当的直角坐标系，用坐标和方程表示几何模型中的基本元素；

3. 求解：利用直线与圆的有关知识求出未知；

4. 还原：将运算结果还原到实际问题中去．

温馨提示

针对这种类型的题目，即直线与圆的方程在生产、生活实践中的应用问题，关键是用坐标法将实际问题转化为数学问题，最后再还原为实际问题.

【例题2.15】

如图2.22所示，Rt△ABC的斜边长为定值$2m$，以斜边的中点O为圆心作半径为n的圆，BC的延长线交圆于P，Q两点，求证：$|AP|^2+|AQ|^2+|PQ|^2$为定值.

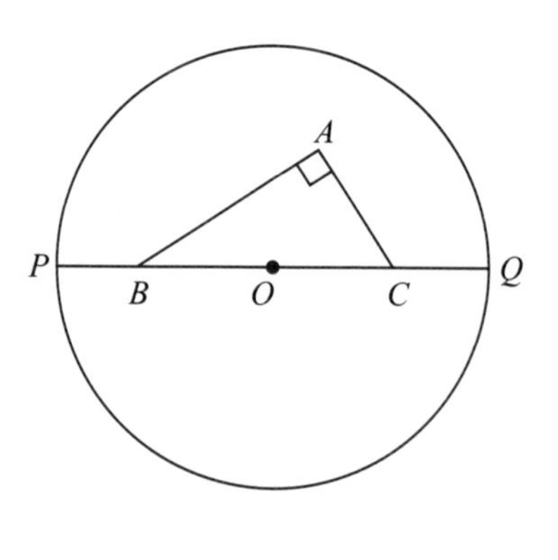

图 2.22

解析：

方法1：如图2.23所示，以O为坐标原点，以直线BC为x轴，建立平面直角坐标系.

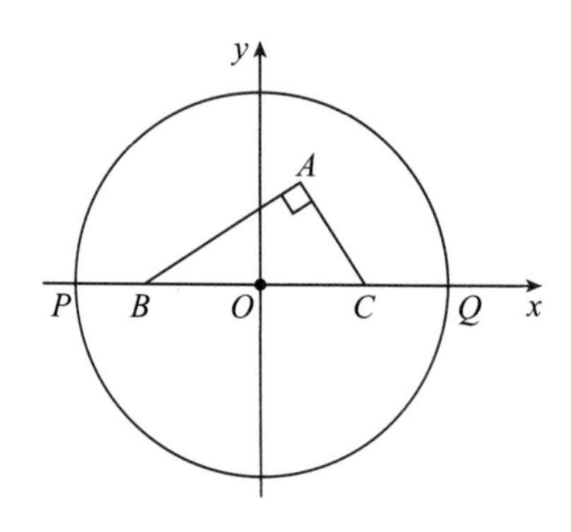

图 2.23

于是有$B(-m, 0)$，$C(m, 0)$，$P(-n, 0)$，$Q(n, 0)$．设$A(x, y)$，由已知，点A在圆$x^2+y^2=m^2$上（不包含B，C两点）．故$|AP|^2+|AQ|^2+|PQ|^2=(x+n)^2+y^2+(x-n)^2+y^2+4n^2=2x^2+2y^2+6n^2=2m^2+6n^2$（定值）．

方法2：建立如图2.23所示坐标系．由题意可知，点A在以BC为直径的圆弧上（不包含B，C两点）．根据参数方程知识，点A坐标可以表示成$A(m\cos\theta, m\sin\theta)$（$\cos\theta\neq\pm1$）．因为$P(-n, 0)$，$Q(n, 0)$，所以$|AP|^2+|AQ|^2+|PQ|^2=(m\cos\theta+n)^2+(m\sin\theta)^2+(m\cos\theta-n)^2+(m\sin\theta)^2+(2n)^2=2m^2(\cos^2\theta+\sin^2\theta)+6n^2=2m^2+6n^2$，为定值．

变式2.15-1

AB为圆的定直径，CD为动直径，过D作AB的垂线DE，延长ED到P，使$|PD|=|AB|$，求证：直线CP必过一定点．

变式2.15-2

如图2.24所示，在圆O上任取一点C为圆心，作圆C与圆O的直径AB相切于D，圆C与圆O交于点E，F，且EF与CD相交于H，求证：EF平分CD．

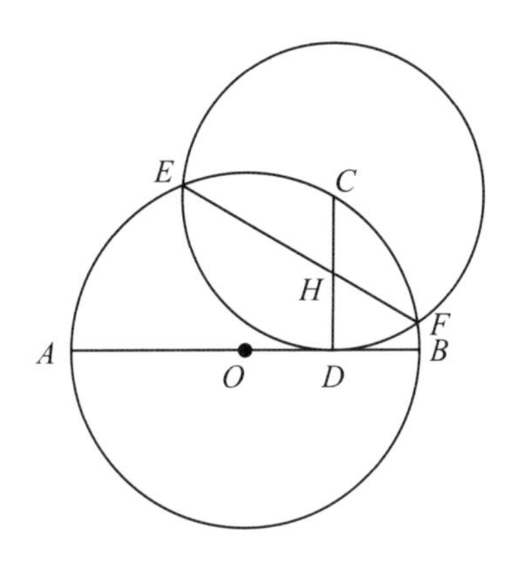

图 2.24

变式2.15-3

如图2.25所示，在平面直角坐标系xOy中，点A（0，3），直线l：$y=2x-4$. 设圆C的半径为1，圆心在l上.

（1）若圆心C也在直线$y=x-1$上，过点A作圆C的切线，求切线的方程；

（2）若圆C上存在点M，使$MA=2MO$，求圆心C的横坐标a的取值范围.

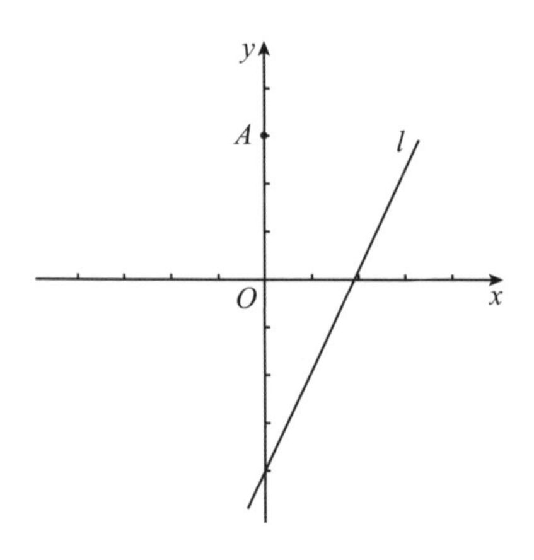

图 2.25

总　结

1. 平面几何问题通常要用坐标法来解决，具体步骤如下：

（1）建立适当的平面直角坐标系，用坐标和方程表示问题的几何元素，将实际或平面问题转化为代数问题；

（2）通过代数运算，解决代数问题；

（3）把代数运算结果“翻译”成实际或几何结论.

2. 建立适当的直角坐标系应遵循的三个原则：

（1）若曲线是轴对称图形，则可选它的对称轴为坐标轴；

（2）常选特殊点作为直角坐标系的原点；

（3）尽量使已知点位于坐标轴上.

建立适当的直角坐标系，会简化运算过程.

章末总结

Chapter Summary

本章根据课程标准要求，紧扣考纲，深研高考，结合老师的教学过程和学生的学习过程编写，依次介绍了圆的三种方程，探究了与圆有关的位置关系及相关计算. 其中，要掌握圆的标准方程和一般方程，并了解其参数方程，能根据适当的条件选取合适的方程形式表达圆，同时要学会方程之间的转化；判断点与圆、直线与圆、圆与圆之间的位置关系时，可以转化为与圆心距离和半径有关的距离比较问题；特别地，计算弦长一般用几何法或代数法，几何法注重几何关系的代数表达，代数法中的弦长公式需要重点掌握，了解韦达定理的应用. 本章在高考中更多体现在基本方程以及与圆有关的位置关系的判定和计算技巧上，往往与直线等部分综合考查，要求对知识体系把握完整而准确.

知识图谱

Knowledge Graph

$(x-a)^2+(y-b)^2=r^2$，圆心为(a, b)，半径为r

$x^2+y^2+Dx+Ey+F=0$时$D^2+E^2-4F>0$

圆心为$\left(-\frac{D}{2}, -\frac{E}{2}\right)$

半径$r=\frac{1}{2}\sqrt{D^2+E^2-4F}$

$D^2+E^2-4F=0$，为一点$\left(-\frac{D}{2}, -\frac{E}{2}\right)$

$D^2+E^2-4F<0$，轨迹不存在

$Ax^2+By^2+Cxy+Dx+Ey+F=0$为圆

x^2，y^2系数相同且不为0，即$A=B\neq0$

不含xy项，即$C=0$

半径要存在，即$D^2+E^2-4F>0$

$\begin{cases} x=r\cos\alpha \\ y=r\sin\alpha \end{cases}$ $x^2+y^2=r^2$

$\begin{cases} x=r\cos\alpha+a \\ y=r\sin\alpha+b \end{cases}$ $(x-a)^2+(y-b)^2=r^2$

圆心为(x_0, y_0)：$(x-x_0)^2+(y-y_0)^2=r^2$

过两圆交点：$x^2+y^2+D_1x+E_1y+F_1+\lambda(x^2+y^2+D_2x+E_2y+F_2)=0$

过圆与直线交点：$x^2+y^2+Dx+Ey+F+\lambda(Ax+By+C)=0$

知识图谱

Knowledge Graph

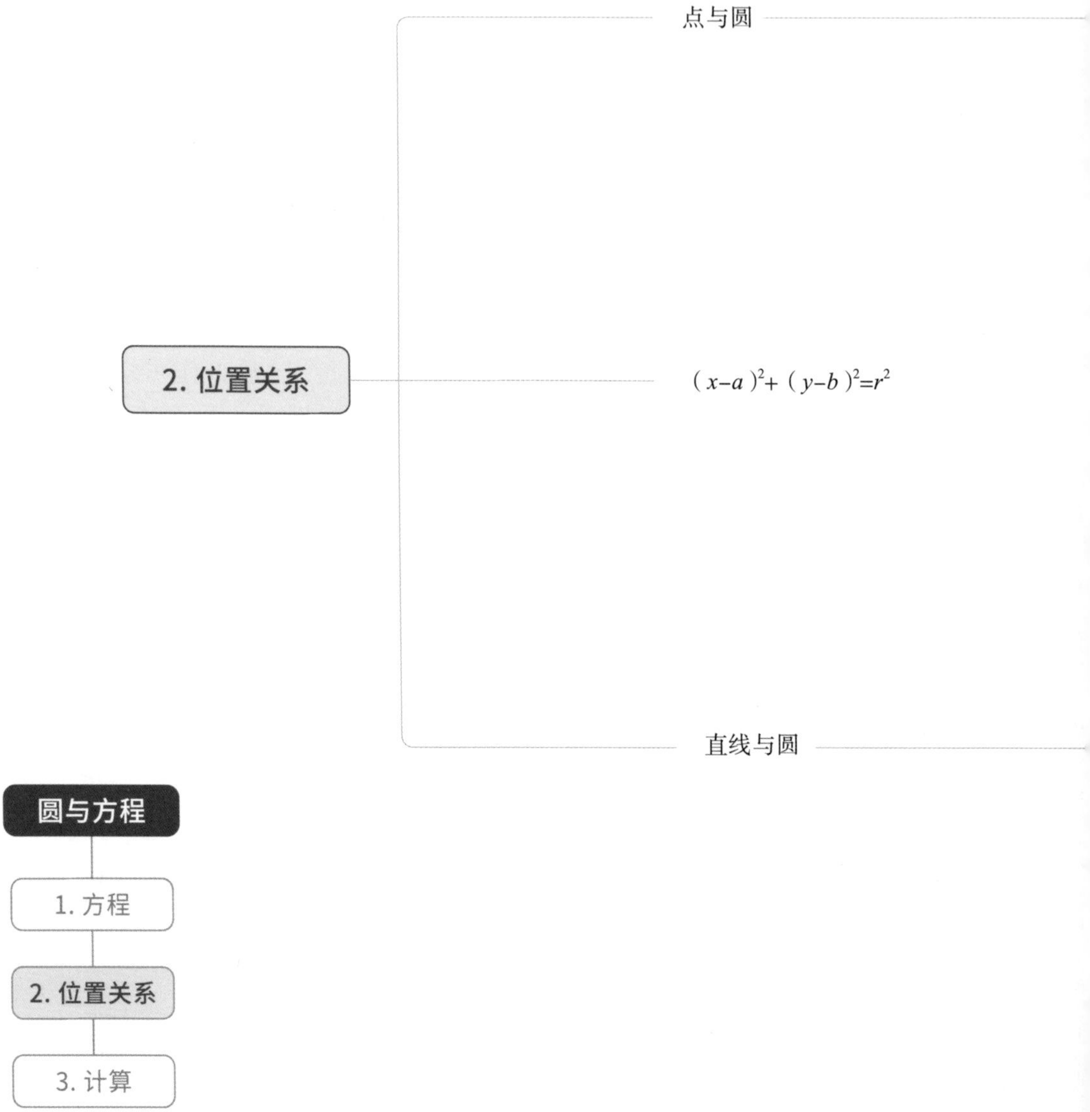

2. 位置关系

点与圆

$(x-a)^2+(y-b)^2=r^2$

直线与圆

圆与方程

1. 方程

2. 位置关系

3. 计算

位置关系	d	d与r的关系	判别式	图形
点在圆外	$d=\lvert OM\rvert=\sqrt{(x_0-a)^2+(y_0-b)^2}$	$d>r$	$(x_0-a)^2+(y_0-b)^2>r^2$	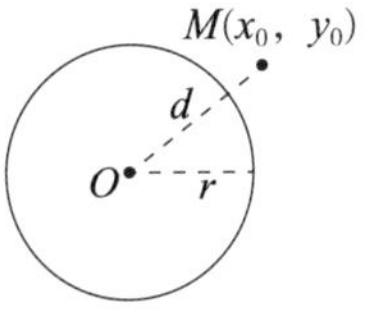 $M(x_0, y_0)$ d O r
点在圆上		$d=r$	$(x_0-a)^2+(y_0-b)^2=r^2$	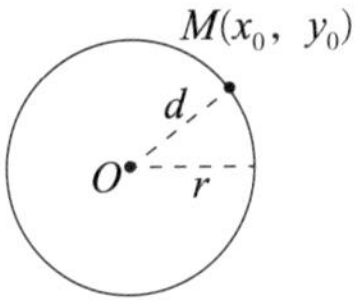 $M(x_0, y_0)$ d O r
点在圆内		$d<r$	$(x_0-a)^2+(y_0-b)^2<r^2$	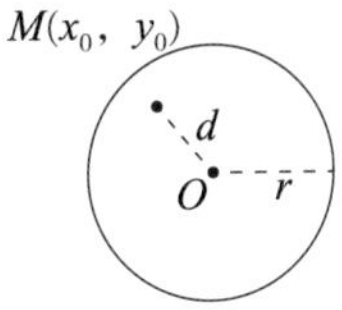 $M(x_0, y_0)$ d O r

位置关系	d	Δ	公共点	图形
相离	$d=\dfrac{\lvert Aa+Bb+C\rvert}{\sqrt{A^2+B^2}}$ 直线方程：$Ax+By+C=0$ 圆方程：$(x-a)^2+(y-b)^2=r^2$	$\Delta<0$	无	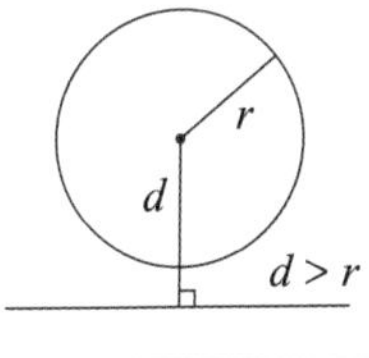 r d $d>r$
相切		$\Delta=0$	一个	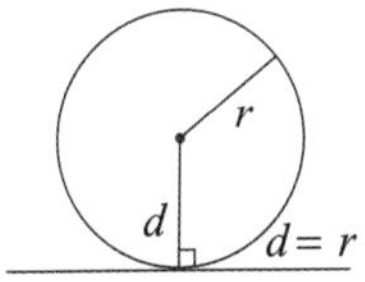 r d $d=r$
相交		$\Delta>0$	两个	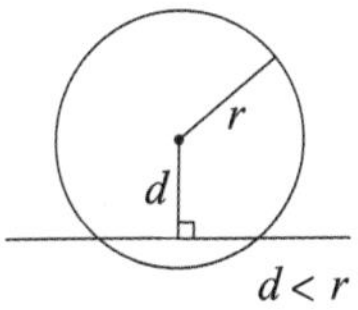 r d $d<r$

注：此表中的d与r的关系在图形下面另起一行

知识图谱
Knowledge Graph

2. 位置关系

圆与圆（r_1：大圆半径　r_2：小圆半径）

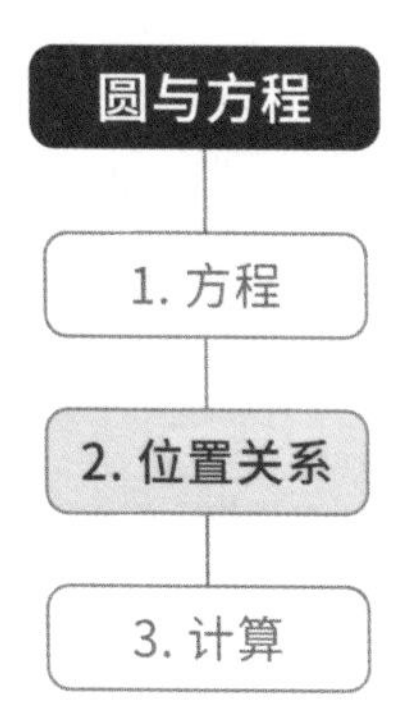

位置关系	交点个数	关系式	公切线数	图形
外离	0	$d>r_1+r_2$	4	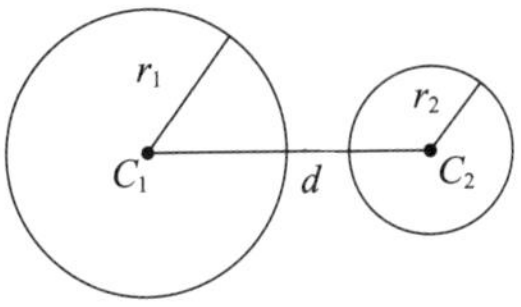
外切	1	$d=r_1+r_2$	3	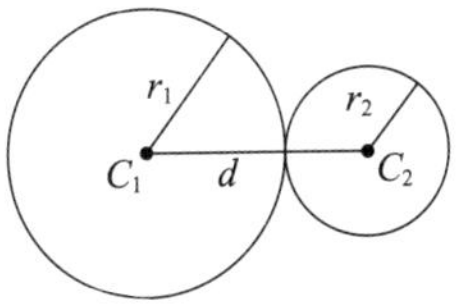
相交	2	$\lvert r_1-r_2\rvert<d<\lvert r_1+r_2\rvert$	2	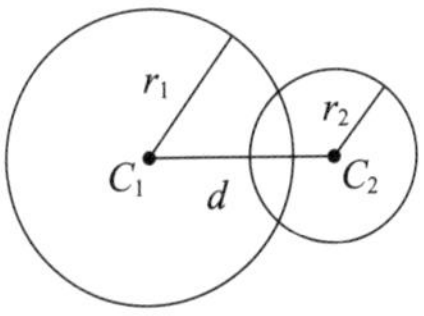
内切	1	$d=\lvert r_1-r_2\rvert$	1	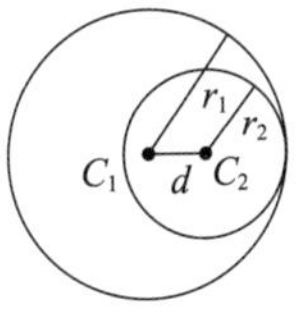
内含	0	$d<\lvert r_1-r_2\rvert$	0	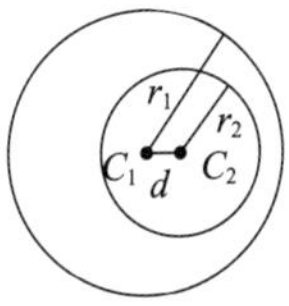

知识图谱

Knowledge Graph

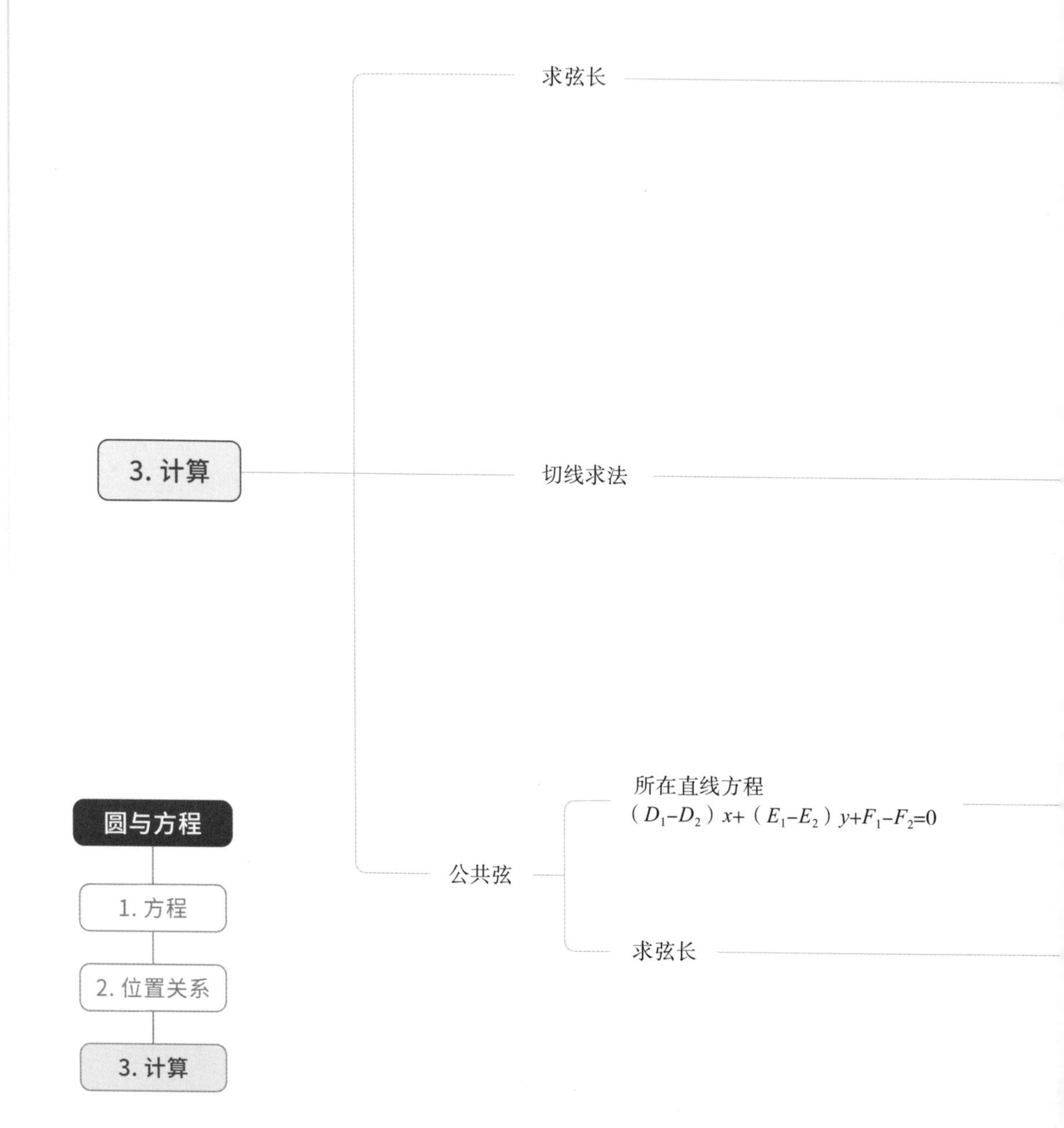

几何 $|AB|=2\sqrt{r^2-d^2}$

代数 $|AB|=\sqrt{(1+k^2)\left[(x_1+x_2)^2-4x_1x_2\right]}=\sqrt{\left(1+\frac{1}{k^2}\right)\left[(y_1+y_2)^2-4y_1y_2\right]}$

过圆上点（x_0，y_0）

$x^2+y^2=r^2 \rightarrow x_0x+y_0y=r^2$

$(x-A)^2+(y-B)^2=r^2 \rightarrow (x_0-A)(x-A)+(y_0-B)(y-B)=r^2$

$x^2+y^2+Dx+Ey+F=0 \rightarrow x_0x+y_0y+\frac{D(x+x_0)}{2}+\frac{E(y+y_0)}{2}+F=0$

过圆外点（x_0，y_0）：设切线方程为$y-y_0=k(x-x_0)$，与圆方程联立，求出k

已知k：设切线方程为$y=kx+b$，与圆方程联立只有一解，求k，b的关系

相切：公切线所在直线

相交：为两圆相交的交点连线

几何：$|AB|=\sqrt{(x_1-x_2)^2+(y_1-y_2)^2}$

代数：两圆联立，求解 $AB=2\sqrt{|OA|^2-|OM|^2}$

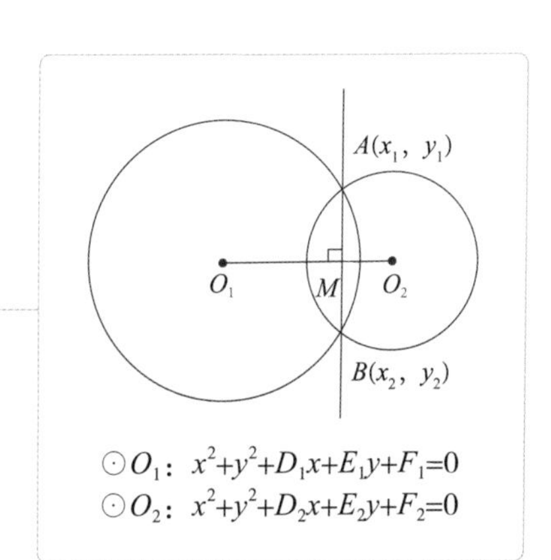

$\odot O_1$：$x^2+y^2+D_1x+E_1y+F_1=0$

$\odot O_2$：$x^2+y^2+D_2x+E_2y+F_2=0$

高考链接

1【2012年重庆理 3】

对任意的实数k，直线$y=kx+1$与圆$x^2+y^2=2$的位置关系一定是（　　）．

A. 相离　　B. 相切　　C. 相交但直线不过圆心　　D. 相交且直线过圆心

答案：C.

解析：
直线$y=kx+1$过圆内一定点（0，1）且k为任意实数，所以直线一定与圆相交但不过圆心.

2【2012年浙江理 16】

定义：曲线C上的点到直线l的距离的最小值称为曲线C到直线l的距离．已知曲线C_1：$y=x^2+a$到直线l：$y=x$的距离等于曲线C_2：$x^2+(y+4)^2=2$到直线l：$y=x$的距离，则实数a为______.

答案：$\frac{9}{4}$.

解析：
曲线C_2：$x^2+(y+4)^2=2$到直线l：$y=x$的距离为圆心（0，-4）到直线$y=x$的距离减去半径，即$\frac{4}{\sqrt{2}}-\sqrt{2}=\sqrt{2}$．依题意可得，曲线$C_1$与直线$l$不能有交点，故$a>0$，且知曲线$C_1$：$y=x^2+a$到直线$l$：$y=x$的距离等于曲线$C_1$上切线斜率为1的切线与$y=x$的距离．令$y'=2x=1$，可得$x=\frac{1}{2}$，所以切线斜率为1的切线方程为$y=x-\frac{1}{2}+\frac{1}{4}+a$，即$y=x-\frac{1}{4}+a$，所以

$\frac{\left|-\frac{1}{4}+a\right|}{\sqrt{2}}=\sqrt{2}$，解得$a=\frac{9}{4}$或$a=-\frac{7}{4}$（舍去）.

3【2013年山东文 13】

过点（3，1）作圆（$x-2$）^{2}+（$y-2$）^{2}=4的弦，其中最短的弦长为______.

答案：$2\sqrt{2}$.

解析：

因为（3，1）在圆内，最短弦为过点（3，1），且垂直于点（3，1）与圆心的连线的弦，易知弦心距$d=\sqrt{2}$，所以最短弦长为$2\sqrt{r^2-d^2}=2\sqrt{2}$.

4【2014年全国 II 理 16】

设点M（x_0，1），若在圆O：$x^2+y^2=1$上存在点N，使得$\angle OMN=45°$，则x_0的取值范围是______.

答案：[−1，1].

解析：

由题意可知M在直线$y=1$上运动，设直线$y=1$与圆$x^2+y^2=1$相切于点P（0，1）．当$x_0=0$即点M与点P重合时，显然圆上存在点N（±1，0）符合要求；当$x_0\neq 0$时，过M作圆的切线，切点之一为点P，此时对于圆上任意一点N，有$\angle OMN\leqslant\angle OMP$，故要存在$\angle OMN=45°$，只需$\angle OMP\geqslant 45°$．特别地，当$\angle OMN=45°$时，有$x_0=\pm 1$，结合图2.26可知，符合条件的$x_0$的取值范围是[−1，1].

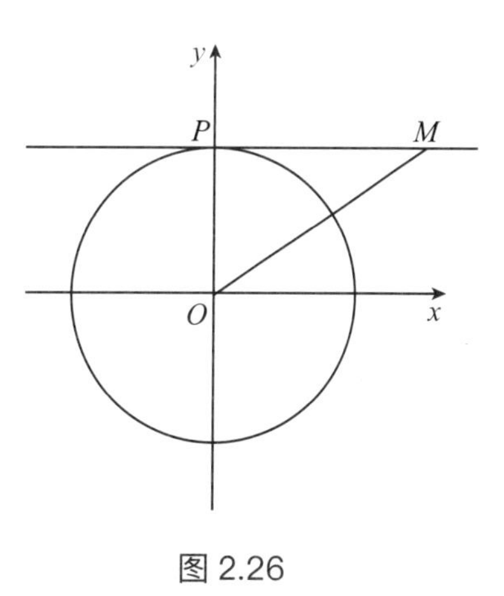

图 2.26

5【2015年江苏理 10】

在平面直角坐标系xOy中，以点（1，0）为圆心且与直线$mx-y-2m-1=0$（$m\in\mathbf{R}$）相切的所有圆中，半径最大的圆的标准方程为______.

答案：$(x-1)^2+y^2=2$.

解析：

因为直线$mx-y-2m-1=0$（$m\in\mathbf{R}$）恒过点M（2，-1）. 设切点为P，当P与M不重合时，$CP\perp PM$. 因为在Rt△CPM中，$CP<CM$恒成立，所以当点（2，-1）为切点时，半径最大，此时半径$r=\sqrt{2}$，故所求圆的标准方程为$(x-1)^2+y^2=2$.

第 3 章 圆锥曲线与方程

公元1609年德国天文学家开普勒发现许多天体的运行轨道是椭圆；在这一时期，意大利物理学家伽利略发现抛掷物体的轨迹是抛物线；法国科学家买多尔日发现了圆锥曲线在光学中的应用.

随着人们对圆锥曲线的进一步认识，圆锥曲线在生活中随处可见．例如，圆形水杯里的水的倾斜面是椭圆；人造喷泉喷出的水形成抛物线；发电站的冷却塔的轴截面两侧边沿是双曲线等（图3.1）．

图 3.1

我们用平面去截圆锥，根据截面与圆锥旋转轴的夹角不同，所得截面的周界分别是圆、椭圆、抛物线、双曲线（图3.2）．所以，人们通常把圆、椭圆、抛物线、双曲线统称为圆锥曲线．

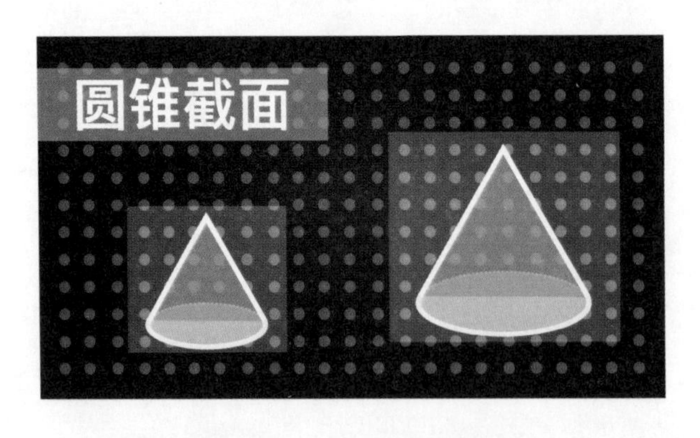

微件　图 3.2 | 圆锥截面

本章我们将对圆锥曲线及其性质做一些研究，并运用这些性质解决一些实际问题. 下面我们带着几个问题学习本章：

（1）什么是椭圆？椭圆有哪些几何性质？

（2）什么是抛物线？抛物线有哪些几何性质？

（3）什么是双曲线？双曲线有哪些几何性质？

（4）这些曲线与方程有怎样的关系？

3.1 椭圆

日常生活中，椭圆形状的物品随处可见，例如，镜子、碟子、时钟等常常被做成椭圆形（图3.3）. 那么，什么是椭圆呢？

图 3.3

3.1.1 椭圆的定义

在上一章中，我们学习了圆的定义. 如图3.4所示，我们可以将一条绳子的两端固定在同一个定点上，用笔尖勾起绳子的中点使绳子始终绷直，围绕定点旋转画出的轨迹就是一个圆.

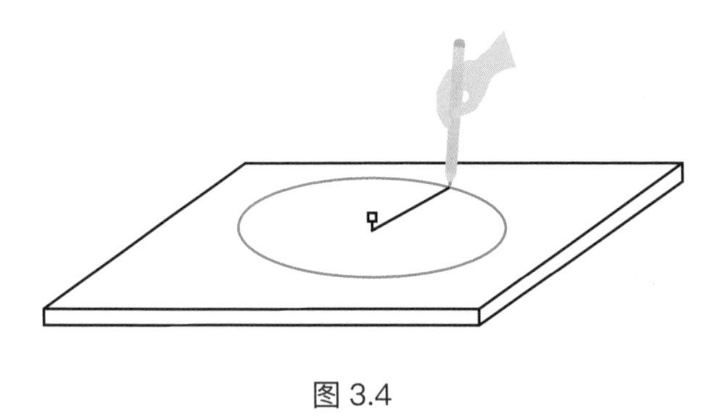

图 3.4

思 考

如果我们分别将绳子的两端固定在两个定点上，用笔尖勾直绳子，使笔尖移动，得到的轨迹又是什么呢？动手试一试.

在笔尖移动过程中，细绳的长度保持不变，即笔尖到两个定点的距离之和等于常数.

我们把平面内到两个定点F_1，F_2的距离之和等于常数（大于$|F_1F_2|$）的点的集合叫作椭圆（图3.5）. 这两个定点F_1，F_2叫作椭圆的焦点，两个焦点F_1，F_2间的距离叫作椭圆的焦距.

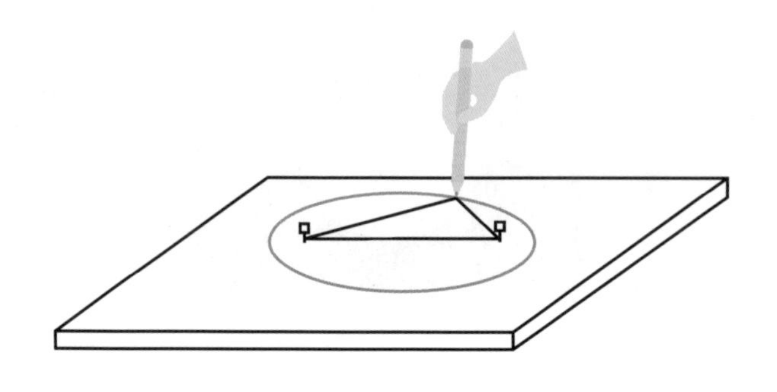

微件　图 3.5 | 椭圆的定义

思 考

定义中的常数为什么要大于焦距$|F_1F_2|$？

3.1.2 椭圆的标准方程

下面我们将根据椭圆的几何特征，选择适当的坐标系，建立椭圆的方程，并通过方程研究椭圆的性质.

类比利用圆的对称性建立圆的方程的过程，我们根据椭圆的几何特征，选择适当的坐标系，建立它的方程．如图3.6所示.

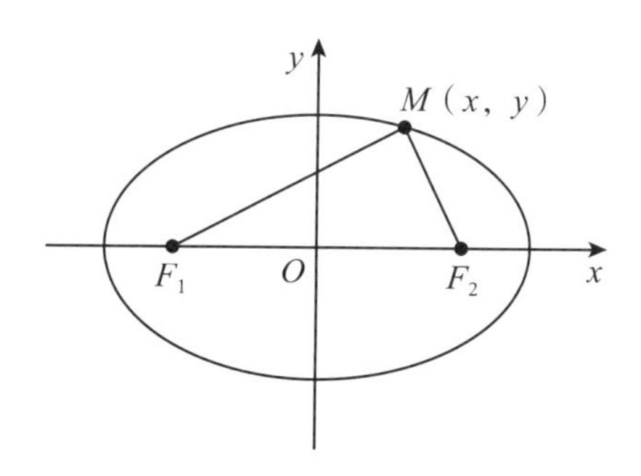

微件　图 3.6 | 椭圆的标准方程

给定椭圆，它的焦点为F_1，F_2，焦距$|F_1F_2|=2c$（$c>0$），椭圆上任意一点到两焦点距离之和等于$2a$（$a>c$）．以直线F_1F_2为x轴，线段F_1F_2的中垂线为y轴，建立平面直角坐标系xOy，则焦点F_1，F_2的坐标分别为（$-c$，0），（c，0）.

设M（x，y）是椭圆上的任意一点，由椭圆的定义知点M满足：

$$|MF_1|+|MF_2|=2a$$

因为$|MF_1|=\sqrt{(x+c)^2+y^2}$，$|MF_2|=\sqrt{(x-c)^2+y^2}$，所以$\sqrt{(x+c)^2+y^2}+\sqrt{(x-c)^2+y^2}=2a$. 移项后两边平方、整理，得$a^2-cx=a\sqrt{(x-c)^2+y^2}$．两边平方、整理，得（$a^2-c^2$）$x^2+a^2y^2=$（$a^2-c^2$）$a^2$，即

$$\frac{x^2}{a^2}+\frac{y^2}{a^2-c^2}=1$$

由椭圆定义可知$a>c>0$，所以$a^2-c^2>0$．令$b^2=a^2-c^2$，其中$b>0$，代入上式得

$$\frac{x^2}{a^2}+\frac{y^2}{b^2}=1 \quad (a>b>0)$$

椭圆上任意一点的坐标都是方程的解；以此方程的解为坐标的点都在椭圆上．我们

把这个方程叫作椭圆的标准方程，焦点坐标是F_1（$-c$，0），F_2（c，0），其中$c^2=a^2-b^2$.

若以焦点所在直线为y轴，如图3.7所示，其焦点坐标为F_1（0，$-c$），F_2（0，c），用同样的方法可以推出它的标准方程为$\frac{y^2}{a^2}+\frac{x^2}{b^2}=1$（$a>b>0$），其中$c^2=a^2-b^2$.

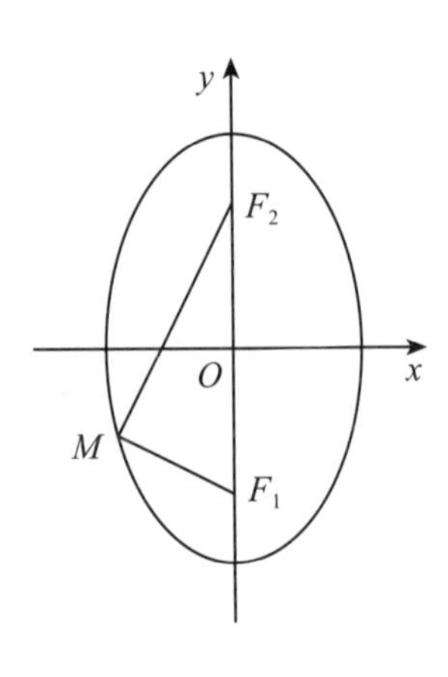

图 3.7

思 考

如图3.8（a）、（b）所示，你能从中找出表示a，b，c的线段么?

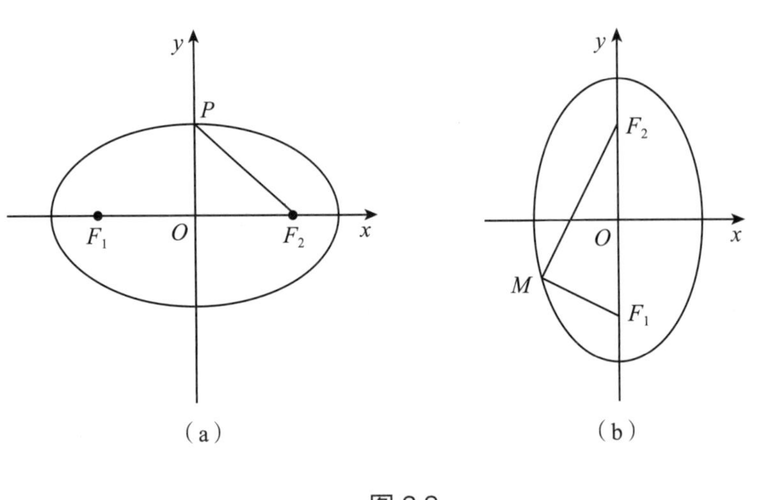

图 3.8

【例题3.1】

求满足下列条件的椭圆的标准方程：

（1）两个焦点的坐标分别是（−4，0）和（4，0），且经过点（5，0）；

（2）焦点在y轴上，且经过两个点（0，2）和（1，0）.

答案：（1）$\frac{x^2}{25}+\frac{y^2}{9}=1$；（2）$\frac{y^2}{4}+x^2=1$.

解析：

（1）因为椭圆的焦点在x轴上，所以设它的标准方程为$\frac{x^2}{a^2}+\frac{y^2}{b^2}=1$（$a>b>0$）. 将点（5，0）代入上式解得$a=5$，又$c=4$，所以$b^2=a^2-c^2=25-16=9$. 故所求椭圆的标准方程为$\frac{x^2}{25}+\frac{y^2}{9}=1$.

（2）因为椭圆的焦点在y轴上，所以设它的标准方程为$\frac{y^2}{a^2}+\frac{x^2}{b^2}=1$（$a>b>0$）. 因为椭圆经过点（0，2）和（1，0），所以$\begin{cases}\frac{4}{a^2}+\frac{0}{b^2}=1\\ \frac{0}{a^2}+\frac{1}{b^2}=1\end{cases}\Rightarrow\begin{cases}a^2=4\\ b^2=1\end{cases}$. 故所求椭圆的标准方程为$\frac{y^2}{4}+x^2=1$.

变式3.1−1

已知椭圆的中心在原点，焦点在坐标轴上，且椭圆经过点P_1（$\sqrt{6}$，1），P_2（$-\sqrt{3}$，$-\sqrt{2}$），试求椭圆的方程.

变式3.1−2

求适合下列条件的椭圆的标准方程：

（1）经过两点（2，$-\sqrt{2}$），$\left(-1, \frac{\sqrt{14}}{2}\right)$；

（2）过点（$\sqrt{3}$，$-\sqrt{5}$），且与椭圆$\frac{y^2}{25}+\frac{x^2}{9}=1$有相同的焦点.

变式3.1-3

已知点P在以坐标轴为对称轴的椭圆上，点P到两焦点的距离分别为$\frac{4\sqrt{5}}{3}$和$\frac{2\sqrt{5}}{3}$，过点P作长轴的垂线，垂足恰好为椭圆的一个焦点，求此椭圆的方程.

总　结

求椭圆的标准方程的方法：

1. 定义法

用定义法求椭圆标准方程的思路：先分析已知条件，看所求动点轨迹是否符合椭圆的定义，若符合椭圆的定义，可以先定位，再确定a，b的值.

2. 待定系数法

（1）如果明确了椭圆的中心在原点，焦点在坐标轴上，那么所求的椭圆方程一定是标准形式，就可以利用待定系数法先建立方程，然后依照题设条件，计算出方程中a，b的值，从而确定方程.

（2）当不明确焦点在哪个坐标轴上时，通常应进行分类讨论，但计算较复杂．此时，可设椭圆的一般方程为$mx^2+ny^2=1$（$m>0$，$n>0$，$m\neq n$），不必再考虑焦点的位置，用待定系数法结合题目给出的条件求出m，n的值即可.

温馨提示

题目条件中没有明确焦点的具体位置，即焦点可以在x轴上也可以在y轴上，所以应分两种情况求解．在解题中要避免出现两种错误：

（1）想当然地认为焦点在某一条坐标轴，比如x轴上；

（2）不管题目的条件如何，只把焦点在x轴上的椭圆标准方程求出后，将方程中的x，y互换，得到焦点在y轴上的椭圆标准方程．

【例题3.2】

（1）已知A（-5，0），B（5，0），动点C满足$|AC|+|BC|=10$，求点C的轨迹；

（2）已知定点A（0，-1），点B在圆F：$x^2+(y-1)^2=16$上运动，F为圆心，线段AB的垂直平分线交BF于点P，求动点P的轨迹E；

（3）求与圆C_1：$(x+1)^2+y^2=1$外切，且与圆C_2：$(x-1)^2+y^2=16$内切的动圆圆心P的轨迹方程．

答案：（1）线段AB；

（2）以A，F为焦点、长轴长为4的椭圆；

（3）$\frac{x^2}{\frac{25}{4}}+\frac{y^2}{\frac{21}{4}}=1$.

解析：

（1）因为$|AC|+|BC|=10=|AB|$，所以点C的轨迹是线段AB.

（2）由题意得$|PA|=|PB|$，所以$|PA|+|PF|=|PB|+|PF|=4>|AF|=2$，故动点$P$的轨迹$E$是以$A$，$F$为焦点、长轴长为4的椭圆．

（3）如图3.9所示，根据题意，$|PC_1|=1+r$，$|PC_2|=4-r$，所以$|PC_1|+|PC_2|=5>|C_1C_2|$，即点P在以C_1（-1，0），C_2（1，0）为焦点，长轴长为5的椭圆上，椭圆方程为$\frac{x^2}{\frac{25}{4}}+\frac{y^2}{\frac{21}{4}}=1$.

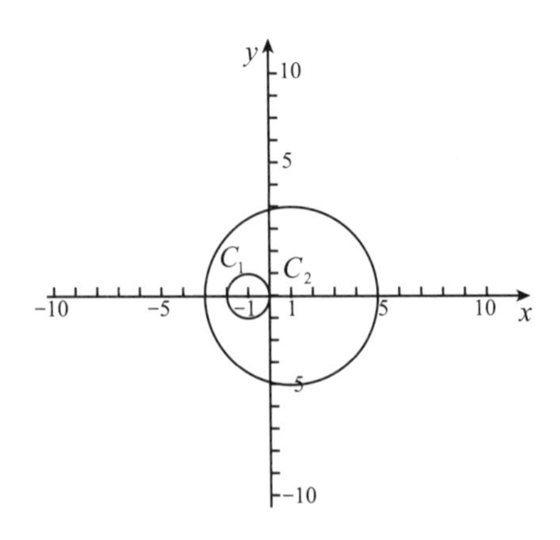

微件　图 3.9 | 椭圆轨迹

变式3.2−1

点P（−3，0）是圆C：$x^2+y^2-6x-55=0$内一定点，动圆M与已知圆相内切且过点P，判断圆心M的轨迹.

变式3.2−2

如图3.10所示，已知椭圆$\frac{x^2}{a^2}+\frac{y^2}{b^2}=1$（$a>b>0$），$F_1$，$F_2$是它的焦点．过$F_1$的直线$AB$与椭圆交于$A$，$B$两点，求$\triangle ABF_2$的周长.

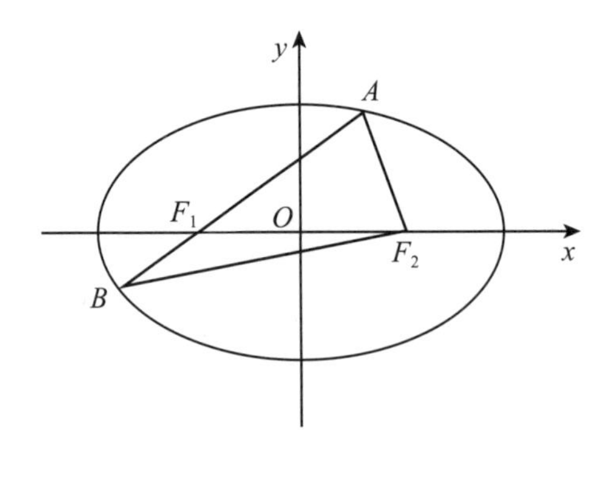

图 3.10

变式3.2−3

已知点A（$\sqrt{3}$，0）和点$B\left(\dfrac{\sqrt{3}}{2}，\dfrac{1}{2}\right)$，$T$是椭圆$\dfrac{x^2}{4}+y^2=1$上的动点，求$|TA|+|BT|$的最大值和最小值.

总　结

椭圆定义的双向运用：

1. 椭圆的定义具有双向作用，即若$|MF_1|+|MF_2|=2a$（$2a>|F_1F_2|$），则点M的轨迹是椭圆；反之，椭圆上任意一点M到两焦点的距离之和必为$2a$.

2. 设P是椭圆$\dfrac{x^2}{a^2}+\dfrac{y^2}{b^2}=1$（$a>b>0$）上一点，$F_1$（$-c$，0），$F_2$（$c$，0）分别是椭圆的左、右焦点，我们把$\triangle F_1PF_2$叫作椭圆的焦点三角形. 在椭圆中，焦点三角形问题是一类重要题型，有关椭圆的焦点三角形问题一般都是运用椭圆定义并结合三角形中的正弦定理和余弦定理加以解决以求高效.

【例题3.3】

已知P为椭圆$\dfrac{x^2}{12}+\dfrac{y^2}{3}=1$上一点，$F_1$，$F_2$是椭圆的焦点，$\angle F_1PF_2=60°$，求$\triangle F_1PF_2$的面积.

答案：$\sqrt{3}$.

解析：

在$\triangle PF_1F_2$中，$|F_1F_2|^2=|PF_1|^2+|PF_2|^2-2|PF_1|\cdot|PF_2|\cos 60°$，即

$$36=|PF_1|^2+|PF_2|^2-|PF_1|\cdot|PF_2| \qquad (3.1)$$

由椭圆的定义得$|PF_1|+|PF_2|=4\sqrt{3}$，即

$$48=|PF_1|^2+|PF_2|^2+2|PF_1|\cdot|PF_2| \qquad (3.2)$$

由式（3.1）、式（3.2）得$|PF_1|\cdot|PF_2|=4$. 所以$S_{\triangle F_1PF_2}=\frac{1}{2}|PF_1|\cdot|PF_2|\cdot\sin 60^\circ=\sqrt{3}$.

变式3.3-1

已知P是椭圆$\frac{x^2}{4}+y^2=1$上的一点，F_1，F_2是椭圆的两个焦点，且$\angle F_1PF_2=60^\circ$，则$\triangle F_1PF_2$的面积是多少？

变式3.3-2

如图3.11所示，已知椭圆的方程为$\frac{x^2}{4}+\frac{y^2}{3}=1$，椭圆上有一点$P$满足$\angle PF_1F_2=90^\circ$，求$\triangle PF_1F_2$的面积.

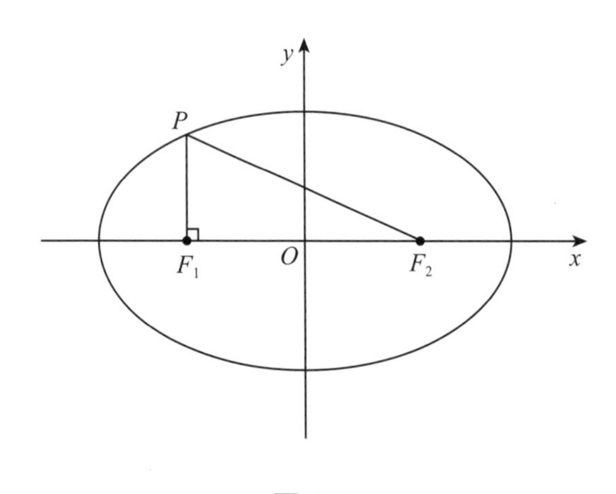

图 3.11

变式3.3-3

设P是椭圆$\frac{x^2}{a^2}+\frac{y^2}{b^2}=1$（$a>b>0$）上一点，$F_1$（$-c$，0），$F_2$（$c$，0）分别是椭圆的左、右焦点，若$\angle F_1PF_2=\theta$，证明：$\triangle F_1PF_2$的面积$S=b^2\tan\frac{\theta}{2}$.

总 结

由椭圆上一点与两个焦点构成的三角形叫作焦点三角形，焦点三角形常和椭圆的定义、正（余）弦定理、内角和定理及面积公式等综合考查.

3.1.3 椭圆的简单几何性质

上一小节中我们已经从椭圆的几何特征出发建立了椭圆的标准方程，下面我们将用椭圆的标准方程$\frac{x^2}{a^2}+\frac{y^2}{b^2}=1$（$a>b>0$）来研究椭圆的几何性质，包括椭圆的形状、大小、对称性和位置等.

1. 对称性

椭圆$\frac{x^2}{a^2}+\frac{y^2}{b^2}=1$（$a>b>0$）是以$x$轴、$y$轴为对称轴的轴对称图形，且是以原点为对称中心的中心对称图形，这个对称中心称为椭圆的中心. 如图3.12所示.

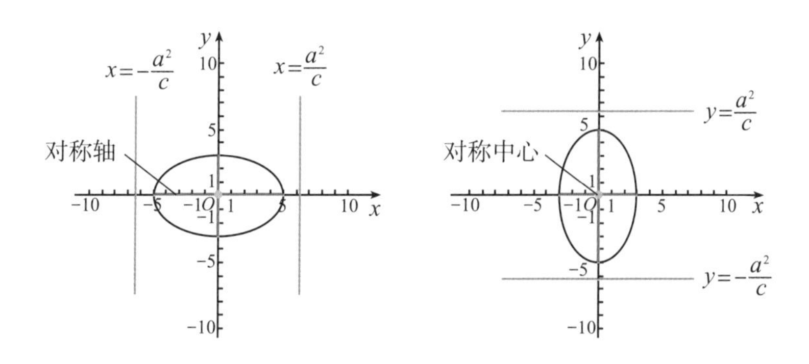

微件 图 3.12 | 椭圆的方程、图形及几何性质

2. 范围

椭圆上所有的点都位于$x=\pm a$，$y=\pm b$所围成的矩形内，所以椭圆上点的坐标满足$|x|\leqslant a$，$|y|\leqslant b$. 如图3.13所示.

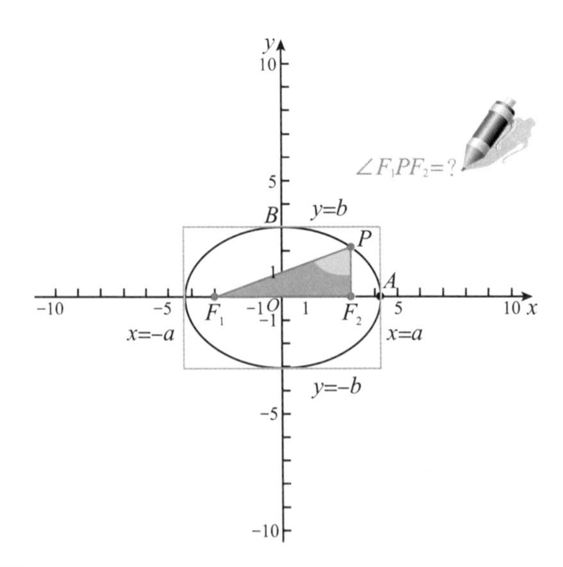

微件　图 3.13 | 椭圆焦点三角形$\triangle F_1PF_2$的变化

3. 顶点

椭圆的对称轴与椭圆的交点称为椭圆的顶点．椭圆$\dfrac{x^2}{a^2}+\dfrac{y^2}{b^2}=1$（$a>b>0$）的四个顶点的坐标分别为$A_1$（$-a$，0），$A_2$（$a$，0），$B_1$（0，$-b$），$B_2$（0，$b$）．这四个点可以确定椭圆的具体位置．线段$A_1A_2$，$B_1B_2$分别叫作椭圆的长轴和短轴，且$|A_1A_2|=2a$，$|B_1B_2|=2b$．$a$和$b$分别叫作椭圆的长半轴长和短半轴长．它们反映了参数$a$，$b$的几何意义．如图3.14所示．

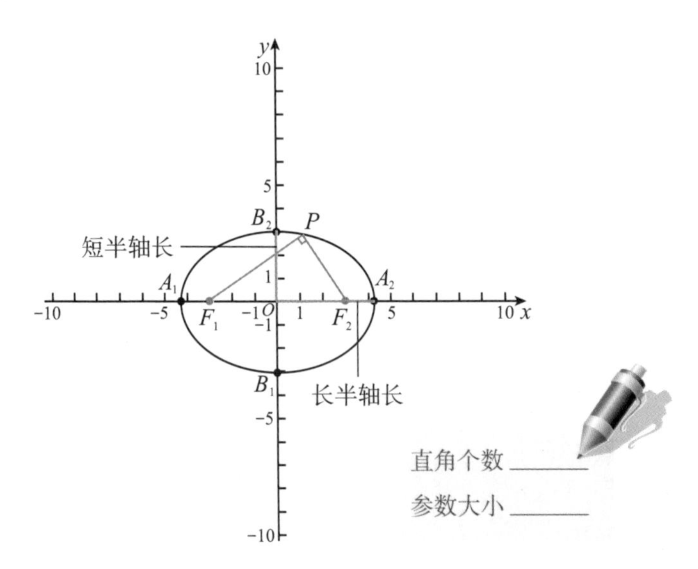

微件　图 3.14 | 椭圆参数与$\angle F_1PF_2$为直角个数的关系

由于$b^2=a^2-c^2$，a，b，c就是图3.15中Rt△OB_2F_2的三边长，它们从另一个角度反映了参数a，b，c的几何意义.

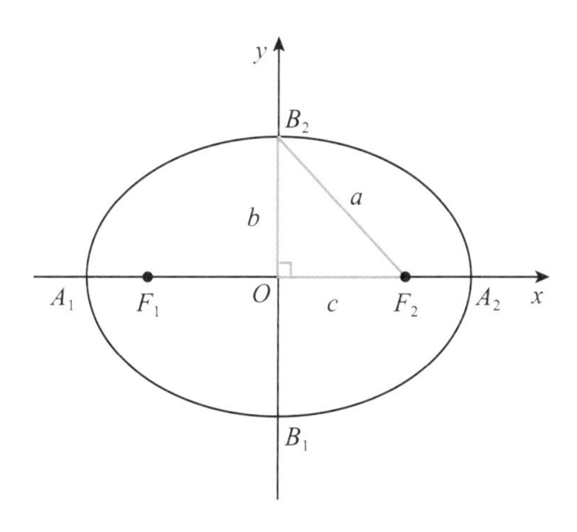

微件　图 3.15 | 椭圆的方程、图形及几何性质

4. 离心率

由参数a，b，c的关系知道，a，c的大小可反映椭圆“扁平程度”．我们规定椭圆的焦距与长轴长度的比叫作椭圆的离心率，如图3.16所示．用e表示，即$\frac{c}{a}=e$．如图3.17所示.

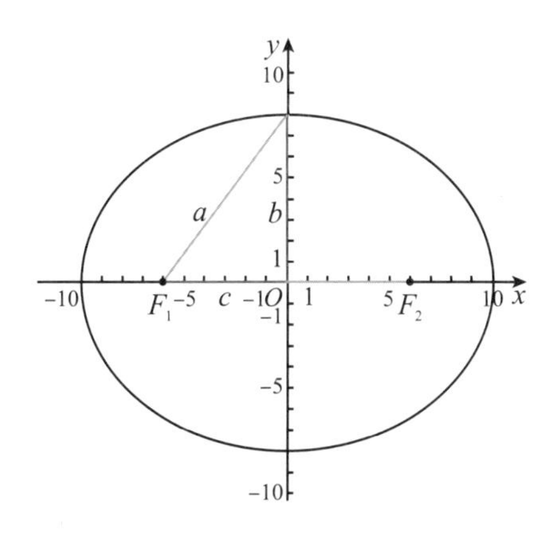

微件　图 3.16 | 椭圆的离心率

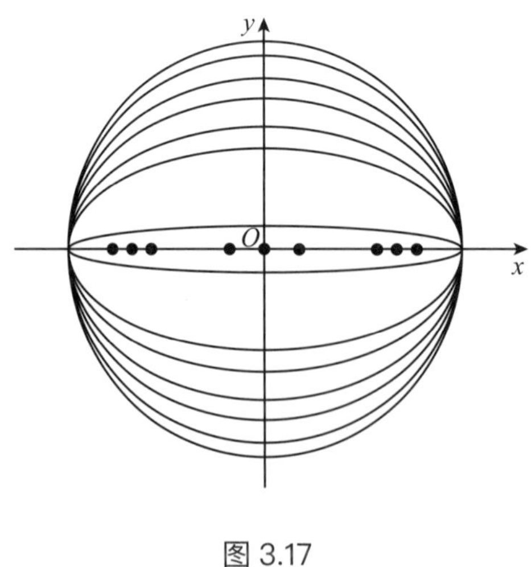

图 3.17

显然$0<e<1$．e越接近1，椭圆就越扁，反之，e越接近于0，椭圆就越饱满，越接近于圆．当$a=b$时，$c=0$，这时，两个焦点重合，图形变为圆，它的方程为$x^2+y^2=a^2$．如图3.18所示．

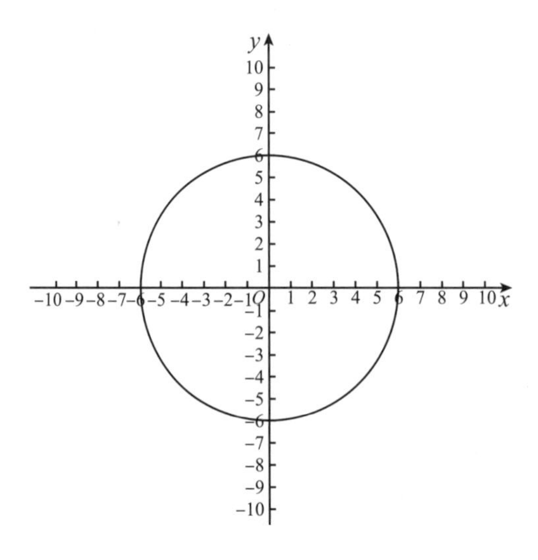

微件　图 3.18 | 离心率对椭圆形状的影响

5. 切线

椭圆上任意一点P的切线与PF_1和PF_2所成的夹角相等．如图3.19所示．

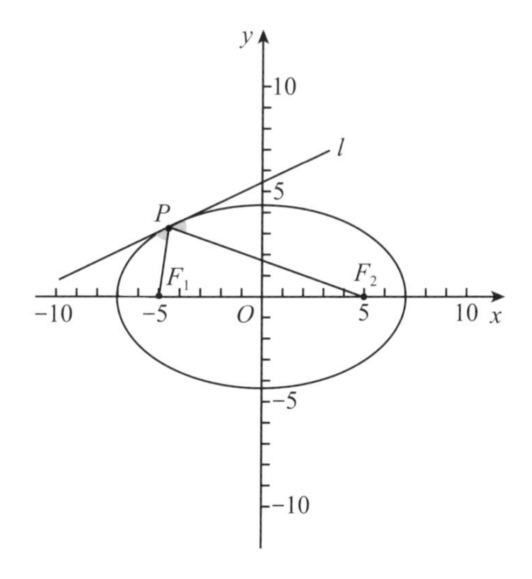

微件 图 3.19 | 椭圆切线的性质

【例题3.4】

求椭圆$x^2+2y^2=16$的长轴长、短轴长、焦距、焦点坐标、顶点坐标和离心率.

答案：长轴长$2a=8$，短轴长$2b=4\sqrt{2}$，焦距$2c=4\sqrt{2}$，焦点坐标为（$-2\sqrt{2}$，0），（$2\sqrt{2}$，0），顶点坐标为（-4，0），（4，0），（0，$-2\sqrt{2}$），（0，$2\sqrt{2}$），离心率$e=\frac{c}{a}=\frac{\sqrt{2}}{2}$.

解析：

将$x^2+2y^2=16$化为$\frac{x^2}{16}+\frac{y^2}{8}=1$. $a^2=16$，$b^2=8$，所以$c^2=8$，故$a=4$，$b=2\sqrt{2}$，$c=2\sqrt{2}$. 因此长轴长$2a=8$，短轴长$2b=4\sqrt{2}$，焦距$2c=4\sqrt{2}$，焦点坐标为（$-2\sqrt{2}$，0），（$2\sqrt{2}$，0），顶点坐标为（-4，0），（4，0），（0，$-2\sqrt{2}$），（0，$2\sqrt{2}$），离心率$e=\frac{c}{a}=\frac{\sqrt{2}}{2}$.

变式3.4-1

已知椭圆C_1：$\frac{x^2}{100}+\frac{y^2}{64}=1$，设椭圆$C_2$与椭圆$C_1$的长轴长、短轴长分别相等，且椭圆$C_2$的焦点在$y$轴上.

（1）求椭圆C_1的长半轴长、短半轴长、焦点坐标及离心率；

（2）写出椭圆C_2的方程，并研究其性质.

变式3.4-2

当$3<k<9$时，指出方程$\frac{x^2}{9-k}+\frac{y^2}{k-3}=1$表示的曲线.

变式3.4-3

已知曲线C：$\frac{x^2}{k-5}+\frac{y^2}{3-k}=-1$，分析“$4\leq k<5$”是“曲线$C$表示焦点在$y$轴上的椭圆”的什么条件？

总　结

求椭圆的参数时，应把椭圆化为标准方程，注意分清楚焦点的位置，这样便于直观地写出a，b的数值，进而求出c，求出椭圆的长轴与短轴的长、离心率、焦点和顶点的坐标等参数.

温馨提示

先将方程化为标准方程，然后判断焦点是在x轴上还是在y轴上，对应求解．a，b，c，e由椭圆本身确定，与坐标系无关；而点（焦点、顶点）的坐标和椭圆的方程因坐标系的不同而发生变化.

【例题3.5】

（1）如图3.20所示，已知F_1，F_2是椭圆的两个焦点，满足$\overrightarrow{MF_1}\cdot\overrightarrow{MF_2}=0$的点$M$总在椭圆内部，求椭圆离心率的取值范围；

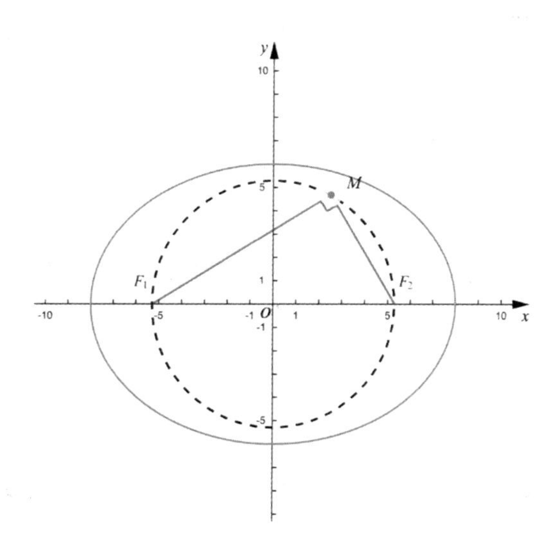

微件　图 3.20｜椭圆离心率典型例题 1

（2）如图3.21所示，椭圆$\dfrac{x^2}{9}+\dfrac{y^2}{4}=1$的左、右焦点分别为$F_1$，$F_2$，点$P$为其上的动点，当$\angle F_1PF_2$为钝角时，求点$P$横坐标的取值范围；

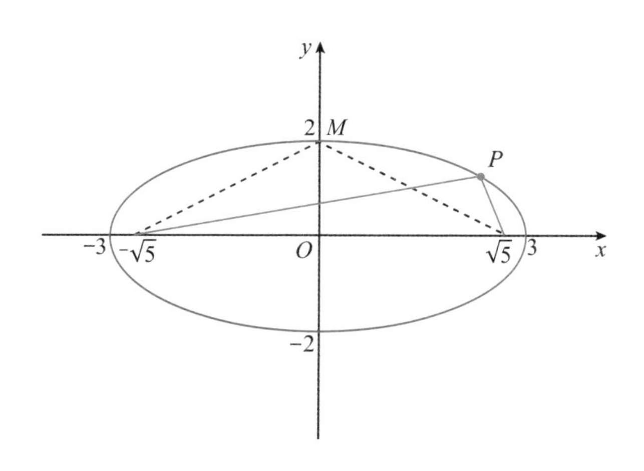

微件　图 3.21｜椭圆离心率典型例题 2

（3）如图 3.22 所示，已知 F_1，F_2 是椭圆$\frac{x^2}{a^2}+\frac{y^2}{b^2}=1$（$a>b>0$）的两个焦点，若椭圆上存在一点 P 使得$\angle F_1PF_2=\frac{\pi}{3}$，求椭圆的离心率 e 的取值范围；

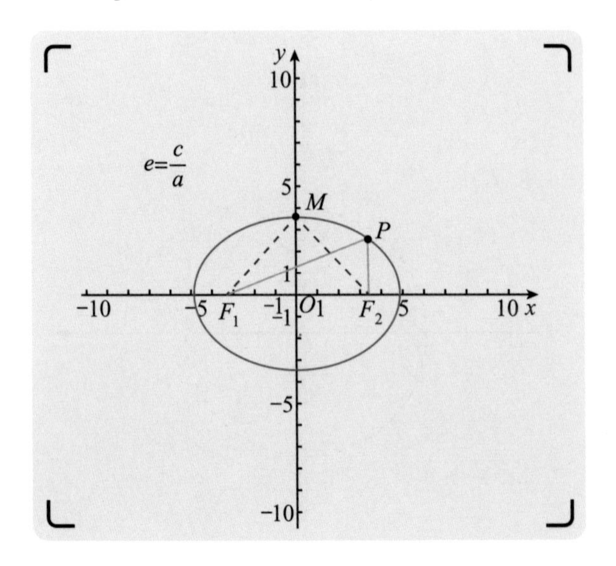

微件　图 3.22 | 椭圆离心率典型例题 3

（4）已知椭圆$\frac{x^2}{a^2}+\frac{y^2}{b^2}=1$（$a>b>0$）的两个焦点分别为$F_1$，$F_2$，斜率为$k$的直线$l$过左焦点$F_1$且与椭圆的交点为$A$，$B$，与$y$轴的交点为$C$，且$B$为线段$CF_1$的中点，若$|k|\leqslant\frac{\sqrt{14}}{2}$，求椭圆离心率$e$的取值范围.

答案：（1）$0<e<\frac{\sqrt{2}}{2}$；（2）$\left(-\frac{3\sqrt{5}}{5},\ \frac{3\sqrt{5}}{5}\right)$；（3）$\frac{1}{2}\leqslant e<1$；（4）$\frac{\sqrt{2}}{2}\leqslant e<1$.

解析：

（1）设椭圆方程为$\frac{x^2}{a^2}+\frac{y^2}{b^2}=1$（$a>b>0$），焦点为$F_1$（$-c$，0），$F_2$（$c$，0），如图3.23所示.

若点M满足$\overrightarrow{MF_1}\cdot\overrightarrow{MF_2}=0$，则$\overrightarrow{MF_1}\perp\overrightarrow{MF_2}$，可得点$M$在以$F_1F_2$为直径的圆上运动，因为满足$\overrightarrow{MF_1}\cdot\overrightarrow{MF_2}=0$的点$M$总在椭圆内部，所以以$F_1F_2$为直径的圆是椭圆内部的一个圆，即椭圆短轴的端点在圆外．由此可得$b>c$，即$\sqrt{a^2-c^2}>c$，解之得$a>\sqrt{2}c$．因

此椭圆的离心率$e=\frac{c}{a}<\frac{\sqrt{2}}{2}$，故椭圆离心率的取值范围是$\left(0，\frac{\sqrt{2}}{2}\right)$.

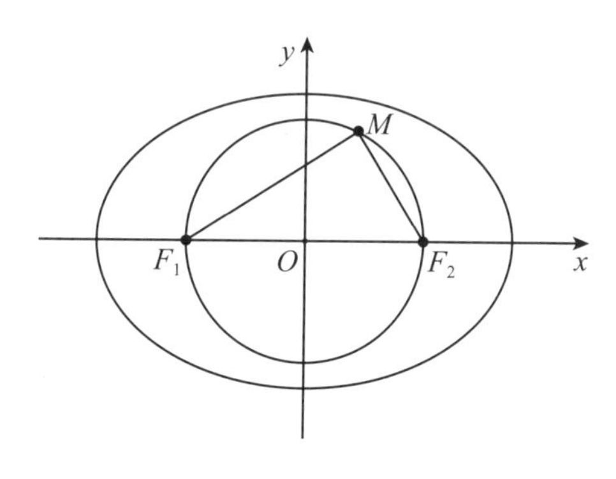

图 3.23

（2）方法1：如图3.24所示，设短轴一个端点为M.

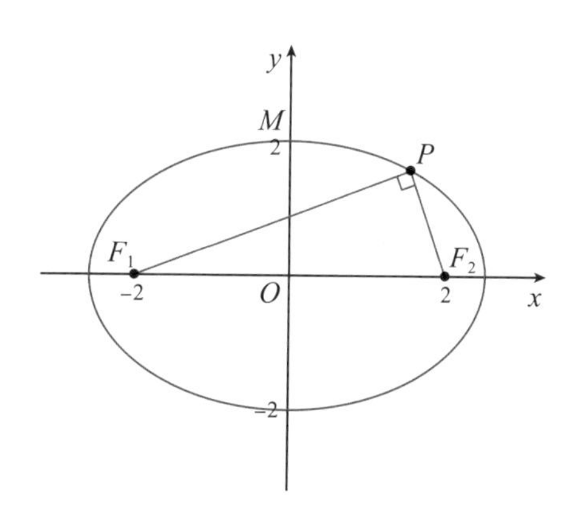

图 3.24

分析可知$\angle F_1MF_2\geqslant\angle F_1PF_2$.

当$\angle F_1PF_2$为直角时设$P（x_0，y_0）$，则由面积公式知：$b^2\tan45°=\frac{1}{2}2c\left|y_0\right|$.

结合椭圆方程得$x_0=\pm\frac{3\sqrt{5}}{5}$，故点$P$横坐标的取值范围为$\left(-\frac{3\sqrt{5}}{5}，\frac{3\sqrt{5}}{5}\right)$.

方法2：因为$\frac{x^2}{9}+\frac{y^2}{4}=1$，所以$F_1（-\sqrt{5}，0）$，$F_2（\sqrt{5}，0）$．设$P（x，y）$，当$\angle F_1PF_2$为钝角时，易知$\overrightarrow{PF_1}\cdot\overrightarrow{PF_2}<0$，即$（-\sqrt{5}-x，-y）（\sqrt{5}-x，-y）<0$，整理计

算可得$x^2<\frac{9}{5}$. 故点P横坐标的取值范围为$\left(-\frac{3\sqrt{5}}{5},\ \frac{3\sqrt{5}}{5}\right)$.

（3）方法1：如图3.25所示，设短轴一个端点为M.

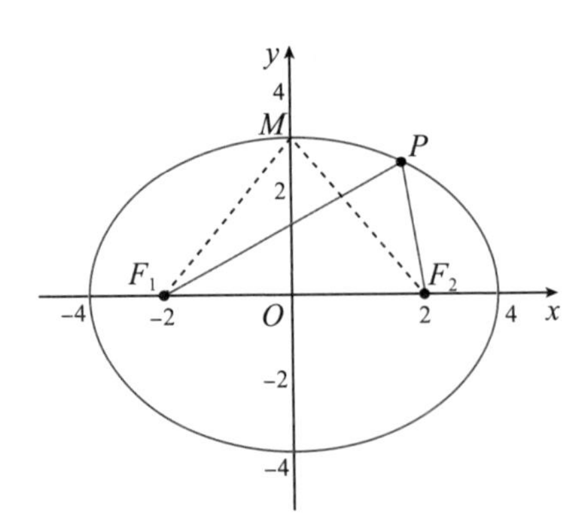

图 3.25

分析可知$\angle F_1MF_2 \geqslant \angle F_1PF_2$，所以$\angle F_1MO \geqslant 30°$.

由余弦函数可知$\cos\angle F_1MO \leqslant \cos 30°$，即$\frac{b}{a} \leqslant \frac{\sqrt{3}}{2}$，结合$a^2=c^2+b^2$整理计算可得$\frac{1}{2} \leqslant e<1$.

方法2：因为$\angle F_1PF_2=\frac{\pi}{3}$，设$|PF_1|=m$，$|PF_2|=n$，在$\triangle F_1PF_2$中由余弦定理可知：$\cos 60° = \frac{m^2+n^2-(2c)^2}{2mn}$，整理可得$3mn=4a^2-4c^2$. 又$mn \leqslant \frac{(m+n)^2}{4}=a^2$，所以$4a^2-4c^2 \leqslant 3a^2$，即$\frac{1}{2} \leqslant e<1$.

（4）依题意得F_1（$-c$，0），直线l：$y=k$（x+c），则C（0，kc）. 因为点B为CF_1的中点，所以$B\left(-\frac{c}{2},\ \frac{kc}{2}\right)$. 因为点$B$在椭圆上，所以$\frac{\left(-\frac{c}{2}\right)^2}{a^2}+\frac{\left(\frac{kc}{2}\right)^2}{b^2}=1$，即$\frac{c^2}{4a^2}+\frac{k^2c^2}{4(a^2-c^2)}=1$，所以$\frac{e^2}{4}+\frac{k^2e^2}{4(1-e^2)}=1$，故$k^2=\frac{(4-e^2)(1-e^2)}{e^2}$. 由$|k| \leqslant \frac{\sqrt{14}}{2}$，得$k^2 \leqslant \frac{7}{2}$，

即$\dfrac{(4-e^2)(1-e^2)}{e^2}\leqslant\dfrac{7}{2}$，所以$2e^4-17e^2+8\leqslant 0$．解得$\dfrac{1}{2}\leqslant e^2\leqslant 8$．又因为$0<e<1$，所以$\dfrac{1}{2}\leqslant e^2<1$，即$\dfrac{\sqrt{2}}{2}\leqslant e<1$．

变式3.5-1

若椭圆的两个焦点与短轴的一个端点构成一个正三角形，求椭圆的离心率．

变式3.5-2

设P是椭圆$\dfrac{x^2}{a^2}+\dfrac{y^2}{b^2}=1$（$a>b>0$）上的一点，$F_1$，$F_2$是焦点，且$\angle F_1PF_2=90°$，求椭圆离心率$e$的取值范围．

变式3.5-3

如图3.26所示，已知点P（m，4）是椭圆$\dfrac{x^2}{a^2}+\dfrac{y^2}{b^2}=1$（$a>b>0$）上的一点，$F_1$，$F_2$是椭圆的两个焦点，若$\triangle PF_1F_2$的内切圆的半径为$\dfrac{3}{2}$，求椭圆的离心率．

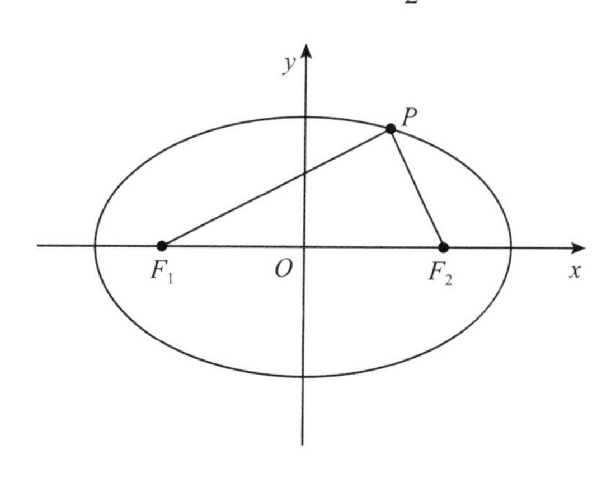

图 3.26

总　结

求椭圆的离心率，关键是寻找a与c的关系，一般地：

（1）若已知a，c，则直接代入$e=\frac{c}{a}$求解；

（2）若已知a，b，则由$e=\sqrt{1-\left(\frac{b}{a}\right)^2}$求解；

（3）若已知a，b，c的关系，则可转化为a，c的齐次式，再转化为含e的方程求解即可.

【例题3.6】

求适合下列条件的椭圆的标准方程：

（1）长轴长是10，离心率是$\frac{4}{5}$；

（2）在x轴上的一个焦点与短轴两个端点的连线互相垂直，且焦距为6.

答案：（1）$\frac{x^2}{25}+\frac{y^2}{9}=1$或$\frac{y^2}{25}+\frac{x^2}{9}=1$；（2）$\frac{x^2}{18}+\frac{y^2}{9}=1$.

解析：

（1）设椭圆的方程为$\frac{x^2}{a^2}+\frac{y^2}{b^2}=1$（$a>b>0$）或$\frac{y^2}{a^2}+\frac{x^2}{b^2}=1$（$a>b>0$）.

由已知得$2a=10$，$a=5$. 因为$e=\frac{c}{a}=\frac{4}{5}$，所以$c=4$，故$b^2=a^2-c^2=25-16=9$，因此椭圆方程为$\frac{x^2}{25}+\frac{y^2}{9}=1$或$\frac{y^2}{25}+\frac{x^2}{9}=1$.

（2）依题意可设椭圆方程为$\frac{x^2}{a^2}+\frac{y^2}{b^2}=1$（$a>b>0$）.

如图3.27所示，$\triangle A_1FA_2$为一等腰直角三角形，OF为斜边A_1A_2的中线（高），且$|OF|=c$，$|A_1A_2|=2b$，则$c=b=3$，$a^2=b^2+c^2=18$，故所求椭圆的方程为$\frac{x^2}{18}+\frac{y^2}{9}=1$.

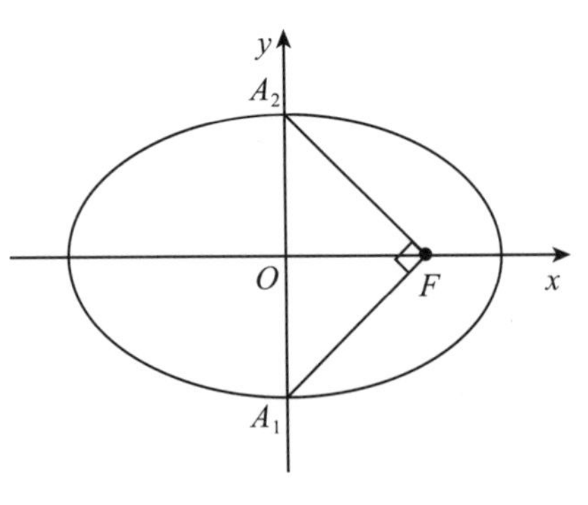

图 3.27

变式3.6-1

若椭圆C与椭圆$\frac{x^2}{4}+\frac{y^2}{3}=1$具有相同的离心率，且椭圆$C$经过点（2，$-\sqrt{3}$），求$C$的标准方程.

变式3.6-2

已知椭圆的对称轴是坐标轴，O为坐标原点，F是一个焦点，A是一个顶点，若椭圆的长轴长是6，且$\cos\angle OFA=\frac{2}{3}$，求椭圆的标准方程.

变式3.6-3

如图3.28所示，已知椭圆的中心在原点，它在x轴上的一个焦点F与短轴两个端点B_1，B_2的连线互相垂直，且这个焦点与较近的长轴的端点A的距离为$\sqrt{10}-\sqrt{5}$，求这个椭圆的方程.

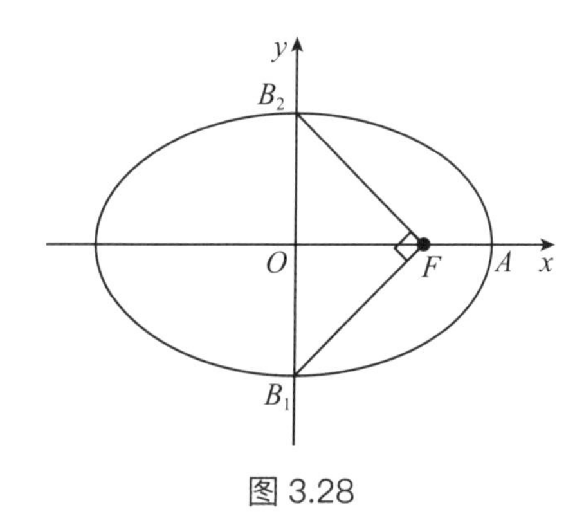

图 3.28

总　结

1. 利用椭圆的几何性质求标准方程通常采用待定系数法.

2. 根据已知条件求椭圆的标准方程的思路是“选标准，定参数”，即先明确焦点的位置或分类讨论. 一般步骤是：

（1）求出a^2，b^2的值；

（2）确定焦点所在的坐标轴；

（3）写出标准方程.

【例题3.7】

已知点P（4，2）是直线l被椭圆$\frac{x^2}{36}+\frac{y^2}{9}=1$所截得的线段的中点，求直线$l$的方程.

答案：$x+2y-8=0$.

解析：

方法1：设直线l与椭圆的交点为A（x_1，y_1），B（x_2，y_2），显然斜率存在，由题意可设直线l的方程为$y-2=k(x-4)$，将直线方程代入椭圆的方程有$(4k^2+1)x^2-8k(4k-2)x+4(4k-2)^2-36=0$，所以$x_1+x_2=\frac{8k(4k-2)}{4k^2+1}=8$，故$k=-\frac{1}{2}$，因此直线$l$的方程为$y-2=-\frac{1}{2}(x-4)$，即$x+2y-8=0$.

方法2：设直线l与椭圆的交点为A（x_1，y_1），B（x_2，y_2），则$\begin{cases}x_1^2+4y_1^2-36=0\\x_2^2+4y_2^2-36=0\end{cases}$，两式相减，有$(x_1+x_2)(x_1-x_2)+4(y_1+y_2)(y_1-y_2)=0$. 又$x_1+x_2=8$，$y_1+y_2=4$，所以$\frac{y_1-y_2}{x_1-x_2}=-\frac{1}{2}$，即$k=-\frac{1}{2}$. 所以直线$l$的方程为$x+2y-8=0$.

变式3.7−1

过点M（−2，0）的直线m与椭圆$\frac{x^2}{2}+y^2=1$交于P_1，P_2两点，线段P_1P_2的中点为P，设直线m的斜率为k_1，直线OP的斜率为k_2，求k_1k_2的值.

变式3.7−2

已知中心在原点、一个焦点为$F(0, 5\sqrt{2})$的椭圆被直线l：$y=3x-2$截得的弦的中点横坐标为$\frac{1}{2}$，求此椭圆的方程.

变式3.7−3

已知椭圆$\frac{x^2}{36}+\frac{y^2}{9}=1$和点$P$（4，2），直线$l$经过点$P$且与椭圆交于$A$，$B$两点.

（1）当直线l的斜率为$\frac{1}{2}$时，求线段AB的长度；

（2）当点P恰好为线段AB的中点时，求l的方程.

总　结

解决椭圆中点弦问题的两种方法：

1. 根与系数的关系法：联立直线方程和椭圆方程构成方程组，消去一个未知数，利用一元二次方程根与系数的关系以及中点坐标公式解决.

2. 点差法：利用交点在曲线上，坐标满足方程，将交点坐标分别代入椭圆方程，然后作差，构造出中点坐标和斜率的关系，具体如下：

已知A（x_1，y_1），B（x_2，y_2）是椭圆$\frac{x^2}{a^2}+\frac{y^2}{b^2}=1$（$a>b>0$）上的两个不同的点，$M$（$x_0$，$y_0$）是线段$AB$的中点，则$\begin{cases}\frac{x_1^2}{a^2}+\frac{y_1^2}{b^2}=1\\\frac{x_2^2}{a^2}+\frac{y_2^2}{b^2}=1\end{cases}$，两式相减，得$\frac{1}{a^2}$（$x_1^2-x_2^2$）+$\frac{1}{b^2}$（$y_1^2-y_2^2$）=0，变形得$\frac{y_1-y_2}{x_1-x_2}=-\frac{b^2}{a^2}\cdot\frac{x_1+x_2}{y_1+y_2}=-\frac{b^2}{a^2}\cdot\frac{x_0}{y_0}$，即$k_{AB}=-\frac{b^2}{a^2}\cdot\frac{x_0}{y_0}$.

温馨提示

此类问题中设出P_1，P_2两点的坐标，但求解过程中并不需要求出来，只是起到了中介桥梁的作用，简化了解题过程．这种设而不求、作整体处理的技巧，常能起到减少运算量、提高运算效率的作用．使用此种方法时，要注意根的判别式和韦达定理的使用．

【例题3.8】

已知斜率为2的直线经过椭圆$\frac{x^2}{5}+\frac{y^2}{4}=1$的右焦点$F_1$，与椭圆相交于$A$，$B$两点，求弦$AB$的长．

答案：$\frac{5}{3}\sqrt{5}$.

解析：

方法1：因为直线l过椭圆$\frac{x^2}{5}+\frac{y^2}{4}=1$的右焦点$F_1$（1，0），且直线的斜率为2，所以直线$l$的方程为$y=2(x-1)$，即$2x-y-2=0$.

由方程组$\begin{cases}2x-y-2=0\\ \frac{x^2}{5}+\frac{y^2}{4}=1\end{cases}$，得交点$A$（0，−2），$B\left(\frac{5}{3},\ \frac{4}{3}\right)$. 故

$$|AB|=\sqrt{(x_A-x_B)^2+(y_A-y_B)^2}=\sqrt{\left(0-\frac{5}{3}\right)^2+\left(-2-\frac{4}{3}\right)^2}=\sqrt{\frac{125}{9}}=\frac{5}{3}\sqrt{5}$$

方法2：设$A(x_1,\ y_1)$，$B(x_2,\ y_2)$，则A，B的坐标为方程组$\begin{cases}2x-y-2=0\\ \frac{x^2}{5}+\frac{y^2}{4}=1\end{cases}$的解.

消去y得$3x^2-5x=0$，则$x_1+x_2=\frac{5}{3}$，$x_1\cdot x_2=0$．故

$$|AB|=\sqrt{(x_1-x_2)^2+(y_1-y_2)^2}=\sqrt{1+k^2}\sqrt{(x_1+x_2)^2-4x_1x_2}$$

$$=\sqrt{(1+2^2)\left[\left(\frac{5}{3}\right)^2-4\times 0\right]}=\frac{5\sqrt{5}}{3}$$

变式3.8-1

椭圆$\dfrac{x^2}{a^2}+\dfrac{y^2}{b^2}=1$（$a>b>0$）的离心率为$\dfrac{\sqrt{3}}{2}$，且椭圆与直线$x+2y+8=0$相交于点$P$，$Q$，且$|PQ|=\sqrt{10}$，求椭圆方程.

变式3.8-2

设椭圆C：$\dfrac{x^2}{a^2}+\dfrac{y^2}{b^2}=1$（$a>b>0$）的右焦点为$F$，过点$F$的直线与椭圆$C$相交于$A$，$B$两点，直线$l$的倾斜角为60°，$\overrightarrow{AF}=2\overrightarrow{FB}$.

（1）求椭圆C的离心率；

（2）如果$|AB|=\dfrac{15}{4}$，求椭圆C的方程.

变式3.8-3

如图3.29所示，已知椭圆C：$\dfrac{x^2}{a^2}+\dfrac{y^2}{b^2}=1$（$a>b>0$）的一个顶点为$A$（2，0），离心率为$\dfrac{\sqrt{2}}{2}$. 直线$y=k$（$x-1$）与椭圆$C$交于不同的两点$M$，$N$.

（1）求椭圆C的方程；

（2）当△AMN的面积为$\dfrac{\sqrt{10}}{3}$时，求k的值.

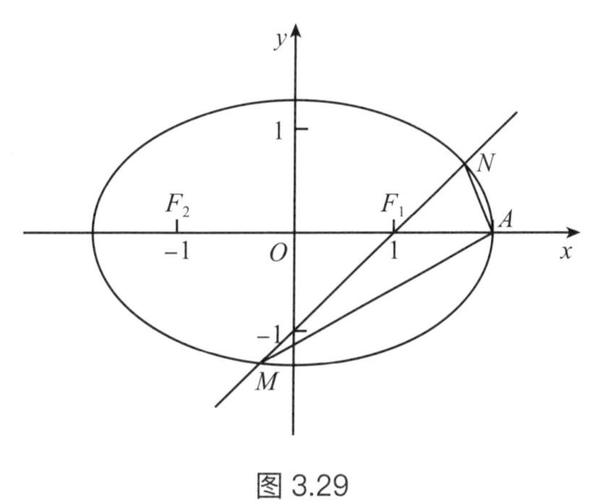

图 3.29

总　结

当直线与椭圆相交时，两交点间的距离，称为弦长.

1. 求弦长的方法：将直线方程与椭圆方程联立，得到关于x的一元二次方程，然后运用韦达定理，找到根与系数的关系，再求弦长. 不必具体求出方程的根，即不必求出直线与椭圆的交点. 这种方法是求弦长常采用的方法.

2. 求弦长的公式：设直线l的斜率为k（k不等于0），方程为$y=kx+b$，设端点$A(x_1, y_1)$，$B(x_2, y_2)$，则

$$
\begin{aligned}
|AB| &= \sqrt{(x_1-x_2)^2+(y_1-y_2)^2} \\
&= \sqrt{(x_1-x_2)^2+(kx_1-kx_2)^2} \\
&= \sqrt{1+k^2}\sqrt{(x_1-x_2)^2} \\
&= \sqrt{1+k^2}\sqrt{(x_1+x_2)^2-4x_1x_2}
\end{aligned}
$$

或

$$
\begin{aligned}
|AB| &= \sqrt{\left(\frac{1}{k}y_1-\frac{1}{k}y_2\right)^2+(y_1-y_2)^2} \\
&= \sqrt{1+\frac{1}{k^2}}\sqrt{(y_1-y_2)^2} \\
&= \sqrt{1+\frac{1}{k^2}}\sqrt{(y_1+y_2)^2-4y_1y_2}
\end{aligned}
$$

其中，x_1+x_2，x_1x_2或y_1+y_2，y_1y_2的值，可通过由直线方程与椭圆方程联立消去y或x后得到关于x或y的一元二次方程得到.

温馨提示

处理直线与椭圆相交的关系问题的通法是通过解直线与椭圆构成的方程. 利用根与系数的关系或中点坐标公式解决，涉及弦的中点，还可使用点差法：设出弦的两端点坐标，代入椭圆方程，两式相减即得弦的中点与斜率的关系. 使用此种方法时，要注意根的判别式和韦达定理的使用.

【例题3.9】

已知椭圆$\dfrac{x^2}{a^2}+\dfrac{y^2}{b^2}=1$（$a>b>0$）的左、右焦点分别为$F_1$，$F_2$，短轴两个端点为$A$，$B$，且四边形$F_1AF_2B$是边长为2的正方形.

（1）求椭圆的方程.

（2）若C，D分别是椭圆长轴的左、右端点，动点M满足$MD\perp CD$，连接CM，交椭圆于点P．证明：$\overrightarrow{OM}\cdot\overrightarrow{OP}$为定值.

（3）在（2）的条件下，试问x轴上是否存在异于点C的定点Q，使得以MP为直径的圆恒过直线DP，MQ的交点，若存在，求出点Q的坐标；若不存在，说明理由.

答案：（1）$\dfrac{x^2}{4}+\dfrac{y^2}{2}=1$；（2）见解析；（3）存在，$Q$（0，0）.

解析：

（1）如图3.30所示，由题意得$2b=2c=2\sqrt{2}$，所以$b=c=\sqrt{2}$，$a=2$．所求的椭圆方程为$\dfrac{x^2}{4}+\dfrac{y^2}{2}=1$.

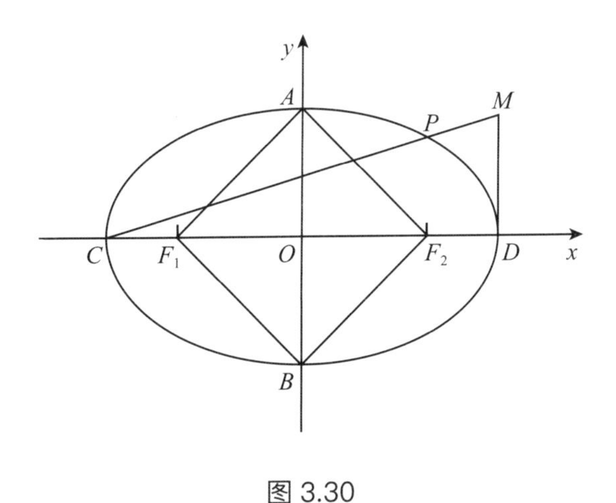

图 3.30

（2）由（1）知，C（-2，0），D（2，0）．由题意可设CM：$y=k$（$x+2$），P（x_1，y_1）.

因为$MD\perp CD$，所以M（2，$4k$）．由$\begin{cases}\dfrac{x^2}{4}+\dfrac{y^2}{2}=1\\ y=k(x+2)\end{cases}$，整理得：（$1+2k^2$）$x^2+8k^2x$

$+8k^2-4=0$．$\Delta>0$，且两交点为C，P，由韦达定理可知：$x_C \cdot x_P=-2 \cdot x_1=\dfrac{8k^2-4}{1+2k^2}$. 因为$-2x_1=\dfrac{8k^2-4}{1+2k^2}$，所以$x_1=\dfrac{2-4k^2}{1+2k^2}$，$y_1=k(x_1+2)=\dfrac{4k}{1+2k^2}$，$P\left(\dfrac{2-4k^2}{1+2k^2},\ \dfrac{4k}{1+2k^2}\right)$．故

$\overrightarrow{OM}\cdot\overrightarrow{OP}=2\cdot\dfrac{2-4k^2}{1+2k^2}+4k\cdot\dfrac{4k}{1+2k^2}=\dfrac{4(1+2k^2)}{1+2k^2}=4$．即$\overrightarrow{OM}\cdot\overrightarrow{OP}$为定值.

（3）设$Q(x_0,\ 0)$，则$x_0\neq-2$．若以MP为直径的圆恒过DP，MQ的交点，则$MQ\perp DP$，所以$\overrightarrow{MQ}\cdot\overrightarrow{DP}=0$恒成立.

由（2）可知$\overrightarrow{QM}=(2-x_0,\ 4k)$，$\overrightarrow{DP}=\left(\dfrac{-8k^2}{1+2k^2},\ \dfrac{4k}{1+2k^2}\right)$．所以

$$\overrightarrow{QM}\cdot\overrightarrow{DP}=(2-x_0)\cdot\frac{-8k^2}{1+2k^2}+4k\cdot\frac{4k}{1+2k^2}=0$$

即$\dfrac{8k^2}{1+2k^2}\cdot x_0=0$恒成立，所以$x_0=0$．故存在$Q(0,\ 0)$使得以$MP$为直径的圆恒过直线$DP$，$MQ$的交点.

变式3.9-1

已知椭圆$4x^2+y^2=1$及直线$y=x+m$.

（1）当直线和椭圆有公共点时，求实数m的取值范围；

（2）求被椭圆截得的最长弦所在的直线方程.

变式3.9-2

已知动点$P(x,\ y)$在椭圆$\dfrac{x^2}{25}+\dfrac{y^2}{16}=1$上，若点$A$的坐标为$(3,\ 0)$，$|\overrightarrow{AM}|=1$，且$\overrightarrow{PM}\cdot\overrightarrow{AM}=0$，求$|\overrightarrow{PM}|$的最小值.

变式3.9-3

已知焦点在x轴上的椭圆C的左、右焦点分别为F_1，F_2，椭圆的离心率为$\frac{1}{2}$，且椭圆经过点$P\left(1，\frac{3}{2}\right)$.

（1）求椭圆C的标准方程；

（2）线段PQ是椭圆过点F_2的弦，且$\overrightarrow{PF_2}=\lambda\overrightarrow{F_2Q}$，求$\triangle PF_1Q$内切圆面积最大时实数$\lambda$的值.

总　结

求最值问题的基本策略：

1. 求解形如$|PA|+|PB|$的最值问题，一般通过椭圆的定义把折线转化为直线，当且仅当三点共线时$|PA|+|PB|$取得最值.

2. 求解形如$|PA|$的最值问题，一般通过二次函数的最值求解，此时一定要注意自变量的取值范围.

3. 求解形如$ax+by$的最值问题，一般通过数形结合的方法转化为直线问题解决.

4. 利用不等式，尤其是基本不等式求最值或取值范围.

温馨提示

考查直线与椭圆的位置关系和圆锥曲线中的定值、定点问题，要充分利用直线与椭圆的位置关系和方程思想. 在解决圆锥曲线的定值、定点问题时，应灵活应用已知条件，巧设变量，在变形过程中，应注意各变量之间的关系，善于捕捉题的信息，注意消元思想在解题中的运用.

3.2 抛物线

斜抛物体在没有空气阻力的情况下，其轨迹是抛物线，如铅球、足球的运行轨迹等. 圆台灯罩里照出来的光线、喷泉的轨迹都是抛物线状；雷达、拱桥也是利用抛物线的原理制成的（图3.31）.

图 3.31

3.2.1 抛物线的定义

我们初中学过，二次函数$y=ax^2+bx+c$（$a\neq0$）的图像是一条抛物线，下面我们可以动手画一画.

如图3.32所示，把一根直尺固定在画板上面，把一块三角板的一条直角边紧靠在直尺的边缘，取一根细绳，它的长度与另一直角边相等，细绳的一端固定在顶点A处，另一端固定在画板上点F处．用笔尖扣紧绳子，靠住三角板，然后将三角板沿着直尺上下滑动，笔尖就在画板上画出了“抛物线”的一段．

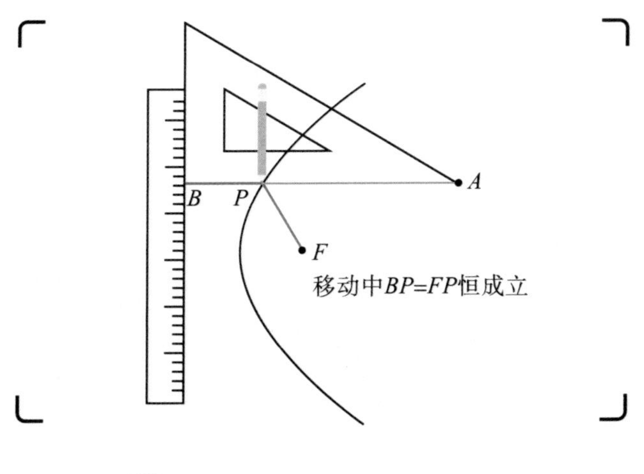

微件　图 3.32 | 抛物线的定义

我们可以看到点P随着直角三角形的直角顶点B移动的过程中，始终有$|PF|=|PB|$，即点P与定点F的距离和点P到直尺边缘所在的直线的距离相等．

我们把平面内与一个定点F和一条定直线l（l不经过点F）距离相等的点的轨迹叫作抛物线（parabola）．点F叫作抛物线的焦点，直线l叫作抛物线的准线．

3.2.2　抛物线的标准方程

下面我们根据抛物线的定义来探求它的方程．

根据抛物线的定义，我们建立如图3.33所示的平面直角坐标系xOy，准线l与x轴垂直，垂足为K，焦点F在x轴上，KF的中点为坐标系的原点O．

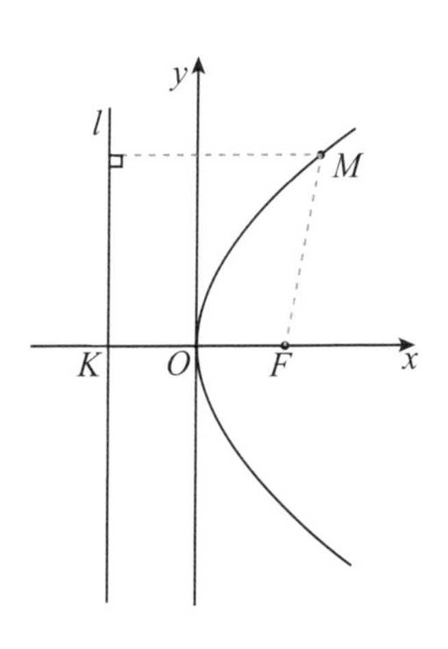

微件　图 3.33 | 抛物线的标准方程

设$|KF|=p$（$p>0$），则焦点F的坐标为$\left(\frac{p}{2}, 0\right)$，准线$l$的方程为$x=-\frac{p}{2}$.

设点$M(x, y)$是抛物线上任意一点，点M到l的距离为d. 由抛物线的定义可知，抛物线上的点M满足$|MF|=d$.

因为

$$|MF|=\sqrt{\left(x-\frac{p}{2}\right)^2+y^2}, \quad d=\left|x+\frac{p}{2}\right|$$

所以

$$\sqrt{\left(x-\frac{p}{2}\right)^2+y^2}=\left|x+\frac{p}{2}\right|$$

将上式两边平方并化简，得$y^2=2px$（$p>0$）.

就是说抛物线上点的坐标都满足这个方程；反之，可以证明，以这个方程的解为坐标的点都在抛物线上. 这个方程叫作抛物线的标准方程. 这条抛物线的焦点在x轴的正半轴上，坐标是$\left(\frac{p}{2}, 0\right)$，准线方程是$x=-\frac{p}{2}$，其中$p$是焦点到准线的距离.

【例题3.10】

求下列抛物线的焦点坐标和准线方程.

（1）$y^2=8x$；（2）$2x^2-5y=0$；（3）$y^2=ax$（$a\neq0$）.

答案：（1）焦点坐标为（2，0），准线方程为$x=-2$；（2）焦点坐标为$\left(0, \frac{5}{8}\right)$，准线方程为$y=-\frac{5}{8}$；（3）焦点坐标为$\left(\frac{a}{4}, 0\right)$，准线方程为$x=-\frac{a}{4}$.

解析：

（1）因为$2p=8$，所以$p=4$，所以抛物线的焦点坐标为（2，0），准线方程为$x=-2$.

（2）将方程$2x^2-5y=0$化为$x^2=\frac{5}{2}y$，则$2p=\frac{5}{2}$，故$p=\frac{5}{4}$，因此抛物线的焦点坐标为$\left(0, \frac{5}{8}\right)$，准线方程为$y=-\frac{5}{8}$.

（3）由于一次项是x，所以抛物线的焦点坐标为$\left(\frac{a}{4}, 0\right)$，准线方程为$x=-\frac{a}{4}$.

变式3.10-1

根据下列条件求抛物线的标准方程．抛物线的焦点F在x轴上，直线$y=-3$与抛物线交于点A，$|AF|=5$．

变式3.10-2

已知抛物线的顶点在原点，对称轴为x轴，抛物线上的点$M(-3, m)$到焦点的距离等于5，求抛物线的方程和m的值，并写出抛物线的焦点坐标和准线方程．

变式3.10-3

求适合下列条件的抛物线的标准方程：

（1）过点$M(-6, 6)$；

（2）焦点F在直线l：$3x-2y-6=0$上．

总　结

求抛物线的标准方程的关键与方法：

1. 关键：确定焦点在哪条坐标轴上，进而求方程的相关参数．

2. 方法：

（1）直接法，建立恰当坐标系，利用抛物线的定义列出动点满足的条件，并列出对应方程，化简方程；

（2）直接根据定义求p，最后写标准方程；

（3）利用待定系数法设标准方程，找有关的方程组求系数．

温馨提示

已知抛物线方程，求抛物线的焦点坐标和准线方程时，一般先将所给方程化为标准形式，由标准方程求得参数p（$p>0$），再求焦点坐标和准线方程. 需注意$p>0$，焦点所在轴由标准方程一次项确定. 系数为正，焦点在正半轴；系数为负，焦点在负半轴.

对于含参数的形式，化为标准形式后，一次项系数的$\frac{1}{4}$倍即为焦点坐标的非零坐标，进而写出准线方程.

【例题3.11】

平面上动点P到定点F（1，0）的距离比点P到y轴的距离大1，求动点P的轨迹方程.

答案：$y^2=\begin{cases}4x，x\geqslant 0\\0，x<0\end{cases}$.

解析：

方法1：设点P的坐标为（x，y），则有$\sqrt{(x-1)^2+y^2}=|x|+1$，两边平方并化简得$y^2=2x+2|x|$. 所以$y^2=\begin{cases}4x，x\geqslant 0\\0，x<0\end{cases}$. 即点$P$的轨迹方程为$y^2=\begin{cases}4x，x\geqslant 0\\0，x<0\end{cases}$.

方法2：由题意，动点P到定点F（1，0）的距离比到y轴的距离大1，由于点F（1，0）到y轴的距离为1，故当$x<0$时，直线$y=0$上的点适合条件；

当$x\geqslant 0$时，原命题等价于点P到点F（1，0）与到直线$x=-1$的距离相等，故点P的轨迹是以F为焦点、$x=-1$为准线的抛物线，方程为$y^2=4x$. 故所求动点P的轨迹方程为$y^2=\begin{cases}4x，x\geqslant 0\\0，x<0\end{cases}$.

变式3.11-1

动点P到点F（3，0）的距离比它到直线$x+4=0$的距离小1，求动点P的轨迹方程.

变式3.11-2

已知圆A：$(x+2)^2+y^2=1$与定直线l：$x=1$，且动圆P和圆A外切并与直线l相切，求动圆的圆心P的轨迹方程.

变式3.11-3

已知A，B为抛物线$y^2=12x$上的动点，$|AB|=8$，求AB的中点P到y轴距离的最小值.

总　结

抛物线的判断方法：

1. 可以看动点是否符合抛物线的定义，即到定点的距离是否等于到定直线（直线不过定点）的距离.

2. 求出动点的轨迹方程，看方程是否符合抛物线的方程.

温馨提示

在求一些特殊轨迹方程时，要注意应用有关曲线的定义去判断所求的点的轨迹是什么曲线，如果是已经研究过的曲线，则可用标准方程去分析求解.

3.2.3　抛物线的简单性质

上一小节中我们已经从抛物线的几何特征出发建立了抛物线的标准方程，下面我们将用抛物线的标准方程$y^2=2px$（$p>0$）来研究它的几何性质.

1. 对称性

观察图3.34，不难发现抛物线关于x轴对称，我们把抛物线的对称轴叫作抛物线的轴．抛物线只有一条对称轴．

2. 范围

观察图3.34，我们发现，抛物线$y^2=2px$（$p>0$）在y轴的右侧，开口向右，这条抛物线上的任意一点M的坐标（x，y）满足不等式$x\geqslant 0$；当x的值增大时，$|y|$也增大，这说明抛物线向右上方和右下方无限延伸．抛物线是无界曲线．

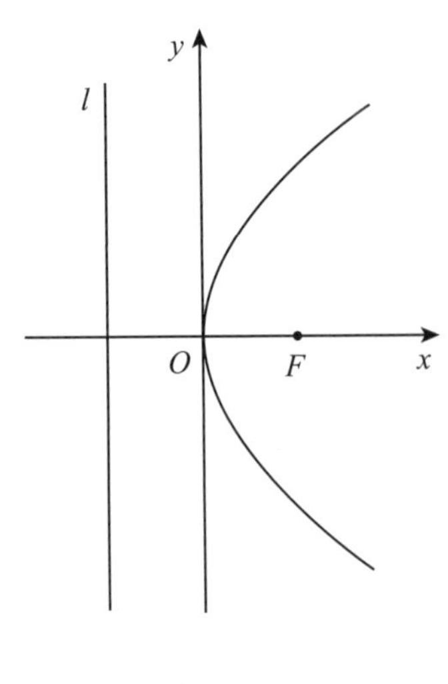

图 3.34

3. 顶点

抛物线和它的轴的交点叫作抛物线的顶点．在方程$y^2=2px$（$p>0$）中，当$y=0$时，$x=0$，因此抛物线的顶点就是坐标原点．

4. 离心率

抛物线上的点M到焦点的距离和它到准线的距离的比，叫作抛物线的离心率，用e表示．由定义可知，$e=1$．

5. 切线

抛物线上任意一点P的切线平分PF与P到准线的垂线PM所成的夹角（图3.35）．

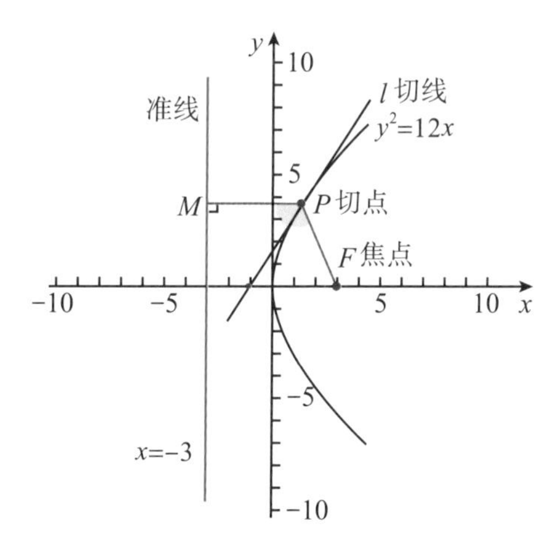

微件　图 3.35 | 抛物线切线的性质

【例题3.12】

设抛物线C：$y^2=2px$（$p>0$）上有两动点A，B（AB不垂直于x轴），F为焦点，且$|AF|+|BF|=8$，又线段AB的垂直平分线恒过定点Q（6，0），求抛物线C的方程.

答案：$y^2=8x$.

解析：

设A，B两点的坐标分别为（x_1，y_1），（x_2，y_2）（$x_1\neq x_2$），则$|AF|=x_1+\dfrac{p}{2}$，$|BF|=x_2+\dfrac{p}{2}$，由$|AF|+|BF|=8$得

$$x_1+x_2=8-p \tag{3.3}$$

因为线段AB的垂直平分线恒过定点Q，所以$|AQ|=|BQ|$，即$(x_1-6)^2+y_1^2=(x_2-6)^2+y_2^2$，将$y_1^2=2px_1$，$y_2^2=2px_2$代入可得$x_1^2-x_2^2=(12-2p)(x_1-x_2)$，由$x_1\neq x_2$，得

$$x_1+x_2=12-2p \tag{3.4}$$

由式（3.3）、式（3.4）得$p=4$，所以抛物线方程为$y^2=8x$.

变式3.12-1

（1）已知抛物线$y^2=8x$，求出该抛物线的顶点、焦点、准线、对称轴、变量x的范围；

（2）抛物线的顶点在原点，对称轴重合于椭圆$9x^2+4y^2=36$短轴所在的直线，抛物线焦点到顶点的距离为3，求抛物线的方程及抛物线的准线方程.

变式3.12-2

已知抛物线的顶点在坐标原点，对称轴为x轴，且与圆$x^2+y^2=4$相交于A，B两点，$|AB|=2\sqrt{3}$，求抛物线方程.

变式3.12-3

已知抛物线的焦点F在x轴上，直线l过F且垂直于x轴，l与抛物线交于A，B两点，O为坐标原点，若$\triangle OAB$的面积等于4，求此抛物线的标准方程.

总　结

把握三个要点确定抛物线的简单几何性质.

1. 开口：由抛物线标准方程看图像开口，关键是看准二次项是x还是y，一次项的系数是正还是负.

2. 关系：顶点位于焦点与准线中间、准线垂直于对称轴.

3. 定值：焦点到准线的距离为p；过焦点垂直于对称轴的弦（又称为通径）长为$2p$；离心率恒等于1.

温馨提示

根据抛物线的几何性质求抛物线的方程，一般利用待定系数法，先“定形”，再“定量”．但要注意充分运用抛物线定义，并结合图形，必要时还要进行分类讨论.

在平面直角坐标系内，顶点是原点、轴与坐标轴重合的抛物线有四种位置情况，因此抛物线的方程相应的有四种形式，它们都叫作抛物线的标准方程．设焦点到准线的距离为p（$p>0$），则抛物线标准方程的四种形式如表3.1所示.

表 3.1 | 抛物线标准方程的四种形式

图像	标准方程	对称轴	顶点	焦点坐标	准线方程
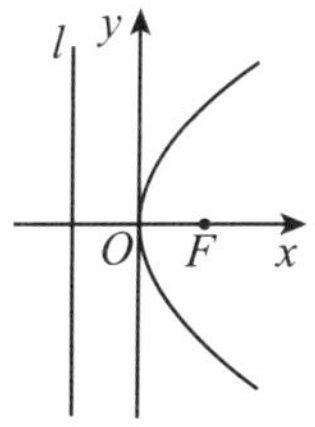	$y^2=2px$ ($p>0$)	x轴	原点	$\left(\frac{p}{2}，0\right)$	$x=-\frac{p}{2}$
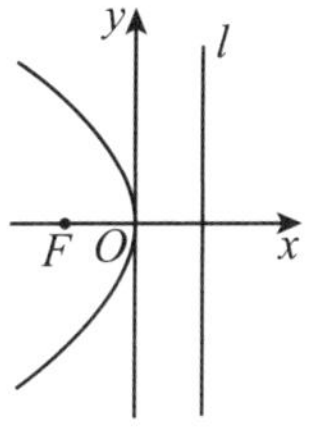	$y^2=-2px$ ($p>0$)			$\left(-\frac{p}{2}，0\right)$	$x=\frac{p}{2}$
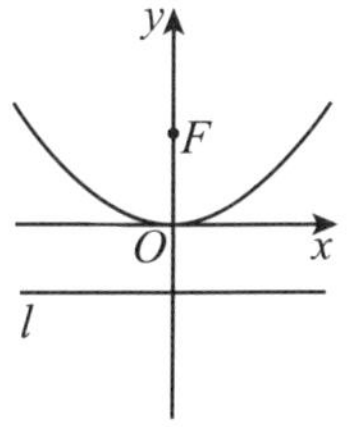	$x^2=2py$ ($p>0$)	y轴		$\left(0，\frac{p}{2}\right)$	$y=-\frac{p}{2}$
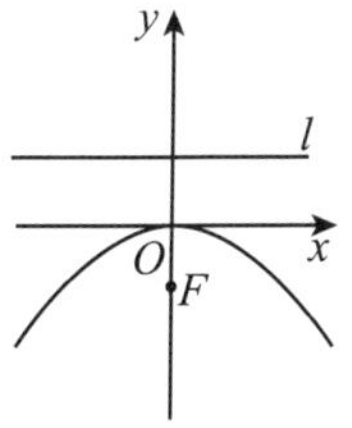	$x^2=-2py$ ($p>0$)			$\left(0，-\frac{p}{2}\right)$	$y=\frac{p}{2}$

【例题3.13】

在抛物线$y^2=2x$上求一点P，使P到直线$x-y+3=0$的距离最短，并求出距离的最小值.

答案：$P\left(\frac{1}{2}，1\right)$，$d_{\min}=\frac{5\sqrt{2}}{4}$.

解析：

方法1：设$P(x_0，y_0)$是$y^2=2x$上任一点，则点P到直线l的距离$d=\frac{|x_0-y_0+3|}{\sqrt{2}}=$

$\dfrac{\left|\dfrac{y_0^2}{2}-y_0+3\right|}{\sqrt{2}}=\dfrac{\left|(y_0-1)^2+5\right|}{2\sqrt{2}}$. 当$y_0=1$时，$d_{\min}=\dfrac{5\sqrt{2}}{4}$，所以$P\left(\dfrac{1}{2},\ 1\right)$.

方法2：设与抛物线相切且与直线$x-y+3=0$平行的直线方程为$x-y+m=0$，由$\begin{cases}x-y+m=0\\y^2=2x\end{cases}$，得$y^2-2y+2m=0$，因为$\Delta=(-2)^2-4\times 2m=0$，所以$m=\dfrac{1}{2}$. 故平行直线的方程为$x-y+\dfrac{1}{2}=0$，此时点到直线的最短距离转化为两平行线之间的距离，则$d_{\min}=\dfrac{\left|3-\dfrac{1}{2}\right|}{\sqrt{2}}=\dfrac{5\sqrt{2}}{4}$，此时点$P$的坐标为$\left(\dfrac{1}{2},\ 1\right)$.

变式3.13-1

点P在抛物线$2y^2=x$上，点Q在圆$(x-2)^2+y^2=1$上，求$|PQ|$的最小值.

变式3.13-2

抛物线$y^2=4x$的焦点为F，点$P(x,\ y)$为该抛物线上的动点，已知点$A(-1,\ 0)$，求$\dfrac{|PF|}{|PA|}$的最小值.

变式3.13-3

如图3.36所示，已知抛物线C的顶点为$O(0,\ 0)$，焦点为$F(0,\ 1)$.

（1）求抛物线C的方程；

（2）过点F作直线交抛物线C于A，B两点，若直线AO，BO分别交直线l：$y=x-2$于M，N两点，求$|MN|$的最小值.

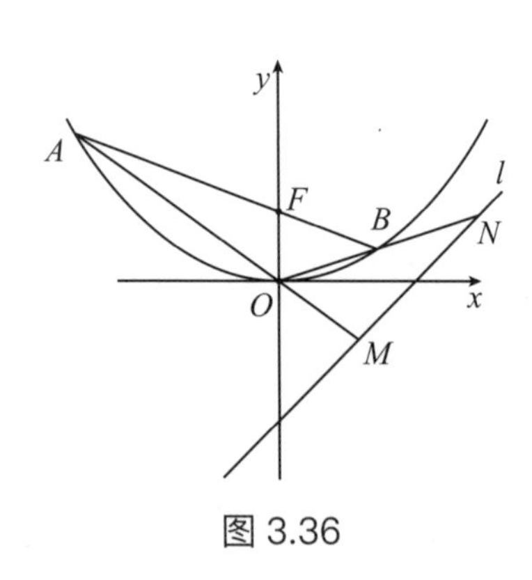

图 3.36

总　结

求解与抛物线相关的最值问题的方法.

1. 利用抛物线的定义进行转化，然后利用图形的几何特征进行处理.

2. 建立目标函数，然后利用函数的相关性质求最值. 如已知$M(a, 0)$为抛物线$y^2=2px\ (p>0)$的对称轴上的一个定点，在抛物线上求一点N使得$|MN|$最小.

其解法为：设$y^2=2px\ (p>0)$上一点为$N(x_0, y_0)$，则$y_0^2=2px_0$，故$|MN|^2=(x_0-a)^2+y_0^2=x_0^2-2ax_0+a^2+2px_0=[x_0-(a-p)]^2-p^2+2ap\ (x_0\geqslant 0)$.

① 当$a>p$时，$x_0=a-p$使$|MN|$最小，则$N(a-p, \pm\sqrt{2p(a-p)})$.

② 当$a\leqslant p$时，$x_0=0$使$|MN|$最小，则$N(0, 0)$.

除了上述几何法、二次函数法解决此类问题外，还要注重不等式方法的应用及利用函数的单调性求解最值问题.

温馨提示

解决与抛物线相关的最值问题时，一方面注意从几何方面观察、分析，并利用抛物线的定义解决问题；另一方面，还要注意从代数角度入手，建立函数关系，利用函数知识求解. 总之，解决与抛物线相关的最值问题主要有两种方法：（1）定义法；（2）函数法.

【例题3.14】

设F为抛物线C：$y^2=3x$的焦点，过F且倾斜角为30° 的直线交C于A，B两点，求$|AB|$的值.

答案：12.

解析：

因为抛物线C：$y^2=3x$的焦点为$F\left(\frac{3}{4}, 0\right)$，所以$AB$所在的直线方程为$y=\frac{\sqrt{3}}{3}\left(x-\frac{3}{4}\right)$.

将$y=\frac{\sqrt{3}}{3}\left(x-\frac{3}{4}\right)$代入$y^2=3x$，并消去$y$整理得$x^2-\frac{21}{2}x+\frac{9}{16}=0$.

设$A(x_1, y_1)$，$B(x_2, y_2)$，由根与系数的关系得$x_1+x_2=\frac{21}{2}$，再由抛物线的定义可得$|AB|=x_1+x_2+p=\frac{21}{2}+\frac{3}{2}=12$.

变式3.14-1

设抛物线C：$y^2=4x$的焦点为F，直线l过点F且与C交于A，B两点．若$|AF|=3|BF|$，求l的方程.

变式3.14-2

顶点在原点、焦点在x轴上的抛物线截直线$y=2x-4$所得的弦长$|AB|=3\sqrt{5}$，求抛物线的方程.

变式3.14-3

焦点在y轴上的抛物线被直线$x-2y-1=0$截得的弦长为$\sqrt{15}$，求这条抛物线的标准方程.

总　结

此类问题将直线和抛物线方程联立整理为关于x或y的二次方程，结合韦达定理求解.

温馨提示

所求抛物线的焦点的具体位置不能确定，按常规应分两种情形讨论．而注意到$y^2=ax$，当$a>0$时，焦点在x轴正半轴上，当$a<0$时，焦点在x轴负半轴上，因此巧妙地将抛物线的方程设为$y^2=ax$（$a\neq0$），从而简化了计算．

【例题3.15】

若A，B是抛物线$y^2=4x$上的不同两点，弦AB（不平行于y轴）的垂直平分线与x轴相交于点P，则称弦AB是点P的一条“相关弦”．已知当$x>2$时，点P（x，0）存在无穷多条“相关弦”．给定$x_0>2$，证明：点P（x_0，0）的所有“相关弦”的中点的横坐标相同．

证明：

设AB为点P（x_0，0）的任意一条“相关弦”，且点A，B的坐标分别是（x_1，y_1），（x_2，y_2）（$x_1\neq x_2$），则$y_1^2=4x_1$，$y_2^2=4x_2$．两式相减得（y_1+y_2）（y_1-y_2）=4（x_1-x_2），因为$x_1\neq x_2$，所以$y_1+y_2\neq0$．

设直线AB的斜率是k，弦AB的中点是M（x_m，y_m），则$k=\dfrac{y_1-y_2}{x_1-x_2}=\dfrac{4}{y_1+y_2}=\dfrac{2}{y_m}$．

从而AB的垂直平分线l的方程为$y-y_m=-\dfrac{y_m}{2}(x-x_m)$．又点$P$（$x_0$，0）在直线$l$上，所以$-y_m=-\dfrac{y_m}{2}(x_0-x_m)$．而$y_m\neq0$，于是$x_m=x_0-2$．故点$P$（$x_0$，0）的所有“相关弦”的中点的横坐标都是$x_0-2$．

变式3.15-1

已知抛物线C：$y^2=2px$（$p>0$）的焦点为F，抛物线C与直线l_1：$y=-x$的一个交点的横坐标为8．

（1）求抛物线C的方程；

（2）不过原点的直线l_2与l_1垂直，且与抛物线交于不同的两点A，B，若线段AB的中点为P，且$|OP|=|PB|$，求$\triangle FAB$的面积．

变式3.15-2

已知抛物线C：$y^2=2x$的焦点为F，平行于x轴的两条直线l_1，l_2分别交C于A，B两点，交C的准线于P，Q两点.

（1）若F在线段AB上，R是PQ的中点，证明：$AR//FQ$；

（2）若$\triangle PQF$的面积是$\triangle ABF$的面积的两倍，求AB中点的轨迹方程.

变式3.15-3

已知抛物线C：$y=mx^2$（$m>0$），焦点为F，直线$2x-y+2=0$交抛物线C于A，B两点，P是线段AB的中点，过P作x轴的垂线交抛物线C于点Q.

（1）求抛物线C的焦点坐标.

（2）若抛物线C上有一点R（x_R，2）到焦点F的距离为3，求此时m的值.

（3）是否存在实数m，使$\triangle ABQ$是以Q为直角顶点的直角三角形？若存在，求出m的值；若不存在，请说明理由.

总　结

1. 直线与抛物线的位置关系和直线与椭圆的位置关系类似，一般要用到韦达定理.

2. 有关直线与抛物线的弦长问题，要注意直线是否过抛物线的焦点.若过抛物线的焦点，可直接使用公式$|AB|=x_1+x_2+p$，若不过焦点，则必须用一般弦长公式.

3. 涉及抛物线的弦长、中点、距离等相关问题时，一般利用韦达定理，采用“设而不求”“整体代入”等解法.

温馨提示

涉及弦的中点、斜率时一般用“点差法”求解，无论是用韦达定理还是用“点差法”都要注意根的判别式.

3.3 双曲线

如图3.37所示的垃圾篓、核电站、巴西利亚大教堂、瓷瓶等都是双曲线在现实生活中的表现形式.

图 3.37

3.3.1 双曲线的定义

我们已经知道，与两定点的距离之和为常数的点的轨迹是椭圆. 那么与两定点的距离的差为常数的点的轨迹是怎样的曲线呢？

下面我们来动手试一试吧.

若与两定点的距离的差为零，由平面几何可知：轨迹即为两点连线的垂直平分线. 若差为非零常数又是什么情况呢？

如图3.38所示，取一条拉链，拉开它的一部分，在拉开的两边各选择一点，分别固定在点F_1，F_2上，F_1到F_2的长为$2c$（$c>0$）. 把笔尖放在拉链开口的咬合处M，M与点F_1的距离减去M与点F_2的距离所得的差等于$2a$（$c>a>0$），随着拉链逐渐拉开或者闭拢，笔尖就画出一条曲线（图中右边的曲线），这条曲线上的点M满足下面的条件：

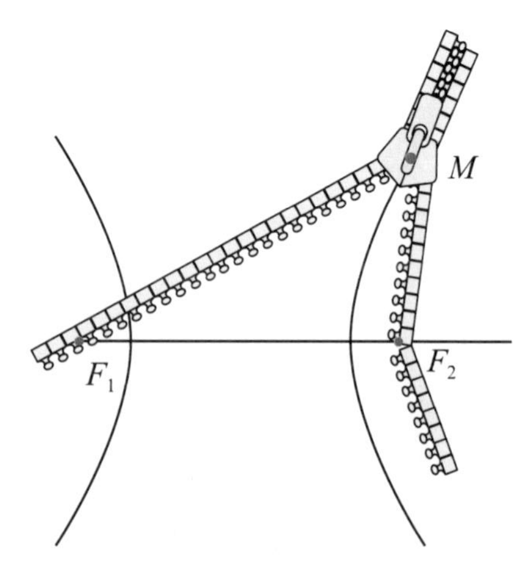

微件　图 3.38 | 双曲线的定义

$$|MF_1|-|MF_2|=2a$$

如果使点M到点F_2的距离减去点M到点F_1的距离所得的差等于$2a$，就得到另一条曲线（图中左边的曲线），这条曲线上的点M满足下面的条件：

$$|MF_2|-|MF_1|=2a$$

这两条曲线合起来叫作双曲线，每一条叫作双曲线的一支.

我们把平面内到两定点F_1，F_2的距离之差的绝对值等于常数（大于零且小于$|F_1F_2|$）的点的集合叫作双曲线.

定点F_1，F_2叫作双曲线的焦点，两个焦点之间的距离叫作双曲线的焦距.

3.3.2 双曲线的标准方程

下面根据双曲线的定义，我们来求双曲线的标准方程.

如图3.39所示，给定双曲线，它的焦点为F_1，F_2，焦距$|F_1F_2|=2c$（$c>0$），双

曲线上任意一点到两焦点距离之差的绝对值为$2a$（$0<a<c$），以直线F_1F_2为x轴，线段F_1F_2的垂直平分线为y轴，建立平面直角坐标系．焦点F_1，F_2的坐标分别为F_1（$-c$，0），F_2（c，0）．

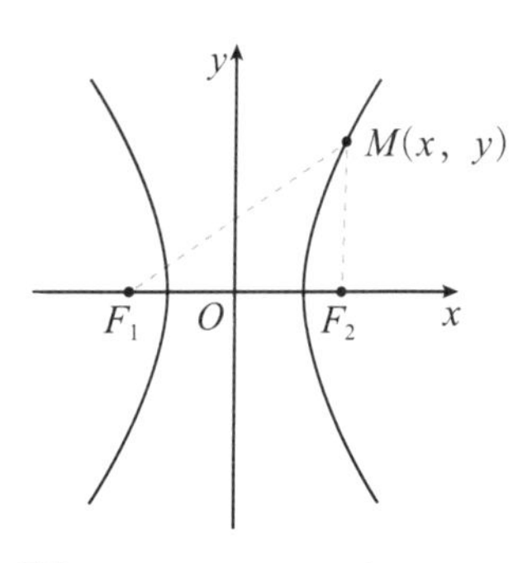

微件　图 3.39 | 双曲线的标准方程

设M（x，y）是双曲线上的任意一点，由双曲线的定义，点M满足$|MF_1|-|MF_2|=\pm 2a$.

因为$|MF_1|=\sqrt{(x+c)^2+y^2}$，$|MF_2|=\sqrt{(x-c)^2+y^2}$，所以

$$\sqrt{(x+c)^2+y^2}-\sqrt{(x-c)^2+y^2}=\pm 2a \qquad (3.5)$$

化简式（3.5）得

$$(c^2-a^2)x^2-a^2y^2=a^2(c^2-a^2) \qquad (3.6)$$

由双曲线的定义可知，$2c>2a>0$，所以$c^2-a^2>0$．设$c^2-a^2=b^2$（$b>0$），代入式（3.6），得$b^2x^2-a^2y^2=a^2b^2$，即

$$\frac{x^2}{a^2}-\frac{y^2}{b^2}=1 \quad (a>0,\ b>0) \qquad (3.7)$$

这就是说，双曲线上点的坐标都满足方程（3.7）；反之，可以证明，以这个方程的解为坐标的点都在双曲线上．这个方程叫作双曲线的标准方程．这条双曲线的焦点在x轴上，其坐标为F_1（$-c$，0），F_2（c，0）．

如果焦点F_1，F_2在y轴上（如图3.40所示），利用同样的方法，可以得到双曲线的标准方程为$\frac{y^2}{a^2}-\frac{x^2}{b^2}=1$（$a>0$，$b>0$）．

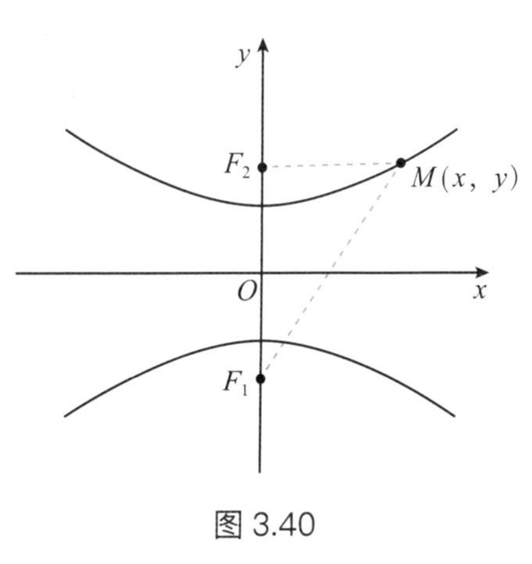

图 3.40

【例题3.16】

已知F_1，F_2分别是双曲线$\frac{x^2}{16}-\frac{y^2}{20}=1$的左、右焦点，点$P$在双曲线上．若点$P$到焦点$F_1$的距离等于9，求点$P$到焦点$F_2$的距离.

答案：17.

解析：

因为$a^2=16$，$b^2=20$，$c^2=a^2+b^2=36$，所以$a=4$，$c=6$．又因为$c+a=6+4>|PF_1|$，所

以点P在双曲线的左支上．由双曲线的定义得$\left|PF_2\right|-\left|PF_1\right|=2a=8$，即$\left|PF_2\right|=8+\left|PF_1\right|$ $=8+9=17$．所以点P到焦点F_2的距离为17．

变式3.16-1

如图3.41所示，已知圆C_1：$(x+3)^2+y^2=1$和圆C_2：$(x-3)^2+y^2=9$，动圆M同时与圆C_1及圆C_2相外切，求动圆圆心M的轨迹方程.

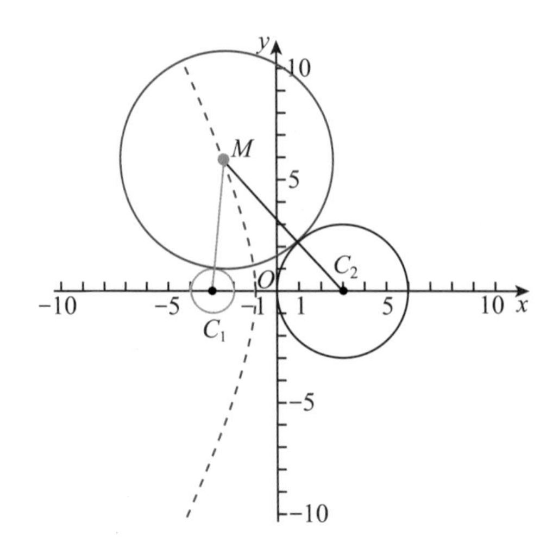

微件　图 3.41 | 双曲线轨迹

变式16-2

若平面内一动点$P(x, y)$到两定点$F_1(-1, 0)$，$F_2(1, 0)$的距离的差的绝对值为定值a（$a\geqslant 0$），讨论点P的轨迹.

变式16-3

设圆C与两圆$(x+\sqrt{5})^2+y^2=4$，$(x-\sqrt{5})^2+y^2=4$中的一个内切，另一个外切．求圆C的圆心轨迹L的方程.

总　结

1. 根据双曲线的定义判断动点轨迹时，一定要注意双曲线定义中的各个条件，不要一看到动点到两个定点的距离之差的绝对值是常数，就认为其轨迹是双曲线，还要看该常数是否小于两个已知定点之间的距离且大于零，否则就不是双曲线.

2. 巧妙利用双曲线的定义求曲线的轨迹方程，可以使运算量大大减小，同时提高解题速度和质量. 其基本步骤为：

（1）寻求动点M与定点F_1，F_2之间的关系；

（2）根据题目的条件计算是否满足$\left||MF_1|-|MF_2|\right|=2a$（常数，$a>0$）；

（3）判断：若$2a<2c=|F_1F_2|$，满足定义，则动点M的轨迹就是双曲线，且$b^2=c^2-a^2$，进而求出相应的a，b，c；

（4）根据F_1，F_2所在的坐标轴写出双曲线的标准方程.

温馨提示

双曲线的定义是用双曲线上的点到焦点的距离来刻画的，因此涉及双曲线上的点到焦点的距离问题，可灵活运用定义来完成. 要注意的是：双曲线是开放曲线，且双曲线有两支，故在应用定义时要搞清点在哪一支上.

【例题3.17】

求符合下列条件的双曲线的标准方程：

（1）$a=4$，经过点$A\left(1,\ -\dfrac{4\sqrt{10}}{3}\right)$；

（2）经过点（3，0），（−6，−3）.

答案：（1）$\dfrac{y^2}{16}-\dfrac{x^2}{9}=1$；（2）$\dfrac{x^2}{9}-\dfrac{y^2}{3}=1$.

解析：

（1）当焦点在x轴上时，设所求标准方程为$\dfrac{x^2}{16}-\dfrac{y^2}{b^2}=1$（$b>0$），把点$A$的坐

标代入，得$b^2=-\frac{16}{15}\times\frac{160}{9}<0$，不符合题意；当焦点在$y$轴上时，设所求标准方程为$\frac{y^2}{16}-\frac{x^2}{b^2}=1$（$b>0$），把点$A$的坐标代入，得$b^2=9$，所以所求双曲线的标准方程为$\frac{y^2}{16}-\frac{x^2}{9}=1$.

（2）设双曲线的方程为$mx^2+ny^2=1$（$mn<0$），因为双曲线经过点（3，0），（−6，−3），所以$\begin{cases}9m+0=1\\36m+9n=1\end{cases}$，解得$\begin{cases}m=\frac{1}{9}\\n=-\frac{1}{3}\end{cases}$，故所求双曲线的标准方程为$\frac{x^2}{9}-\frac{y^2}{3}=1$.

变式3.17−1

求焦距为20，两顶点间距离为16的双曲线的标准方程.

变式3.17−2

根据下列条件，求双曲线的标准方程.

（1）与椭圆$\frac{x^2}{27}+\frac{y^2}{36}=1$有共同的焦点，且过点（$\sqrt{15}$，4）；

（2）$c=\sqrt{6}$，经过点（−5，2），焦点在x轴上.

变式3.17−3

（1）已知双曲线的焦点在y轴上，并且双曲线过点（3，$-4\sqrt{2}$）和$\left(\frac{9}{4},\ 5\right)$，求双曲线的标准方程；

（2）求与双曲线$\frac{x^2}{16}-\frac{y^2}{4}=1$有公共焦点，且过点（$3\sqrt{2}$，2）的双曲线方程.

【例题3.18】

已知点A（3，2），F（2，0），在双曲线$x^2-\frac{y^2}{3}=1$上有一点P，使$|PA|+|PF|$最小，求最小值.

答案：$\sqrt{29}-2$.

解析：

如图3.42所示，由题意知F为双曲线的右焦点．设F_0（-2，0）为其左焦点，易知当P在双曲线右支上时取得最小值.

由双曲线的定义知$|PF_0|-|PF|=2a=2$，$|PA|+|PF|=|PA|+|PF_0|-2$.

而根据三角形三边法则得$|PA|+|PF_0|\geqslant|AF_0|$，因此，当且仅当$F_0$，$P$，$A$三点共线时$|PA|+|PF|$达到最小值，则$|AF_0|=\sqrt{(3+2)^2+2^2}=\sqrt{29}$．故所求最小值为$\sqrt{29}-2$.

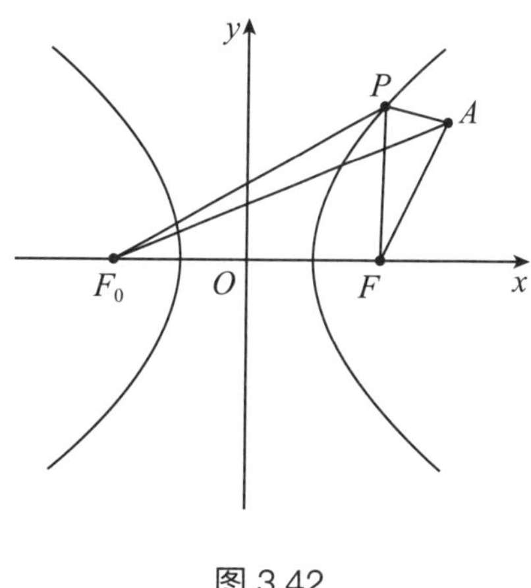

图 3.42

变式3.18-1

设P为双曲线$x^2-\frac{y^2}{12}=1$上的一点，F_1，F_2是该双曲线的两个焦点，若$|PF_1|:|PF_2|=3:2$，求$\triangle PF_1F_2$的面积.

变式3.18-2

设P为双曲线$x^2-\frac{y^2}{12}=1$上的一点，F_1，F_2是该双曲线的两个焦点，若$\overrightarrow{PF_1}\cdot\overrightarrow{PF_2}=0$，求$\triangle PF_1F_2$的面积.

变式3.18-3

如图3.43所示，已知F_1，F_2分别为双曲线$\frac{x^2}{a^2}-\frac{y^2}{b^2}=1$（$a>0$，$b>0$）的左、右焦点，$M$为双曲线上一点，并且$\angle F_1MF_2=\theta$，求$\triangle MF_1F_2$的面积.

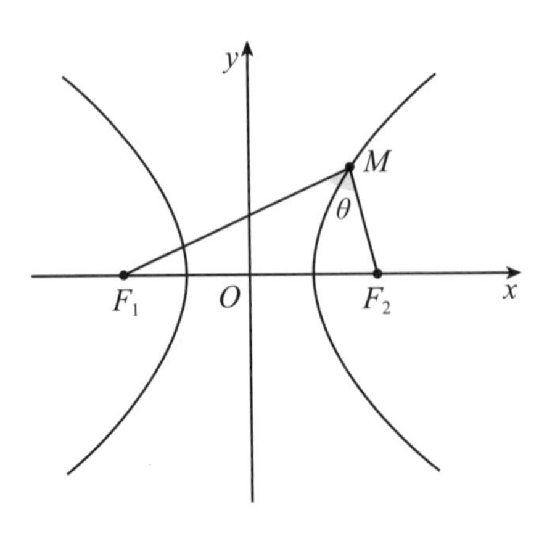

图 3.43

总　结

1. 结合双曲线的定义，解决综合问题. 诸如实际应用题、焦点三角形问题等，要充分利用双曲线的定义、正弦定理、余弦定理等，利用化归思想，重点考查综合运用能力与求解能力.

2. 待定系数法求方程的步骤.

（1）定型：即确定双曲线的焦点所在的坐标轴是x轴还是y轴.

（2）设方程：根据焦点位置设出相应的标准方程的形式.

① 若不知道焦点的位置，则进行讨论或设双曲线的方程为$Ax^2+By^2=1$（$AB<0$）.

② 与双曲线$\frac{x^2}{a^2}-\frac{y^2}{b^2}=1$（$a>0$，$b>0$）共焦点的双曲线的标准方程可设为$\frac{x^2}{a^2-k}-\frac{y^2}{b^2+k}=1$（$-b^2<k<a^2$）.

（3）计算：利用题中条件列出方程组，求出相关值.

（4）结论：写出双曲线的标准方程.

温馨提示

用待定系数法求双曲线的标准方程时，应从“定位”和“定量”两个方面去考虑. 先要“定位”，即确定焦点所在的坐标轴，这一点尤为重要；其次是“定量”，即利用条件确定方程中a，b的值，常通过待定系数法去求.

3.3.3　双曲线的简单性质

下面我们用双曲线的标准方程$\frac{x^2}{a^2}-\frac{y^2}{b^2}=1$（$a>0$，$b>0$）来研究双曲线的简单性质. 如图3.44所示.

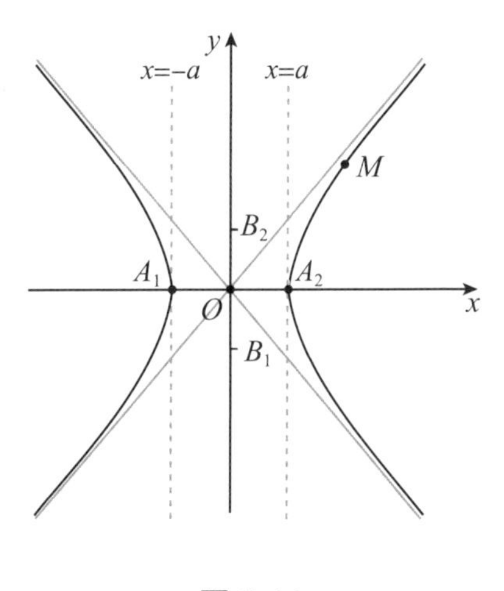

图 3.44

1. 对称性

由图3.44可知，双曲线是以x轴和y轴为对称轴的对称图形，也是以原点为对称中心的中心对称图形，这个对称中心称为双曲线的中心.

2. 范围

由图3.44可知，双曲线$\frac{x^2}{a^2}-\frac{y^2}{b^2}=1$（$a>0$，$b>0$）都在两条平行直线$x=-a$和$x=a$的两侧，因此双曲线上点的横坐标满足$x\leqslant -a$或$x\geqslant a$.

3. 顶点

我们把双曲线与它的对称轴的交点A_1（$-a$，0），A_2（a，0）叫作双曲线的顶点，顶点是双曲线两支上距离最近的点．两个顶点间的线段A_1A_2叫作双曲线的实轴，它的长度等于$2a$．

设B_1（0，$-b$），B_2（0，b）为y轴上的两个点，我们把B_1B_2叫作双曲线的虚轴，它的长度等于$2b$．

a叫作双曲线的实半轴长，b叫作双曲线的虚半轴长．

实半轴长a和虚半轴长b相等的双曲线叫作等轴双曲线．

4. 离心率

与椭圆类似，双曲线的焦距与实轴长的比$\frac{c}{a}$叫作双曲线的离心率．因为$c>a>0$，所以双曲线的离心率$e=\frac{c}{a}>1$．如图3.45所示．

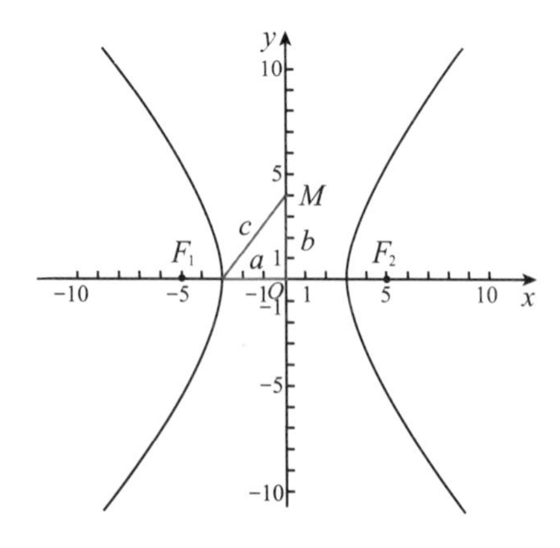

微件　图 3.45｜双曲线的离心率

5. 渐近线

设M（x，y）是双曲线在第一象限内的点，则

$$y=\frac{b}{a}\sqrt{x^2-a^2}\quad (x>a) \tag{3.8}$$

因为$x^2-a^2<x^2$，所以$y=\frac{b}{a}\sqrt{x^2-a^2}<\frac{b}{a}\sqrt{x^2}=\frac{b}{a}x$，即$y<\frac{b}{a}x$．故双曲线在第一象限内的点都在$y=\frac{b}{a}x$的下方．

如图3.46所示，设M（x，y），N（x，y_1）是第一象限内两个具有相同横坐标的点，且点M在双曲线上，点N在直线$y=\frac{b}{a}x$上，则根据式（3.8）得

$$|MN|=y_1-y=\frac{b}{a}x-\frac{b}{a}\sqrt{x^2-a^2}=\frac{b}{a}\frac{(x-\sqrt{x^2-a^2})(x+\sqrt{x^2-a^2})}{x+\sqrt{x^2-a^2}}=\frac{ab}{x+\sqrt{x^2-a^2}}$$

这样，当$x+\sqrt{x^2-a^2}$随着x的增大而增大时，$\frac{1}{x+\sqrt{x^2-a^2}}$随着$x$的增大而减小，从而$M$，$N$两点间的距离$|MN|$随着$x$的增大而减小，且当$x$无限增大时，$|MN|$无限接近于0，即双曲线在第一象限内与直线$y=\frac{b}{a}x$越来越近．

由双曲线的对称性可知，当双曲线的两支向外无限延伸时，双曲线与两条直线

$y=-\frac{b}{a}x$和$y=\frac{b}{a}x$无限逼近，但永远不会与这两条直线相交.

所以，我们把直线$y=\frac{b}{a}x$和$y=-\frac{b}{a}x$叫作双曲线的渐近线.

上面提到的等轴双曲线的渐近线为$y=\pm x$，这两条渐近线相互垂直.

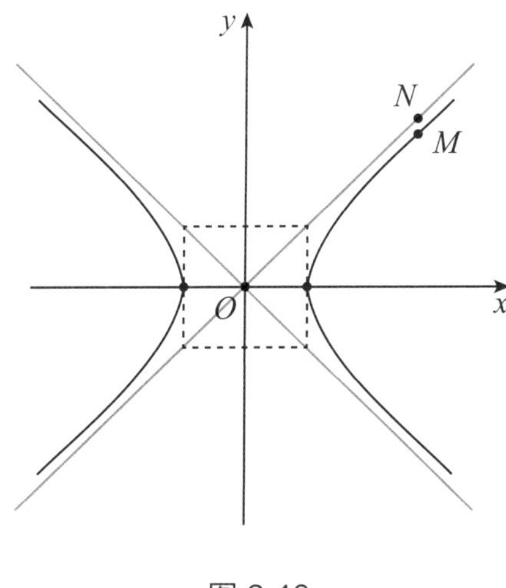

图 3.46

6. 切线

双曲线上任意一点P的切线l平分$\angle F_1PF_2$. 如图3.47所示.

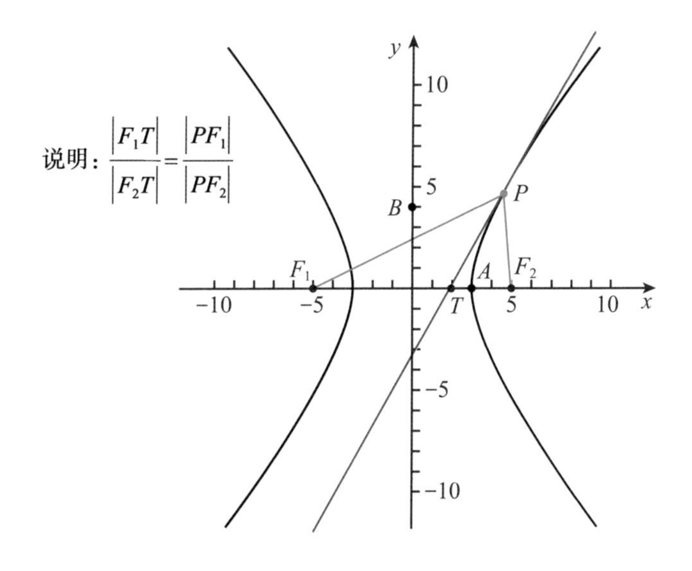

微件 图 3.47 | 双曲线切线的性质

双曲线的方程、图形及几何性质如图3.48所示.

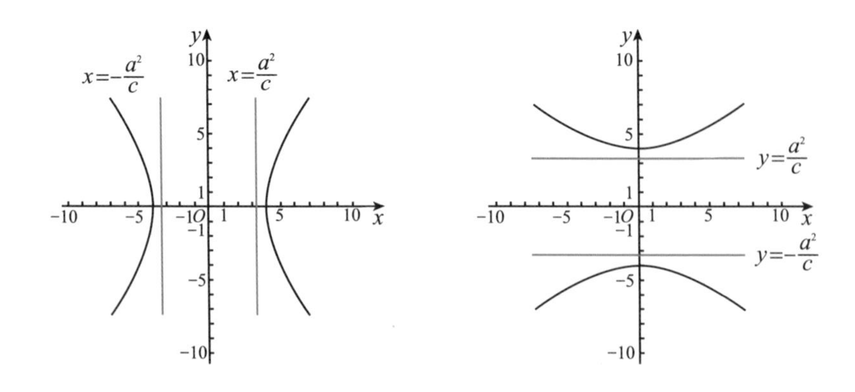

微件　图 3.48 | 双曲线的方程、图形及几何性质

共轭双曲线是两条具有特殊位置的双曲线，如果一双曲线的实轴及虚轴分别为另一双曲线的虚轴及实轴，则此两条双曲线互为共轭双曲线．它们有相同的渐近线，并且四个焦点共圆，它们的离心率的平方之和等于它们的离心率的平方之积，即$e_1^2+e_2^2=e_1^2\cdot e_2^2$．如图3.49所示.

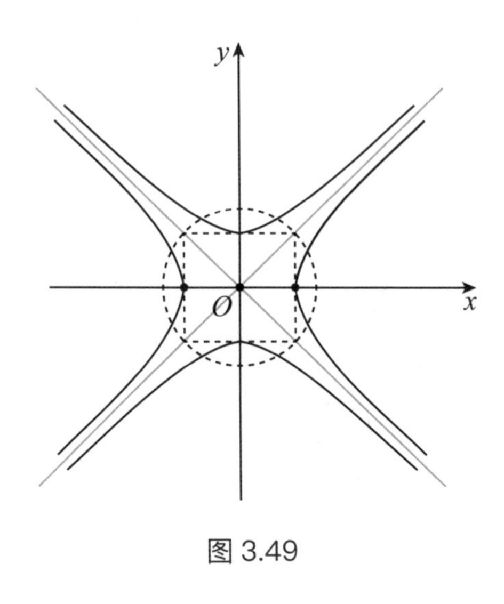

图 3.49

【例题3.19】

求双曲线$x^2-2y^2=16$的实轴长、虚轴长、焦距、焦点坐标、顶点坐标、渐近线方程和离心率.

答案：实轴长$2a=8$，虚轴长$2b=4\sqrt{2}$，焦距$2c=4\sqrt{6}$，焦点坐标为（$-2\sqrt{6}$，0）、（$2\sqrt{6}$，0），顶点坐标为（−4，0）、（4，0），渐近线方程为$y=\pm\frac{\sqrt{2}}{2}x$，离心率$e=\frac{\sqrt{6}}{2}$.

解析：

将$x^2-2y^2=16$化为$\frac{x^2}{16}-\frac{y^2}{8}=1$，则$a^2=16$，$b^2=8$．所以$c^2=24$，故$a=4$，$b=2\sqrt{2}$，$c=2\sqrt{6}$．因此实轴长$2a=8$，虚轴长$2b=4\sqrt{2}$，焦距$2c=4\sqrt{6}$，焦点坐标为（$-2\sqrt{6}$，0）、（$2\sqrt{6}$，0），顶点坐标为（−4，0）、（4，0），渐近线方程为$y=\pm\frac{\sqrt{2}}{2}x$，离心率$e=\frac{c}{a}=\frac{\sqrt{6}}{2}$.

变式3.19−1

求双曲线$4x^2-2y^2=4$的顶点坐标、焦点坐标、实半轴长、虚半轴长、离心率和渐近线方程，并作出草图.

变式3.19−2

求双曲线$9y^2-16x^2=144$的实半轴长、虚半轴长、焦点坐标、离心率、渐近线方程.

变式3.19−3

求双曲线$9y^2-4x^2=-36$的顶点坐标、焦点坐标、实轴长、虚轴长、离心率和渐近线方程.

总　结

根据双曲线的标准方程可以得出双曲线的几何性质，双曲线的几何性质主要包括：

“六点”——实轴端点、虚轴端点、焦点；

“四线”——对称轴、渐近线；

“两比率”——离心率、渐近线的斜率.

双曲线的实轴长、虚轴长、焦距、离心率只与双曲线的形状和大小有关，而与双曲线的位置无关. 双曲线的实轴端点坐标、虚轴端点坐标、焦点坐标、渐近线方程不仅与双曲线的形状和大小有关，而且与双曲线的实轴位置有关.

温馨提示

先将双曲线方程化为标准方程，然后弄清焦点是在x轴上还是在y轴上，对应求解双曲线的几何性质.

【例题3.20】

求下列双曲线的标准方程：

（1）与椭圆$\dfrac{y^2}{25}+\dfrac{x^2}{16}=1$有公共焦点，且过点（$-2$，$\sqrt{10}$）；

（2）过点（3，$9\sqrt{2}$），离心率$e=\dfrac{\sqrt{10}}{3}$.

答案：（1）$\dfrac{y^2}{5}-\dfrac{x^2}{4}=1$；（2）$\dfrac{y^2}{81}-\dfrac{x^2}{9}=1$.

解析：

（1）方法1：椭圆$\dfrac{x^2}{16}+\dfrac{y^2}{25}=1$的焦点为$F_1$（0，$-3$），$F_2$（0，3），设双曲线的方程为$\dfrac{y^2}{a^2}-\dfrac{x^2}{b^2}=1$（$a>0$，$b>0$），则有$\begin{cases}\dfrac{10}{a^2}-\dfrac{4}{b^2}=1\\ a^2+b^2=9\end{cases}$，解得$\begin{cases}a^2=5\\ b^2=4\end{cases}$. 故所求双曲线的方程

为$\dfrac{y^2}{5}-\dfrac{x^2}{4}=1$.

方法2：由椭圆方程$\dfrac{x^2}{16}+\dfrac{y^2}{25}=1$知焦点在$y$轴上，设所求双曲线方程为$\dfrac{y^2}{25-\lambda}-\dfrac{x^2}{\lambda-16}=1$（$16<\lambda<25$）. 因为双曲线过点（$-2$，$\sqrt{10}$），所以$\dfrac{10}{25-\lambda}-\dfrac{4}{\lambda-16}=1$，解得$\lambda=20$或$\lambda=7$（舍去），故所求双曲线的方程为$\dfrac{y^2}{5}-\dfrac{x^2}{4}=1$.

（2）由$e^2=\dfrac{10}{9}$，得$\dfrac{c^2}{a^2}=\dfrac{10}{9}$，设$a^2=9k$（$k>0$），则$c^2=10k$，$b^2=c^2-a^2=k$. 于是设所求双曲线方程为

$$\frac{x^2}{9k}-\frac{y^2}{k}=1 \tag{3.9}$$

或

$$\frac{y^2}{9k}-\frac{x^2}{k}=1 \tag{3.10}$$

把（3，$9\sqrt{2}$）代入式（3.9），得$k=-161$，与$k>0$矛盾，舍去；把（3，$9\sqrt{2}$）代入式（3.10），得$k=9$，故所求双曲线方程为$\dfrac{y^2}{81}-\dfrac{x^2}{9}=1$.

变式3.20-1

求焦点在坐标轴上、焦距为20、两顶点间距离为16的双曲线的标准方程.

变式3.20-2

已知双曲线的渐近线方程为$y=\pm\dfrac{3}{2}x$，实轴长为12，求双曲线的方程.

变式3.20-3

已知圆M：$x^2+(y-5)^2=9$，双曲线G与椭圆C：$\dfrac{x^2}{50}+\dfrac{y^2}{25}=1$有相同的焦点，它的两条渐近线恰好与圆$M$相切，求双曲线$G$的方程.

总 结

1. 一般情况下，求双曲线的标准方程关键是确定a，b的值和焦点所在的坐标轴，若给出双曲线的顶点坐标或焦点坐标，则焦点所在的坐标轴易得. 再结合$c^2=a^2+b^2$及$e=\dfrac{c}{a}$列关于a，b的方程（组），解方程（组）可得标准方程.

2. 如果已知双曲线的渐近线方程为$y=\pm\dfrac{b}{a}x$，那么此双曲线方程可设为$\dfrac{x^2}{a^2}-\dfrac{y^2}{b^2}=\lambda\ (\lambda\neq0)$.

温馨提示

利用双曲线的几何性质求双曲线的标准方程常采用待定系数法. 其思路是“选标准、定参数”，即先明确焦点的位置或分类讨论，然后由条件列方程求出a^2，b^2的值.

在一定条件下，求指定双曲线方程的常规方法是待定系数法，同时要注意应用双曲线系方程：与双曲线$\dfrac{x^2}{a^2}-\dfrac{y^2}{b^2}=1\ (a>0,\ b>0)$共渐近线的双曲线方程为$\dfrac{x^2}{a^2}-\dfrac{y^2}{b^2}=\lambda\ (\lambda\in\mathbf{R},\ \lambda\neq0)$，当$\lambda>0$时，焦点在$x$轴上；当$\lambda<0$时，焦点在$y$轴上.

【例题3.21】

已知F_1，F_2分别是双曲线$\frac{x^2}{a^2}-\frac{y^2}{b^2}=1$（$a>0$，$b>0$）的左、右焦点，若双曲线上存在一点$A$，使$\angle F_1AF_2=\frac{\pi}{2}$，且$|AF_1|=3|AF_2|$，求双曲线的离心率.

答案：$\frac{\sqrt{10}}{2}$.

解析：

由双曲线的定义可知$|AF_1|-|AF_2|=2a$，而$|AF_1|=3|AF_2|$，因此$|AF_1|=3|AF_2|=3a$.

又$\angle F_1AF_2=\frac{\pi}{2}$，$|F_1F_2|=2c$，则在$\mathrm{Rt}\triangle AF_1F_2$中，由$|F_1F_2|^2=|AF_1|^2+|AF_2|^2$，得$4c^2=9a^2+a^2$，所以$\frac{c^2}{a^2}=\frac{10}{4}=\frac{5}{2}$. 故双曲线的离心率$e=\frac{c}{a}=\frac{\sqrt{10}}{2}$.

变式3.21-1

已知F_1，F_2是双曲线$\frac{x^2}{a^2}-\frac{y^2}{b^2}=1$（$a>0$，$b>0$）的两个焦点，$PQ$是经过$F_1$且垂直于$x$轴的双曲线的弦，如果$\angle PF_2Q=90°$，求双曲线的离心率.

变式3.21-2

已知双曲线的渐近线方程为$y=\pm\frac{3}{4}x$，求此双曲线的离心率.

变式3.21-3

已知双曲线$\frac{y^2}{a^2}-\frac{x^2}{3}=1$（$a>0$）的焦点分别为$F_1$，$F_2$，离心率为2.

（1）求此双曲线的渐近线l_1，l_2的方程；

（2）设P，Q分别为l_1，l_2上的动点，且$2|PQ|=5|F_1F_2|$，求线段PQ中点M的轨迹方程，并说明曲线的形状.

总　结

求双曲线离心率的常用方法：

1. 依据条件求出a，c，再计算$e=\dfrac{c}{a}$；

2. 依据条件建立a，b，c的关系式，一种方法是消去b转化成离心率e的方程求解，另一种方法是消去c转化成含$\dfrac{b}{a}$的方程，求出$\dfrac{b}{a}$后利用$e=\sqrt{1+\dfrac{b^2}{a^2}}$求解.

【例题3.22】

已知双曲线$3x^2-y^2=3$，直线L过右焦点F_2且倾斜角为45°，并与双曲线交于A，B两点，试问A，B两点是否位于双曲线的同一支上？并求弦AB的长度.

答案：A，B两点不位于双曲线的同一支上，$|AB|=6$.

解析：

因为$a=1$，$b=\sqrt{3}$，$c=2$，直线L的倾斜角为45°，所以直线L的方程为$y=x-2$．代入双曲线方程得$2x^2+4x-7=0$.

设$A(x_1, y_1)$，$B(x_2, y_2)$，因为$x_1x_2=-\dfrac{7}{2}<0$，所以A，B两点不位于双曲线的同一支上.

因为$x_1+x_2=-2$，$x_1x_2=-\dfrac{7}{2}$，所以$|AB|=\sqrt{1+1^2}\,|x_1-x_2|=\sqrt{2}\sqrt{(-2)^2-4\left(-\dfrac{7}{2}\right)}=6$.

变式3.22-1

设双曲线$\frac{x^2}{9}-\frac{y^2}{16}=1$的右顶点为$A$，右焦点为$F$. 过点$F$且平行于双曲线的一条渐近线的直线与双曲线交于点$B$，求$\triangle AFB$的面积.

变式3.22-2

斜率为2的直线l与双曲线$\frac{x^2}{3}-\frac{y^2}{2}=1$交于$A$，$B$两点，且$|AB|=3\sqrt{2}$，求直线$l$的方程.

变式3.22-3

设A，B分别为双曲线$\frac{x^2}{a^2}-\frac{y^2}{b^2}=1$（$a>0$，$b>0$）的左、右顶点，双曲线的实轴长为$4\sqrt{3}$，焦点到渐近线的距离为$\sqrt{3}$.

（1）求双曲线的方程；

（2）已知直线$y=\frac{\sqrt{3}}{3}x-2$与双曲线的右支交于M，N两点，且在双曲线的右支上存在点D，使$\overrightarrow{OM}+\overrightarrow{ON}=t\overrightarrow{OD}$，求$t$的值及点$D$的坐标.

总　结

涉及弦长问题，首先将直线与圆锥曲线联立，根据根的判别式，得到弦长的必要条件，再利用韦达定理得到x_1x_2和x_1+x_2，最后利用弦长公式表示面积或弦长. 要注意根的判别式的正负判断，尤其是在一些要判断是否存在的问题中.

【例题3.23】

已知双曲线方程为$3x^2-y^2=3$.

（1）求以定点A（2，1）为中点的弦所在的直线方程.

（2）以定点B（1，1）为中点的弦存在吗？若存在，求出其所在的直线方程；若不存在，请说明理由.

答案：（1）$6x-y-11=0$；（2）不存在.

解析：

（1）设所求直线方程为$y-1=k(x-2)$，即$y=kx-2k+1$，将它代入$3x^2-y^2=3$，得

$$(3-k^2)x^2-2k(1-2k)x-4k^2+4k-4=0 \tag{3.11}$$

设双曲线与直线交于$P(x_1, y_1)$，$Q(x_2, y_2)$两点，则$x_1+x_2=\frac{2k(1-2k)}{3-k^2}$. 因为$A$（2，1）为弦$PQ$的中点，所以$x_1+x_2=4$，即$\frac{2k(1-2k)}{3-k^2}=4$，解得$k=6$，此时方程（3.11）为$33x^2-132x+124=0$，且$\Delta>0$，所以方程（3.11）有两实数根，即直线与双曲线相交于两点，从而所求直线方程为$6x-y-11=0$.

（2）方法1：不存在. 理由如下：

设所求直线方程为$y-1=k(x-1)$，即$y=kx-k+1$，将它代入$3x^2-y^2=3$，得

$$(3-k^2)x^2-2k(1-k)x-k^2+2k-4=0 \tag{3.12}$$

设双曲线与直线相交于$M(x_3, y_3)$，$N(x_4, y_4)$，则$x_3+x_4=\frac{2k(1-k)}{3-k^2}$. 若$B$（1，1）为弦$MN$的中点，则$x_3+x_4=2$，即$\frac{2k(1-k)}{3-k^2}=2$，解得$k=3$.

此时方程（3.12）为$6x^2-12x+7=0$，且$\Delta=-24<0$，所以方程（3.12）无实数根，即直线与双曲线不相交，从而可知以B（1，1）为中点的弦不存在.

方法2：不存在. 理由如下：

假设这样的直线l存在，设弦的两端点分别为$Q_1(x_1, y_1)$，$Q_2(x_2, y_2)$，则有$\frac{x_1+x_2}{2}=1$，$\frac{y_1+y_2}{2}=1$，所以$x_1+x_2=2$，$y_1+y_2=2$，且$\begin{cases}3x_1^2-y_1^2=3\\3x_2^2-y_2^2=3\end{cases}$，两式相减得$(3x_1^2-3x_2^2)-(y_1^2-y_2^2)=0$. 所以$3(x_1-x_1)(x_1+x_2)-(y_1-y_2)(y_1+y_2)=0$，即$3(x_1-x_2)-(y_1-y_2)=0$. 若直线$Q_1Q_2\perp x$轴，则线段$Q_1Q_2$中点不可能是点$B$（1，1），所以直线$Q_1Q_2$的斜率存在，于是斜率$k=\frac{y_1-y_2}{x_1-x_2}=3$. 故直线$Q_1Q_2$的方程为$y-1=3(x-1)$，即

$y=3x-2$.

由$\begin{cases} y=3x-2 \\ 3x^2-y^2=3 \end{cases}$，得$3x^2-(3x-2)^2=3$，即$6x^2-12x+7=0$，故$\Delta=-24<0$，这就是说，直线$l$与双曲线没有公共点.

变式3.23-1

已知双曲线E的中心为原点，$F(3, 0)$是E的焦点，过F的直线l与E相交于A，B两点，且AB的中点为$N(-12, -15)$，求双曲线E的方程.

变式3.23-2

已知双曲线$x^2-\dfrac{y^2}{2}=1$，过点$P(1, 1)$能否作一条直线l，与双曲线交于A，B两点，且点P是线段AB的中点?

变式3.23-3

已知双曲线C的两个焦点分别为$F_1(-2, 0)$，$F_2(2, 0)$，双曲线C上一点P到F_1，F_2的距离差的绝对值等于2.

(1) 求双曲线C的标准方程；

(2) 经过点$M(2, 1)$作直线l交双曲线C的右支于A，B两点，且M为AB的中点，求直线l的方程；

(3) 已知定点$G(1, 2)$，点D是双曲线C右支上的动点，求$|DF_1|+|DG|$的最小值.

总　结

解决双曲线中点弦问题的两种方法：

1. 根与系数的关系法：联立直线方程和双曲线方程构成方程组，消去一个未知数，利用一元二次方程根与系数的关系以及中点坐标公式解决.

2. 点差法：利用交点在曲线上，坐标满足方程，将交点坐标分别代入双曲线方程，然后作差，构造出中点坐标和斜率的关系，具体如下：

已知A（x_1，y_1），B（x_2，y_2）是双曲线$\frac{x^2}{a^2}-\frac{y^2}{b^2}=1$（$a>0$，$b>0$）上的两个不同的点，$M$（$x_0$，$y_0$）是线段$AB$的中点，则

$$\begin{cases}\frac{x_1^2}{a^2}-\frac{y_1^2}{b^2}=1 & (3.13)\\ \frac{x_2^2}{a^2}-\frac{y_2^2}{b^2}=1 & (3.14)\end{cases}$$

由式（3.13）–式（3.14），得$\frac{1}{a^2}$（$x_1^2-x_2^2$）$-\frac{1}{b^2}$（$y_1^2-y_2^2$）$=0$，变形得

$\frac{y_1-y_2}{x_1-x_2}=\frac{b^2}{a^2}\cdot\frac{x_1+x_2}{y_1+y_2}=\frac{b^2}{a^2}\cdot\frac{x_0}{y_0}$，即$k_{AB}=\frac{b^2}{a^2}\cdot\frac{x_0}{y_0}$.

【例题3.24】

双曲线$\frac{x^2}{a^2}-\frac{y^2}{b^2}=1$（$a>0$，$b>0$）的焦距为$2c$，直线$l$过点（$a$，0）和（0，$b$），且点（1，0）到直线$l$的距离与点（–1，0）到直线$l$的距离之和$s\geqslant\frac{4}{5}c$，求双曲线离心率的取值范围.

答案：$\left[\frac{\sqrt{5}}{2},\ \sqrt{5}\right]$.

解析：

易知直线l的方程为$\frac{x}{a}+\frac{y}{b}=1$. 由已知，点（1，0）到直线$l$的距离$d_1$与点（–1，0）

到直线l的距离d_2之和$s=d_1+d_2=\frac{b(a-1)}{\sqrt{a^2+b^2}}+\frac{b(a+1)}{\sqrt{a^2+b^2}}=\frac{2ab}{c}\geqslant\frac{4}{5}c$．整理得$5a\sqrt{c^2-a^2}\geqslant 2c^2$，即$5\sqrt{e^2-1}\geqslant 2e^2$，所以$25e^2-25\geqslant 4e^4$，即$4e^4-25e^2+25\leqslant 0$，解得$\frac{5}{4}\leqslant e^2\leqslant 5$．又$e>1$，则$\frac{\sqrt{5}}{2}\leqslant e\leqslant\sqrt{5}$．故双曲线离心率的取值范围为$\left[\frac{\sqrt{5}}{2},\ \sqrt{5}\right]$.

变式3.24-1

如图3.50所示，已知双曲线$\frac{x^2}{a^2}-\frac{y^2}{b^2}=1$（$a>0$，$b>0$），$O$为坐标原点，离心率$e=2$，点$M$（$\sqrt{5}$，$\sqrt{3}$）在双曲线上.

（1）求双曲线的方程；

（2）若直线l与双曲线交于P，Q两点，且$\overrightarrow{OP}\cdot\overrightarrow{OQ}=0$，求$\frac{1}{|OP|^2}+\frac{1}{|OQ|^2}$的值.

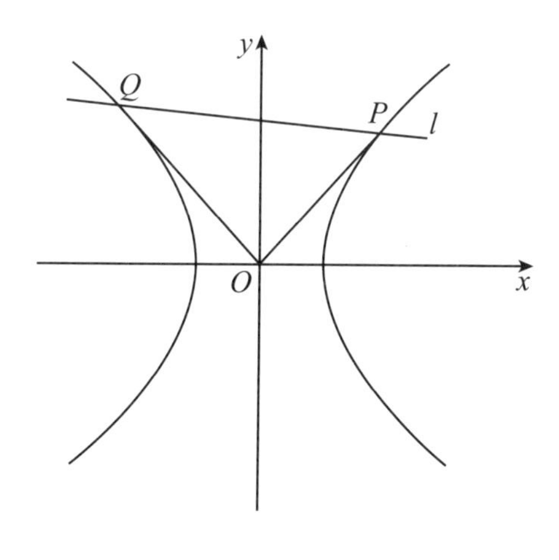

图 3.50

变式3.24-2

已知双曲线$\frac{x^2}{a^2}-\frac{y^2}{b^2}=1$（$a>0$，$b>0$）的离心率为2，焦点到渐近线的距离等于$\sqrt{3}$，过右焦点$F_2$的直线$l$交双曲线于$A$，$B$两点，$F_1$为左焦点.

（1）求双曲线的方程；

（2）若$\triangle F_1AB$的面积等于$6\sqrt{2}$，求直线l的方程.

变式3.24-3

双曲线C：$\frac{x^2}{a^2}-\frac{y^2}{b^2}=1$（$a>0$，$b>0$）的离心率为$e=\frac{2\sqrt{3}}{3}$，实轴长为$2\sqrt{3}$.

（1）求双曲线的方程；

（2）若直线l：$y=kx+\sqrt{2}$与双曲线C左支交于A，B两点，求k的取值范围；

（3）在（2）的条件下，线段AB的垂直平分线l_0与y轴交于M（0，m），求m的取值范围.

总　结

研究直线与双曲线综合问题时的通法：

1. 将直线方程代入双曲线方程，消元，得关于x或y的一元二次方程. 当二次项系数等于0时，直线与双曲线相交于某支上一点，这时直线平行于一条渐近线；当二次项系数不等于0时，用判别式Δ来判定.

2. 当问题中涉及弦长、面积等几何量时，需要借助韦达定理代入求解. 当中的计算过程可能复杂，一定要格外注意.

3.4　曲线与方程

圆锥曲线在数学和其他科学技术领域中，有着大量的应用. 向太空发射人造地球卫星、机器制造、建筑以及各种工程建设中都需要应用圆锥曲线的性质.

在前面的学习中，我们已经指出用有序实数对表示点和用方程表示曲线的重要意义，用坐标方法研究曲线，可以充分有效地使用现代的计算机技术.

3.4.1 曲线与方程

前面，我们学习了直线以及圆、椭圆、抛物线、双曲线等一些特殊曲线，并在平面直角坐标系中建立、研究了它们的方程，通过方程探索了这些曲线的一些特性．我们称这种研究几何的方法为坐标法．以此为基础，一般地，曲线与方程有一种什么关系呢?

我们知道，平面直角坐标系中坐标满足二元一次方程$Ax+By+C=0$（A，B不同时为0）的点（x，y）在一条直线l上；而这条直线l上每一点的坐标（x，y）都满足二元一次方程$Ax+By+C=0$（A，B不同时为0）．

坐标满足方程$(x-a)^2+(y-b)^2=r^2$（$r>0$）的点（x，y）都在以（a，b）为圆心、r为半径的圆上；而这个圆上每一点的坐标（x，y）都满足方程$(x-a)^2+(y-b)^2=r^2$（$r>0$）．

坐标满足方程$\frac{x^2}{a^2}+\frac{y^2}{b^2}=1$（$a>b>0$）的点（$x$，$y$）都在同一椭圆上；而该椭圆上每一点的坐标（$x$，$y$）都满足$\frac{x^2}{a^2}+\frac{y^2}{b^2}=1$（$a>b>0$）．

坐标满足方程$y^2=2px$（$p>0$）的点（x，y）都在同一抛物线上；而该抛物线上每一点的坐标（x，y）都满足$y^2=2px$（$p>0$）．

坐标满足方程$\frac{x^2}{a^2}-\frac{y^2}{b^2}=1$（$a>0$，$b>0$）的点（$x$，$y$）都在同一双曲线上；而该双曲线上每一点的坐标（$x$，$y$）都满足$\frac{x^2}{a^2}-\frac{y^2}{b^2}=1$（$a>0$，$b>0$）．

这是平面直角坐标系中直线、圆、椭圆、抛物线、双曲线与其对应的方程之间的关系．

一般地，在平面直角坐标系中，如果某曲线C（看作满足某种条件的点的集合或轨迹）上的点与一个二元方程的实数解有如下的关系：

（1）曲线上的点的坐标都是这个方程的解；

（2）以这个方程的解为坐标的点都在曲线上．

那么，这条曲线叫作方程的曲线，这个方程叫作曲线的方程．

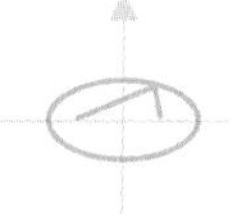

【例题3.25】

分析下列曲线上的点与相应方程的关系：

（1）与两坐标轴的距离的积等于5的点与方程$xy=5$之间的关系；

（2）第二、四象限两轴夹角平分线上的点与方程$x+y=0$之间的关系.

答案：见解析.

解析：

（1）与两坐标轴的距离的积等于5的点的坐标不一定满足方程，还有$xy=-5$；但以方程$xy=5$的解为坐标的点与两坐标轴的距离之积一定等于5．因此，与两坐标轴的距离的积等于5的点的轨迹方程不是$xy=5$.

（2）第二、四象限两轴夹角平分线上的点的坐标都满足$x+y=0$；反之，以方程$x+y=0$的解为坐标的点都在第二、四象限两轴夹角的平分线上．因此，第二、四象限两轴夹角平分线上的点的轨迹方程是$x+y=0$.

变式3.25-1

写出方程$(x+y-1)\sqrt{x-1}=0$表示的曲线.

变式3.25-2

命题“曲线C上的点的坐标都是方程$f(x, y)=0$的解”是真命题，下列说法正确的是哪个？若不正确请分析.

① 方程$f(x, y)=0$的曲线是C；

② 方程$f(x, y)=0$的曲线不一定是C；

③ $f(x, y)=0$是曲线C的方程；

④ 以方程$f(x, y)=0$的解为坐标的点都在曲线C上.

变式3.25−3

分析下列曲线上的点与方程的关系：

（1）求第一、三象限两轴夹角平分线l上点的坐标满足的关系；

（2）说明过点A（2，0）且平行于y轴的直线l与方程$|x|=2$之间的关系.

总　结

解决此类问题要从两方面入手.

1. 曲线上的点的坐标都是这个方程的解，即直观地说“点不比解多”，称为纯粹性；

2. 以这个方程的解为坐标的点都在曲线上，即直观地说“解不比点多”，称为完备性.

只有点和解一一对应，才能说曲线是方程的曲线，方程是曲线的方程.

温馨提示

判断方程表示什么曲线，要对方程适当变形，变形过程中一定要注意与原方程的等价性，否则变形后的方程表示的曲线不是原方程的曲线.

【例题3.26】

已知方程$x^2+(y-1)^2=10$.

（1）判断点P（1，−2），Q（$\sqrt{2}$，3）是否在此方程表示的曲线上；

（2）若点$M\left(\frac{m}{2},\ -m\right)$在此方程表示的曲线上，求$m$的值.

答案：（1）点P在方程$x^2+(y-1)^2=10$表示的曲线上，点Q不在方程$x^2+(y-1)^2=10$表示的曲线上；（2）2或$-\frac{18}{5}$.

解析：

（1）因为$1^2+(-2-1)^2=10$，$(\sqrt{2})^2+(3-1)^2=6\neq10$，所以点$P$在方程$x^2+(y-1)^2=10$表示的曲线上，点$Q$不在方程$x^2+(y-1)^2=10$表示的曲线上.

（2）$x=\frac{m}{2}$，$y=-m$适合方程$x^2+(y-1)^2=10$，即$\left(\frac{m}{2}\right)^2+(-m-1)^2=10$，解得$m=2$或$m=-\frac{18}{5}$. 所以$m$的值为2或$-\frac{18}{5}$.

变式3.26-1

画出方程$\sqrt{x-1}\lg(x^2+y^2-1)=0$所表示的曲线图形.

变式3.26-2

若曲线$y^2-xy+2x+k=0$过点$(a,-a)$（$a\in\mathbf{R}$），求k的取值范围.

变式3.26-3

已知直线L：$y=x+b$与曲线C：$y=\sqrt{1-x^2}$有两个公共点，求实数b的取值范围.

总　结

判断方程表示什么曲线，常需对方程进行变形，如配方、因式分解或利用符号法则将基本曲线转化为熟悉的形式，然后根据化简后的特点判断. 特别注意，方程变形前后应保持等价，否则，变形后的方程表示的曲线不是原方程代表的曲线. 另外，当方程中含有绝对值时，常采用分类讨论的思想.

【例题3.27】

如图3.51所示，已知圆C：$x^2+(y-3)^2=9$，过原点作圆C的弦OP，求OP的中点Q的轨迹方程.

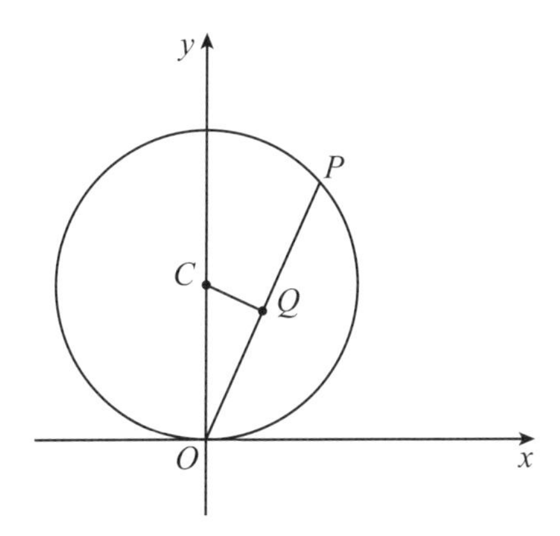

图 3.51

答案：$x^2+\left(y-\frac{3}{2}\right)^2=\frac{9}{4}$（$y\neq0$）.

解析：

方法1（直接法）：如图3.51所示，因为Q是OP的中点，所以$\angle OQC=90°$．设$Q(x,y)$，由题意，得$|OQ|^2+|QC|^2=|OC|^2$，即$x^2+y^2+x^2+(y-3)^2=9$，所以$x^2+\left(y-\frac{3}{2}\right)^2=\frac{9}{4}$（$y\neq0$）.

方法2（定义法）：如图3.51所示，因为Q是OP的中点，所以$\angle OQC=90°$，则Q在以OC为直径的圆上，故Q点的轨迹方程为$x^2+\left(y-\frac{3}{2}\right)^2=\frac{9}{4}$（$y\neq0$）.

方法3（代入法或相关点法）：设$P(x_1,y_1)$，$Q(x,y)$，由题意，得$\begin{cases}x=\frac{x_1}{2}\\y=\frac{y_1}{2}\end{cases}$，即$\begin{cases}x_1=2x\\y_1=2y\end{cases}$. 因为$x_1^2+(y_1-3)^2=9$，所以$4x^2+4\left(y-\frac{3}{2}\right)^2=9$，即$x^2+\left(y-\frac{3}{2}\right)^2=\frac{9}{4}$（$y\neq0$）.

变式3.27-1

过点P（2，4）作两条互相垂直的直线l_1，l_2．若l_1交x轴于点A，l_2交y轴于点B，求线段AB的中点M的轨迹方程．

变式3.27-2

等腰三角形的顶点A的坐标是（4，2），底边一个端点B的坐标是（3，5），求另一个端点C的轨迹方程，并说明它是什么图形．

变式3.27-3

已知点A（1，0）是x轴上一个定点，动点P在OA内移动，以OP和PA为边在第一象限内作正$\triangle OPB$和正$\triangle PAC$，求BC中点M的轨迹方程．

总　结

求曲线方程的一般方法如下：

1. 直接法：就是直接依据题目中给定的条件确定方程．

2. 定义法：依据有关曲线的性质建立等量关系，从而确定其轨迹方程．

3. 代入法：有些问题中，其动点满足的条件不便用等式列出，但动点是随着另一动点（称之为相关点）而运动的．如果相关点所满足的条件是明显的，或是可分析的，这时我们可以用动点坐标表示相关点坐标，根据相关点所满足的方程即可求得动点的轨迹方程，这种求轨迹的方法叫作相关点法或代入法．

4. 参数法：将x，y用一个或几个参数来表示，消去参数得轨迹方程，此法称为参数法．

温馨提示

有时求动点满足的几何条件不易得出，也无明显的相关点，但较易发现（或经分析可发现）这个动点的运动常常受到另一个变量（角度、斜率、比值、截距或时间等）的制约，即动点的坐标（x，y）中的x，y分别随另一个变量的变化而变化. 我们可以这个变量为参数，建立轨迹的参数方程，这种方法叫作参数法. 在求轨迹方程中，参数法应用较为广泛，若参数选择得当，常可使问题获得较为简洁的解法. 利用参数求轨迹方程的基本思想是学习的重点内容，依据题意合理地选择参数并选用适当的方法是求轨迹方程的关键.

【例题3.28】

设A，B两点的坐标分别是（-1，-1），（3，7），求线段AB的垂直平分线的方程.

答案：$x+2y-7=0$.

解析：

方法1：如图3.52所示，设点M（x，y）是线段AB的垂直平分线上的任意一点，也就是点M属于集合$P=\{M \mid |MA|=|MB|\}$.

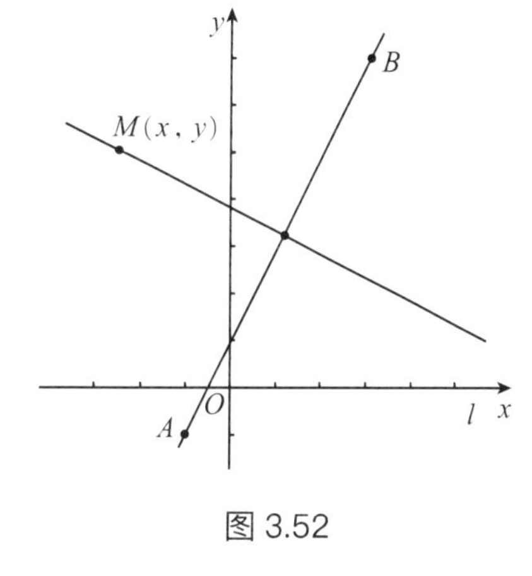

图 3.52

由两点间的距离公式，点M适合的条件可表示为$\sqrt{(x+1)^2+(y+1)^2}=\sqrt{(x-3)^2+(y-7)^2}$.

上式两边平方，并整理得

$$x+2y-7=0 \qquad (3.15)$$

我们证明方程（3.15）是线段AB的垂直平分线的方程.

① 由求方程的过程可知，垂直平分线上每一点的坐标都是方程（3.15）的解；

② 设点M_1的坐标（x_1，y_1）是方程（3.15）的解，即$x_1+2y_1-7=0$，$x_1=7-2y_1$.

点M_1到A，B的距离分别是$|M_1A|=\sqrt{(x_1+1)^2+(y_1+1)^2}=\sqrt{(8-2y_1)^2+(y_1+1)^2}=\sqrt{5(y_1^2-6y_1+13)}$；

$|M_1B|=\sqrt{(x_1-3)^2+(y_1-7)^2}=\sqrt{(4-2y_1)^2+(y_1-7)^2}=\sqrt{5(y_1^2-6y_1+13)}$.

所以$|M_1A|=|M_1B|$，即点M_1在线段AB的垂直平分线上.

由①②可知，方程（3.15）是线段AB的垂直平分线的方程.

方法2：由题可知：$k_{AB}=\dfrac{-1-7}{-1-3}=2$，$A$，$B$中点坐标为（1，3）．所以线段$AB$的垂直平分线即为过$AB$中点且垂直$AB$的直线，即$y-3=-\dfrac{1}{2}$（$x-1$）．故线段$AB$的垂直平分线的方程为$x+2y-7=0$.

变式3.28-1

设$m\in\mathbf{R}$，在平面直角坐标系中，已知向量$\boldsymbol{a}=$（mx，$y+1$），向量$\boldsymbol{b}=$（x，$y-1$），$\boldsymbol{a}\perp\boldsymbol{b}$，动点$M$（$x$，$y$）的轨迹为$E$，求轨迹$E$的方程.

变式3.28-2

如图3.53所示，设P是圆$x^2+y^2=25$上的动点，点D是P在x轴上的投影，M是PD上的一点，且$|MD|=\dfrac{4}{5}|PD|$．当P在圆上运动时，求点M的轨迹C的方程.

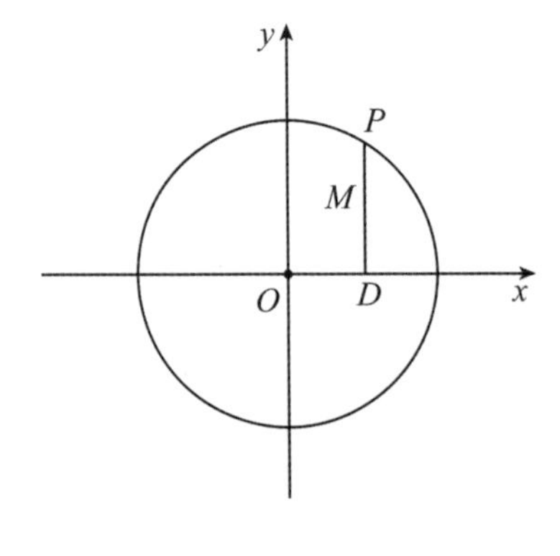

图 3.53

变式3.28-3

已知$\triangle ABC$的两顶点A，B的坐标分别为A（0，0），B（6，0），顶点C在曲线$y=x^2+3$上运动，求$\triangle ABC$重心的轨迹方程.

总 结

注意与动点相关的点必须在确定的曲线上运动．特别提出的是，求轨迹方程与求轨迹是有区别的，若是求轨迹，不仅要求出方程，还需说明和讨论所求轨迹是什么图形、在何处，即图形的形状、位置、大小都需说明清楚．

3.4.2 圆锥曲线的共同特征

我们知道，圆、椭圆、抛物线、双曲线都是圆锥曲线，在前面各小节也都学习了它们的定义，那么它们有什么共同特征呢？

设点$M(x, y)$到定点F的距离和它到定直线l的距离的比为常数e．归纳如表3.2所示．

表 3.2 | 圆锥曲线第二定义

圆锥曲线	离心率	准线方程
圆$(x-a)^2+(y-b)^2=r^2\ (r>0)$	$e=0$	—
椭圆$\frac{x^2}{a^2}+\frac{y^2}{b^2}=1\ (a>b>0)$	$0<e<1$	$x=\pm\frac{a^2}{c}$
抛物线$y^2=2px\ (p>0)$	$e=1$	$x=-\frac{p}{2}$
双曲线$\frac{x^2}{a^2}-\frac{y^2}{b^2}=1\ (a>0, b>0)$	$e>1$	$x=\pm\frac{a^2}{c}$

如图3.54所示，这个定义我们称之为圆锥曲线的第二定义.

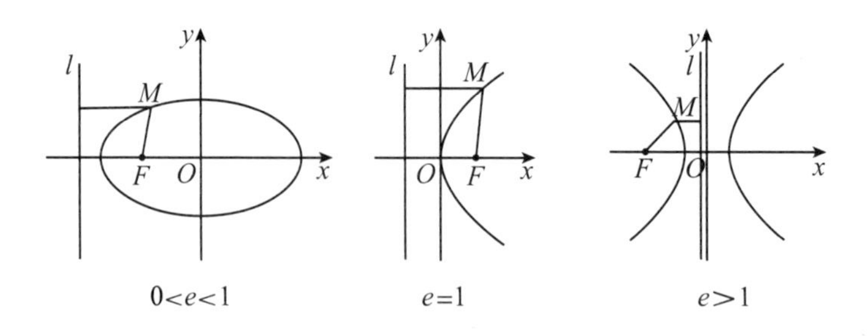

微件　图 3.54 | 圆锥曲线的第二定义

【例题3.29】

（1）椭圆$\dfrac{x^2}{25}+\dfrac{y^2}{16}=1$上的点$M$到左准线的距离是2.5，求点$M$到右焦点的距离；

（2）已知椭圆$\dfrac{x^2}{a^2}+\dfrac{y^2}{b^2}=1$（$a>b>0$）的上顶点为$B$，右顶点为$A$，若过原点$O$作$AB$的垂线交椭圆的右准线于点$P$，点$P$到$x$轴的距离为$\dfrac{2a^2}{c}$，则此椭圆的离心率为多少？

答案：（1）8.5；（2）$\dfrac{\sqrt{3}}{2}$.

解析：

（1）方法1：记椭圆的左、右焦点分别为F_1，F_2，到左、右准线的距离分别为d_1，d_2，由椭圆的第二定义可知：$\dfrac{|MF_1|}{d_1}=e=\dfrac{c}{a}=\dfrac{3}{5}$，所以$|MF_1|=ed_1=\dfrac{3}{5}\times 2.5=1.5$，又由椭圆的第一定义可知：$|MF_1|+|MF_2|=2a=10$，所以$|MF_2|=8.5$.

方法2：因为点M到左准线的距离是2.5，所以点M到右准线的距离为$2\cdot\dfrac{a^2}{c}-2.5=\dfrac{50}{3}-\dfrac{5}{2}=\dfrac{85}{6}$，又因为$\dfrac{|MF_2|}{d_2}=e$，所以$|MF_2|=ed_2=\dfrac{3}{5}\times\dfrac{85}{6}=8.5$.

（2）由题意可知，椭圆$\dfrac{x^2}{a^2}+\dfrac{y^2}{b^2}=1$（$a>b>0$）的焦点在$x$轴上，则$A$（$a$，0），$B$（0，$b$），所以$k_{AB}=-\dfrac{b}{a}$，因为点$P$在椭圆的右准线$x=\dfrac{a^2}{c}$上，且$P$到$x$轴的距离为$\dfrac{2a^2}{c}$，

所以$P\left(\frac{a^2}{c},\ \frac{2a^2}{c}\right)$，故$k_{OP}=2$，又因为$OP\perp AB$，所以$k_{AB}\cdot k_{OP}=-1$，即$2\times\left(-\frac{b}{a}\right)=-1$，$a=2b$，故$a^2=4b^2$，因为$b^2=a^2-c^2$，所以$3a^2=4c^2$，故$e^2=\frac{c^2}{a^2}=\frac{3}{4}$，即$e=\frac{\sqrt{3}}{2}$.

变式3.29-1

点$M(x,\ y)$与定点$F(5,\ 0)$的距离和它到定直线$l:x=\frac{16}{5}$的距离之比是常数$\frac{5}{4}$，求点M的轨迹方程.

变式3.29-2

如果双曲线$\frac{x^2}{25}-\frac{y^2}{144}=1$上的一点$P$到左焦点的距离为9，求$P$到右准线的距离.

变式3.29-3

如图3.55所示，已知$A(-2,\ \sqrt{3})$，F是椭圆$\frac{x^2}{16}+\frac{y^2}{12}=1$的右焦点，点$M$在椭圆上移动，当$|MA|+2|MF|$取最小值时，求点$M$的坐标.

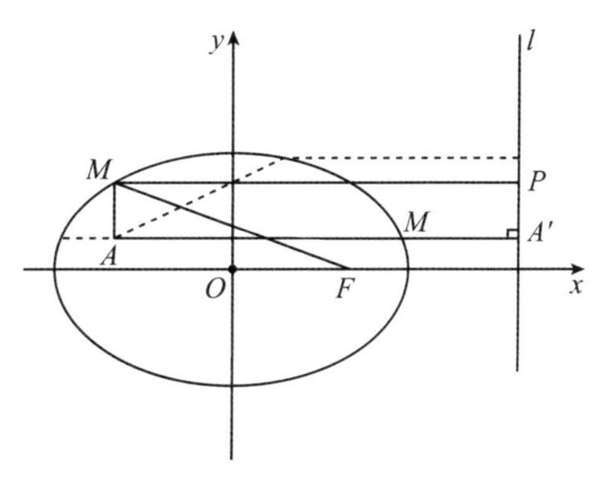

图 3.55

3.4.3 直线与圆锥曲线的位置关系

在上一章中，我们探究了直线与圆的位置关系．直线与圆的位置关系不同，它们的交点个数也不同．下面我们来研究直线与圆锥曲线的位置关系．

直线与圆锥曲线的位置关系有三种情况：相交、相切、相离．

1. 直线与椭圆的位置关系（图3.56）

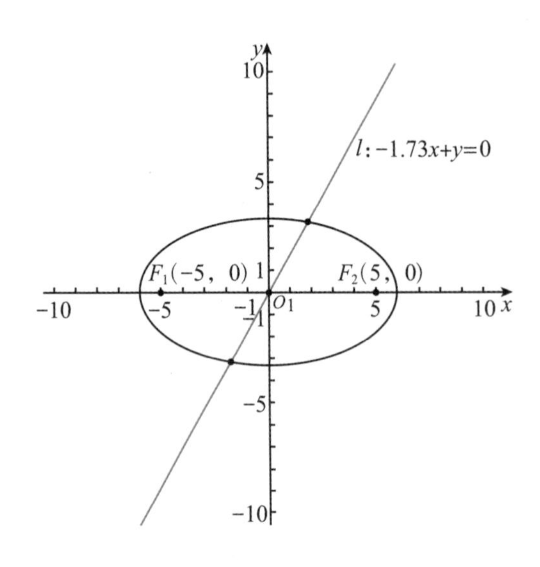

微件　图 3.56 | 直线与椭圆的位置关系

直线与椭圆的位置关系：相交（两个公共点）、相切（一个公共点）、相离（无公共点）．

直线与椭圆位置关系的判定步骤：通过方程根的个数进行判定．

下面以直线：$y=kx+m$和椭圆：$\frac{x^2}{a^2}+\frac{y^2}{b^2}=1$（$a>b>0$）为例．

（1）联立直线与椭圆方程：$\begin{cases} y=kx+m \\ b^2x^2+a^2y^2=a^2b^2 \end{cases}$．

（2）确定主变量x（或y）并通过直线方程消去另一变量y（或x），代入椭圆方程得到关于主变量的一元二次方程：$b^2x^2+a^2(kx+m)^2=a^2b^2$，整理可得：$(a^2k^2+b^2)x^2+2a^2kmx+a^2m^2-a^2b^2=0$.

（3）通过计算判别式Δ的符号判断方程根的个数，从而判定直线与椭圆的位置关系：

① $\Delta>0\Rightarrow$方程有两个不同实根$\Rightarrow$直线与椭圆相交；

② $\Delta=0\Rightarrow$方程有两个相同实根$\Rightarrow$直线与椭圆相切；

③ $\Delta<0\Rightarrow$方程没有实根$\Rightarrow$直线与椭圆相离.

若直线上的某点位于椭圆内部，则该直线一定与椭圆相交.

【例题3.30】

若直线$y=kx+1$与焦点在x轴上的椭圆$\dfrac{x^2}{5}+\dfrac{y^2}{m}=1$总有公共点，求实数$m$的取值范围.

答案：$1\leqslant m<5$.

解析：

方法1：由$\begin{cases}y=kx+1\\ \dfrac{x^2}{5}+\dfrac{y^2}{m}=1\end{cases}$得$(m+5k^2)x^2+10kx+5(1-m)=0$，则

$$\Delta=100k^2-20(m+5k^2)(1-m)=20m(5k^2+m-1)$$

因为直线与椭圆总有公共点，所以$\Delta\geqslant0$对任意$k\in\mathbf{R}$都成立.

因为$m>0$，所以$5k^2\geqslant1-m$恒成立，故$1-m\leqslant0$，因此$m\geqslant1$.

又椭圆的焦点在x轴上，所以$0<m<5$. 故$1\leqslant m<5$.

方法2：因为直线$y=kx+1$过定点$M(0,1)$，所以要使直线与椭圆总有公共点，则点M必在椭圆内或椭圆上，即$\dfrac{0^2}{5}+\dfrac{1^2}{m}\leqslant1$，解得$m\geqslant1$或$m<0$.

又椭圆的焦点在x轴上，所以$0<m<5$，故$1\leqslant m<5$.

变式3.30-1

判断直线$y=kx-k+1$与椭圆$\dfrac{x^2}{2}+\dfrac{y^2}{3}=1$的位置关系.

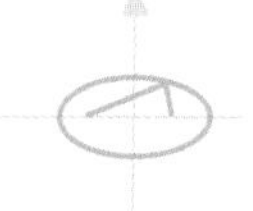

变式3.30-2

在平面直角坐标系xOy中，经过点（0，$\sqrt{2}$）且斜率为k的直线l与椭圆$\frac{x^2}{2}+y^2=1$有两个不同的交点P和Q，求k的取值范围.

变式3.30-3

对不同的实数值m，讨论直线$y=x+m$与椭圆$\frac{x^2}{4}+y^2=1$的位置关系.

总 结

有关直线与椭圆的位置关系主要有两类问题：

1. 判断直线与椭圆的位置关系；

2. 由直线与椭圆的位置关系确定参数的取值范围.

两类问题在解决方法上是一致的，都是通过联立方程，得到一元二次方程，利用判别式及一元二次方程根与系数的关系进行求解.

2. 直线与抛物线的位置关系（图3.57）

直线与抛物线的位置关系：相交、相切、相离.

位置关系的判定：以直线$y=kx+m$和抛物线$y^2=2px$（$p>0$）为例，联立方程：

$\begin{cases} y=kx+m \\ y^2=2px \end{cases} \Rightarrow (kx+m)^2=2px$，整理后可得：$k^2x^2+(2km-2p)x+m^2=0$.

（1）当$k=0$时，方程为关于x的一次方程，所以有一个实根．此时直线为水平线，与抛物线相交.

（2）当$k\neq0$时，方程为关于x的二次方程，可通过判别式进行判定.

① $\Delta>0$⇒方程有两个不同实根⇒直线与抛物线相交；

② $\Delta=0$⇒方程有两个相同实根⇒直线与抛物线相切；

③ $\Delta<0$⇒方程没有实根⇒直线与抛物线相离.

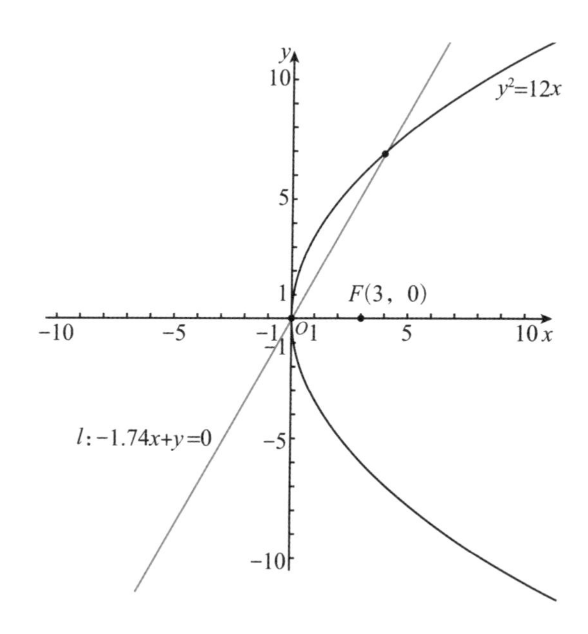

微件　图 3.57 | 直线与抛物线的位置关系

【例题3.31】

如图3.58所示，已知抛物线的方程为$y^2=4x$，直线l过定点P（−2，1），斜率为k. k为何值时，直线l与抛物线$y^2=4x$只有一个公共点；有两个公共点；没有公共点？

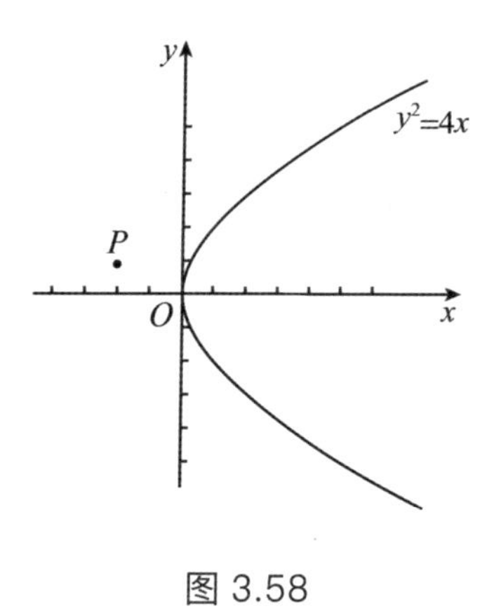

图 3.58

答案：当$k=-1$或$k=\dfrac{1}{2}$或$k=0$时，直线l与抛物线只有一个公共点；当$-1<k<\dfrac{1}{2}$且$k\neq0$时，直线l与抛物线有两个公共点；当$k<-1$或$k>\dfrac{1}{2}$时，直线l与抛物线没有公共点.

解析：

由题意，设直线l的方程为$y-1=k(x+2)$. 由方程组

$$\begin{cases} y-1=k(x+2) \\ y^2=4x \end{cases} \tag{3.16}$$

可得

$$ky^2-4y+4(2k+1)=0 \tag{3.17}$$

（1）当$k=0$时，由方程（3.17）得$y=1$．把$y=1$代入$y^2=4x$，得$x=\frac{1}{4}$．

这时，直线l与抛物线只有一个公共点$\left(\frac{1}{4}，1\right)$．

（2）当$k\neq0$时，方程（3.17）的判别式为$\Delta=-16(2k^2+k-1)$．

① 由$\Delta=0$，即$2k^2+k-1=0$，解得$k=-1$或$k=\frac{1}{2}$．

于是，当$k=-1$或$k=\frac{1}{2}$时，方程（3.17）只有一个解，从而方程组（3.16）只有一个解．这时，直线l与抛物线只有一个公共点．

② 由$\Delta>0$，即$2k^2+k-1<0$，解得$-1<k<\frac{1}{2}$．

于是，当$-1<k<\frac{1}{2}$且$k\neq0$时，方程（3.17）有两个解，从而方程组（3.16）有两个解．这时，直线l与抛物线有两个公共点．

③ 由$\Delta<0$，即$2k^2+k-1>0$，解得$k<-1$或$k>\frac{1}{2}$．

于是，当$k<-1$或$k>\frac{1}{2}$时，方程（3.17）没有实数解，从而方程组（3.16）没有解．这时，直线l与抛物线没有公共点．

综上，我们可得：当$k=-1$或$k=\frac{1}{2}$或$k=0$时，直线l与抛物线只有一个公共点；当$-1<k<\frac{1}{2}$且$k\neq0$时，直线l与抛物线有两个公共点；当$k<-1$或$k>\frac{1}{2}$时，直线l与抛物线没有公共点．

变式3.31-1

求过点$P(0，1)$且与抛物线$y^2=2x$只有一个公共点的直线L的方程．

变式3.31-2

过点（-3，2）的直线与抛物线$y^2=4x$只有一个公共点，求此直线方程.

变式3.31-3

已知点A（-2，3）在抛物线C：$y^2=2px$的准线上，过点A的直线与C在第一象限相切于点B，设C的焦点为F，求直线BF的斜率.

总　结

将直线方程与抛物线方程联立，转化为一元二次方程，可将直线与抛物线的位置关系转化为对判别式Δ或者对向量数量积的限制条件，利用限制条件建立不等式或等式，利用根与系数的关系运算求解.

焦点弦问题（图3.59）：设抛物线方程为$y^2=2px$.

过焦点的直线l：$y=k\left(x-\frac{p}{2}\right)$（斜率存在且$k\neq0$），对应倾斜角为$\theta$，与抛物线交于$A$（$x_1$，$y_1$），$B$（$x_2$，$y_2$）.

联立方程：$\begin{cases} y^2=2px \\ y=k\left(x-\frac{p}{2}\right) \end{cases}\Rightarrow k^2\left(x-\frac{p}{2}\right)^2=2px$，整理可得：$k^2x^2-(k^2p+2p)x+\frac{k^2p^2}{4}=0$.

有以下结论：

（1）$x_1\cdot x_2=\frac{p^2}{4}$；$y_1\cdot y_2=-p^2$.

（2）$|AB|=x_1+x_2+p=\frac{k^2p+2p}{k^2}+p=\frac{2k^2p+2p}{k^2}=2p\left(1+\frac{1}{k^2}\right)=2p\left(1+\frac{1}{\tan^2\theta}\right)=2p\left(1+\frac{\cos^2\theta}{\sin^2\theta}\right)$
$=\frac{2p}{\sin^2\theta}$.

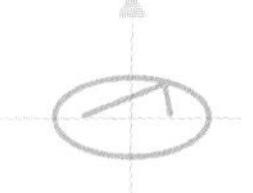

（3）$S_{\triangle AOB}=\frac{1}{2}\cdot d_{O\text{-}l}\cdot|AB|=\frac{1}{2}(|OF|\cdot\sin\theta)\cdot|AB|=\frac{1}{2}\cdot\frac{p}{2}\cdot\sin\theta\cdot\frac{2p}{\sin^2\theta}=\frac{p^2}{2\sin\theta}$.

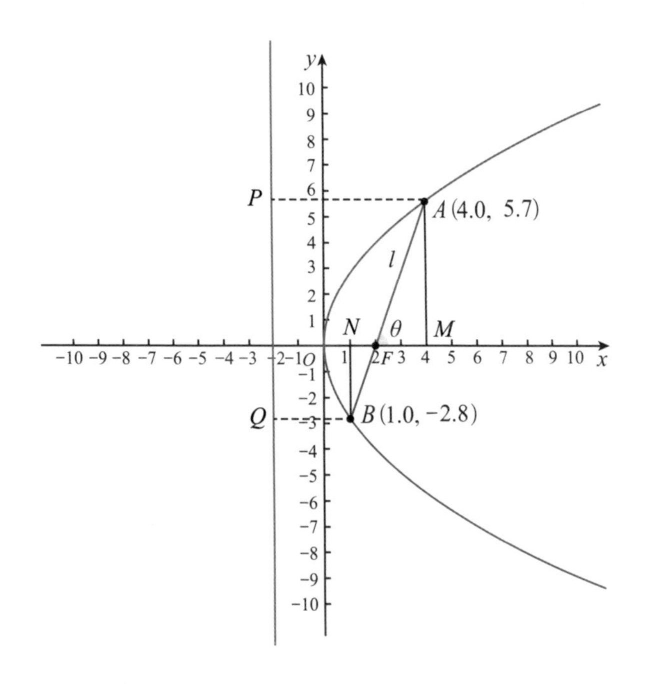

微件　图 3.59 | 抛物线的焦点弦长

【例题3.32】

（1）求过抛物线$y^2=8x$的焦点、倾斜角为45°的直线被抛物线截得的弦长；

（2）直线l过抛物线$y^2=4x$的焦点，与抛物线交于A，B两点，若$|AB|=16$，求直线l的方程；

（3）过抛物线$y^2=4x$的焦点作直线交抛物线于点$A(x_1, y_1)$，$B(x_2, y_2)$，若$|AB|=7$，求AB的中点M到抛物线准线的距离.

答案：（1）16；（2）$\sqrt{3}x+3y-\sqrt{3}=0$或$\sqrt{3}x-3y-\sqrt{3}=0$；（3）$\frac{7}{2}$.

解析：

（1）由抛物线$y^2=8x$的焦点为（2，0），得直线的方程为$y=x-2$，代入$y^2=8x$得$(x-2)^2=8x$，即$x^2-12x+4=0$．于是$x_1+x_2=12$，弦长为$x_1+x_2+p=12+4=16$.

（2）因为抛物线$y^2=4x$的焦点坐标为（1，0），若l与x轴垂直，则$|AB|=4$，不符

合题意.

可设所求直线l的方程为$y=k(x-1)$. 由$\begin{cases} y=k(x-1) \\ y^2=4x \end{cases}$，得$k^2x^2-(2k^2+4)x+k^2=0$，则由根与系数的关系，得$x_1+x_2=\dfrac{2k^2+4}{k^2}$. 又$AB$过焦点，由抛物线的定义可知$|AB|=x_1+x_2+p=\dfrac{2k^2+4}{k^2}+2=16$，所以$\dfrac{2k^2+4}{k^2}=14$，解得$k=\pm\dfrac{\sqrt{3}}{3}$.

故所求直线l的方程为$\sqrt{3}x+3y-\sqrt{3}=0$或$\sqrt{3}x-3y-\sqrt{3}=0$.

(3) 抛物线的焦点为$F(1, 0)$，准线方程为$x=-1$.

由抛物线定义知$|AB|=|AF|+|BF|=x_1+x_2+p$，即$x_1+x_2+2=7$，得$x_1+x_2=5$，于是弦AB的中点M的横坐标为$\dfrac{5}{2}$，又准线方程为$x=-1$，因此点M到抛物线准线的距离为$\dfrac{5}{2}+1=\dfrac{7}{2}$.

变式3.32-1

斜率为1的直线经过抛物线$y^2=4x$的焦点，与抛物线交于两点A，B，求线段AB的长.

变式3.32-2

已知直线$y=k(x+2)$ $(k>0)$与抛物线C：$y^2=8x$相交于A，B两点，F为C的焦点，若$|FA|=2|FB|$，求k的值.

变式3.32-3

已知直线l经过抛物线$y^2=6x$的焦点F，且与抛物线相交于A，B两点.

(1) 若直线l的倾斜角为$60°$，求$|AB|$的值；

(2) 若$|AB|=9$，求线段AB的中点M到准线的距离.

总 结

1. 抛物线上任一点P（x_0，y_0）与焦点F的连线得到的线段叫作抛物线的焦半径，对于四种形式的抛物线来说其焦半径的长分别为：

（1）抛物线$y^2=2px$（$p>0$），$|PF|=\left|x_0+\frac{p}{2}\right|=\frac{p}{2}+x_0$；

（2）抛物线$y^2=-2px$（$p>0$），$|PF|=\left|x_0-\frac{p}{2}\right|=\frac{p}{2}-x_0$；

（3）抛物线$x^2=2py$（$p>0$），$|PF|=\left|y_0+\frac{p}{2}\right|=\frac{p}{2}+y_0$；

（4）抛物线$x^2=-2py$（$p>0$），$|PF|=\left|y_0-\frac{p}{2}\right|=\frac{p}{2}-y_0$.

除了抛物线有焦半径（如图3.60所示），椭圆（如图3.61所示）、双曲线（如图3.62所示）也有焦半径.

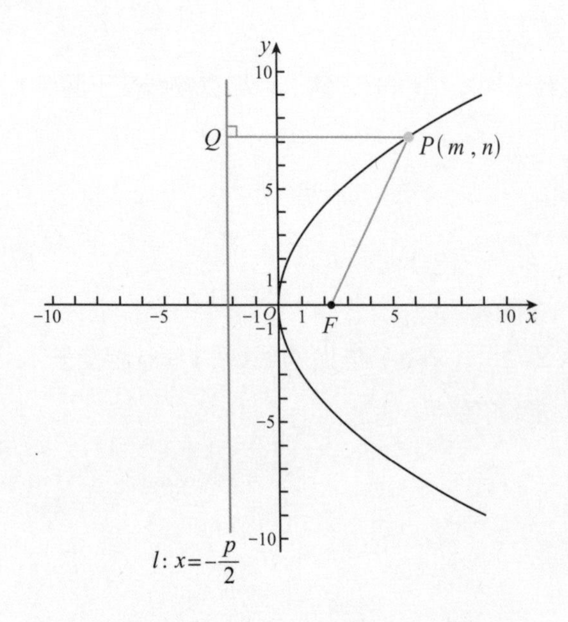

微件 图 3.60 | 圆锥曲线焦半径表达式

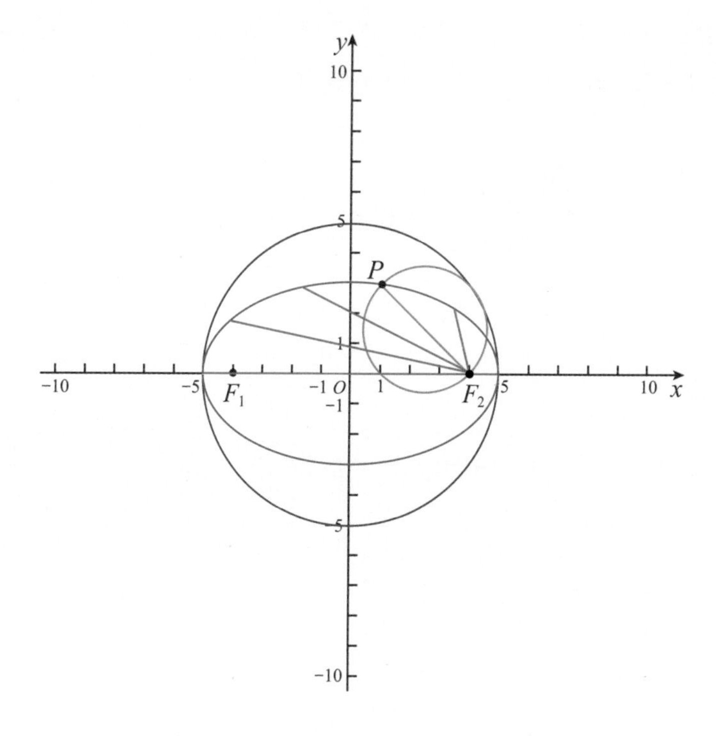

微件　图 3.61 | 椭圆焦半径的应用

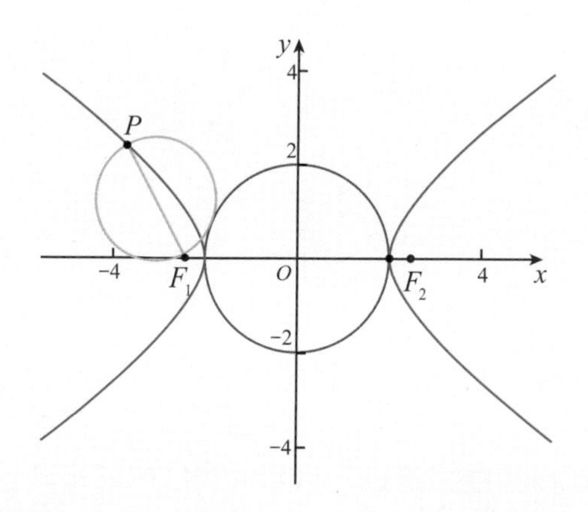

微件　图 3.62 | 双曲线焦半径的应用

2. 如图3.63所示，已知AB是过抛物线$y^2=2px$（$p>0$）的焦点的弦，A（x_1，y_1），B（x_2，y_2），F为抛物线的焦点，则：

（1）$y_1 \cdot y_2=-p^2$，$x_1 \cdot x_2=\dfrac{p^2}{4}$；

（2）$|AB|=x_1+x_2+p=\dfrac{2p}{\sin^2\theta}$（$\theta$为直线$AB$的倾斜角）；

（3）$S_{\triangle ABO}=\dfrac{p^2}{2\sin\theta}$（$\theta$为直线$AB$的倾斜角）；

（4）$\dfrac{1}{|AF|}+\dfrac{1}{|BF|}=\dfrac{2}{p}$；

（5）以AB为直径的圆与抛物线的准线相切.

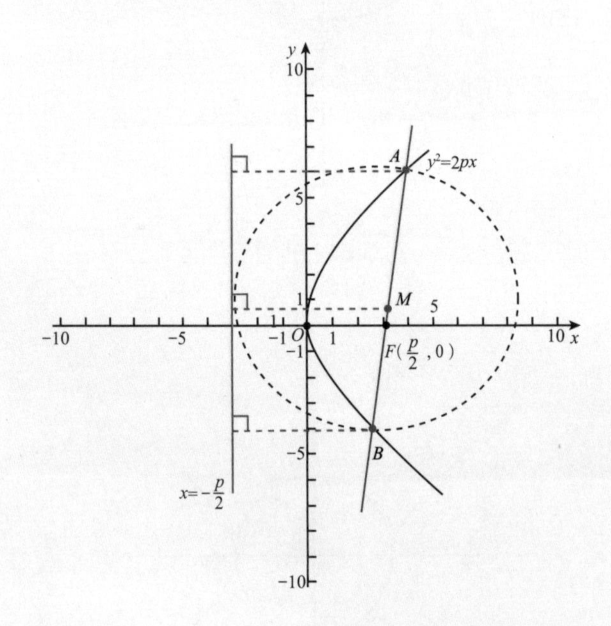

微件　图 3.63 | 抛物线中与焦点弦有关的性质

3. 当直线经过抛物线的焦点，且与抛物线的对称轴垂直时，直线被抛物线截得的线段称为抛物线的通径，显然通径长等于$2p$.

3. 直线与双曲线的位置关系

直线与双曲线的位置关系：相交、相切、相离.

直线与双曲线的位置关系的判定：与椭圆相同，可通过方程根的个数进行判定.

以直线：$y=kx+m$和双曲线：$\frac{x^2}{a^2}-\frac{y^2}{b^2}=1$（$a>0$，$b>0$）为例.

（1）联立直线与双曲线方程：$\begin{cases} y=kx+m \\ b^2x^2-a^2y^2=a^2b^2 \end{cases}$，消元代入后可得：（$b^2-a^2k^2$）$x^2$ $-2a^2kmx-$（$a^2m^2+a^2b^2$）$=0$.

（2）与椭圆不同，在椭圆中，因为$a^2k^2+b^2>0$，所以消元后的方程一定是二次方程，但双曲线中，消元后的方程二次项系数为$b^2-a^2k^2$，有可能为零. 所以要分情况进行讨论：

当$b^2-a^2k^2=0 \Rightarrow k=\pm\frac{b}{a}$且$m\neq0$时，方程变为一次方程，有一个根. 此时直线与双曲线相交，直线与双曲线的渐近线平行，只有一个公共点；

当$b^2-a^2k^2>0 \Rightarrow -\frac{b}{a}<k<\frac{b}{a}$时，常数项为$-$（$a^2m^2+a^2b^2$）$<0$，所以恒成立，此时直线与双曲线相交；

当$b^2-a^2k^2<0 \Rightarrow k>\frac{b}{a}$或$k<-\frac{b}{a}$时，直线与双曲线的公共点个数需要用$\Delta$判断，如图3.64所示.

① $\Delta>0 \Rightarrow$方程有两个不同实根$\Rightarrow$直线与双曲线相交；

② $\Delta=0 \Rightarrow$方程有两个相同实根$\Rightarrow$直线与双曲线相切；

③ $\Delta<0 \Rightarrow$方程没有实根$\Rightarrow$直线与双曲线相离.

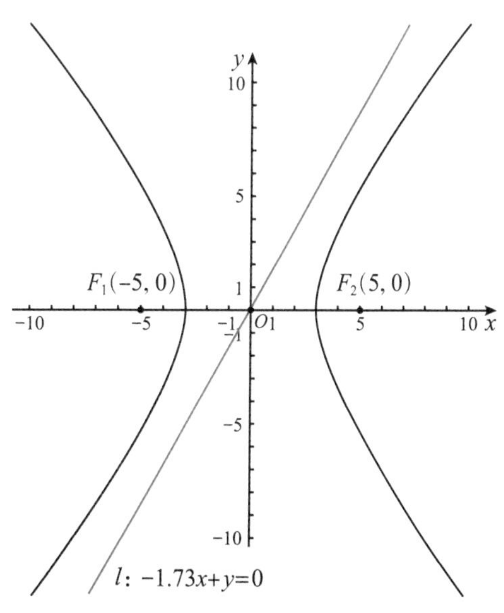

微件 图 3.64 | 直线与双曲线的位置关系

温馨提示

对于直线与双曲线的位置关系，不能简单地凭公共点的个数来判定位置．尤其是直线与双曲线有一个公共点时，如果是通过一次方程解出，则为相交；如果是通过二次方程解出相同的根，则为相切．

【例题3.33】

已知双曲线$x^2-y^2=1$和点P（2，2），设直线L过点P且与双曲线只有一个公共点，求直线L的方程．

答案：$x+y-4=0$或$5x-3y-4=0$．

解析：

当L斜率不存在时，L方程为$x=2$，与双曲线有两个交点，不满足题意．

当L斜率存在时，设直线L的方程为$y=k(x-2)+2$，代入双曲线$x^2-y^2=1$，整理得

$$(1-k^2)x^2-4k(1-k)x-4(1-k)^2-1=0 \qquad (3.18)$$

① 当$1-k^2=0$时，$k=1$或$k=-1$．

而当$k=1$时，方程（3.18）不成立；当$k=-1$时，直线L的方程为$x+y-4=0$．

② 当$1-k^2\neq0$时，方程（3.18）的判别式$\Delta=12k^2-32k+20$，由$\Delta=0$，解得$k=\frac{5}{3}$或$k=1$（舍去）．

所求直线L的方程为$y=\frac{5}{3}(x-2)+2$，即$5x-3y-4=0$．

故所求直线L的方程为$x+y-4=0$或$5x-3y-4=0$．

变式3.33-1

已知直线$y=kx-1$与双曲线$x^2-y^2=4$．

（1）若直线与双曲线没有公共点，求k的取值范围；

（2）若直线与双曲线只有一个公共点，求k的值．

变式3.33-2

过点P（4，2）作一直线AB与双曲线C：$\frac{x^2}{2}-y^2=1$相交于A，B两点，若P为AB的中点，则$|AB|$的值为多少？

变式3.33-3

设双曲线$x^2-\frac{y^2}{2}=1$上两点A，B，AB中点M（1，2）.

（1）求直线AB的方程；

（2）如果线段AB的垂直平分线与双曲线交于C，D两点，那么A，B，C，D是否共圆？为什么？

总　结

1. 直线与双曲线的公共点就是以直线的方程与双曲线的方程联立所构成方程组的解为坐标的点，因此对直线与双曲线的位置关系的讨论，常常转化为对由它们的方程构成的方程组解的情况的讨论.

2. 直线与椭圆的位置关系是由它们交点的个数决定的，而直线与双曲线的位置关系不能由其交点的个数决定.

3. 弦长公式：直线$y=kx+b$与双曲线相交所得的弦长与椭圆的相同，都是$\sqrt{1+k^2}|x_1-x_2|=\sqrt{1+\frac{1}{k^2}}|y_1-y_2|$.

温馨提示

（1）当涉及弦的中点时，常用韦达定理法和点差法这两种途径处理.

在利用点差法时，必须检验条件$\Delta>0$是否成立，利用数形结合法或将它们的方程组成的方程组转化为一元二次方程，利用判别式、韦达定理来求解或证明.

（2）直线与双曲线交点的位置判定：因为双曲线上的点的横坐标的范围为（$-\infty$，$-a$]$\cup$[a，$+\infty$），所以通过横坐标的符号即可判断交点位于哪一支上：当$x\geqslant a$时，点位于双曲线的右支；当$x\leqslant -a$时，点位于双曲线的左支.

对于方程：（$b^2-a^2k^2$）x^2-2a^2kmx-（$a^2m^2+a^2b^2$）$=0$，设两个根为x_1，x_2.

① 当$b^2-a^2k^2>0\Rightarrow -\dfrac{b}{a}<k<\dfrac{b}{a}$时，则$x_1x_2=-\dfrac{a^2m^2+a^2b^2}{b^2-a^2k^2}<0$，所以$x_1$，$x_2$异号，即交点分别位于双曲线的左、右支；

② 当$b^2-a^2k^2<0\Rightarrow k>\dfrac{b}{a}$或$k<-\dfrac{b}{a}$，且$\Delta>0$时，$x_1x_2=-\dfrac{a^2m^2+a^2b^2}{b^2-a^2k^2}>0$，所以$x_1$，$x_2$同号，即交点位于同一支上.

（3）直线与双曲线位置关系的几何解释：通过（2）可发现直线与双曲线的位置关系与直线的斜率相关，其分界点$\pm\dfrac{b}{a}$刚好与双曲线的渐近线斜率相同. 所以可通过数形结合得到位置关系的判定：

① 当$k=\pm\dfrac{b}{a}$且$m\neq0$时，此时直线与渐近线平行，可视为渐近线进行平移，则在平移过程中与双曲线的一支相交的同时，也在远离双曲线的另一支，所以只有一个交点；

② 当$-\dfrac{b}{a}<k<\dfrac{b}{a}$时，直线的斜率介于两条渐近线斜率之间，通过图像可得无论如何平移直线，直线均与双曲线有两个交点，且两个交点分别位于双曲线的左、右支上；

③ 当$k>\dfrac{b}{a}$或$k<-\dfrac{b}{a}$时，此时直线比渐近线“更陡”，通过平移观察可知：直线不一定与双曲线有公共点（与Δ的符号对应），可能相离、相切、相交，如果相交，则交点位于双曲线同一支上.

直线方程是二元一次方程，圆锥曲线方程是二元二次方程，由它们组成的方程组，经过消元得到一个一元二次方程，直线和圆锥曲线相交、相切、相离的充分必要条件分别是$\Delta>0$，$\Delta=0$，$\Delta<0$.

综上所述，我们进行了归纳，如图3.65所示.

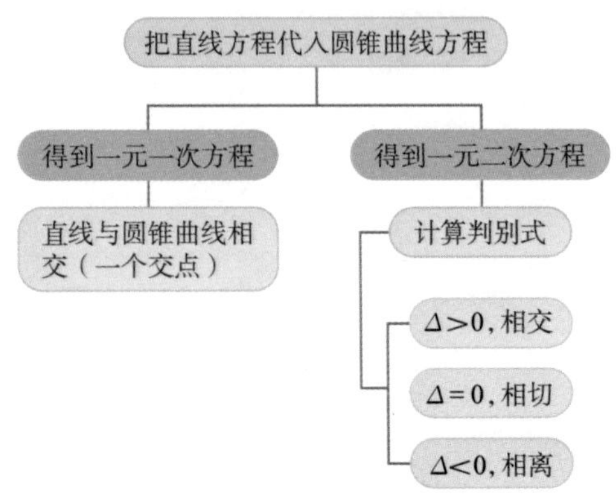

图3.65

章末总结

Chapter Summary

本章根据课程标准要求，紧扣考纲，深研高考，结合老师的教学过程和学生的学习编写，从定义、标准方程和简单的几何性质依次介绍了椭圆、抛物线和双曲线，引出圆锥曲线与方程的关系，并且对圆锥曲线的共同特征做出总结. 其中，根据离心率的范围取值，依次呈现椭圆、抛物线和双曲线，椭圆和双曲线强调第一定义，抛物线强调准线这一定义；标准方程是用代数的方法刻画三种曲线，要注意分类讨论焦点位置，数形结合理解轨迹范围、各个参数的几何意义，对称性、离心率等简单几何性质需要牢记并且熟练应用，相较于共同特征，抛物线中的准线，双曲线中的渐近线往往成为热门考点；需要掌握判定点，直线与圆锥曲线的位置关系以及相关的几何计算；高考中，本章常以综合题型出现，以轨迹方程、弦与中点弦、最值与范围、定点与定值及探究类等题型综合其他知识点考查，重点考查用代数的方法解决分析几何问题，要求对知识体系完整而准确把握，并且对计算能力也有较高的要求.

知识图谱

Knowledge Graph

第一定义

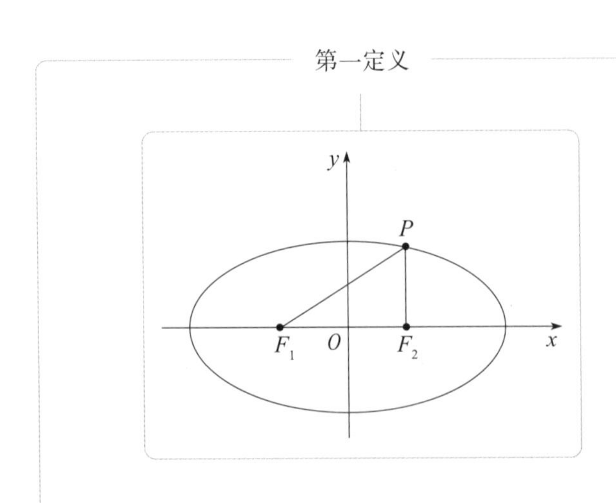

1. 椭圆及其标准方程

几何性质

圆锥曲线（一）

1. 椭圆及其标准方程

2. 抛物线

3. 双曲线

4. 曲线与方程

$|PF_1|+|PF_2|=2a$，$2a>|F_1F_2|$的点P轨迹

椭圆焦点位置		x轴	y轴
标准方程		$\frac{x^2}{a^2}+\frac{y^2}{b^2}=1$（$a>b>0$）	$\frac{y^2}{a^2}+\frac{x^2}{b^2}=1$（$a>b>0$）
图形			
性质	中心	O（0，0）	
	长轴短轴	长轴$\|A_1A_2\|$长为$2a$，短轴$\|B_1B_2\|$长为$2b$	
	离心率	$e=\frac{c}{a}$，且$e\in$（0，1）	
	对称轴	$x=0$，$y=0$	
	焦距	$\|F_1F_2\|=2c$，$a^2=b^2+c^2$	
	焦点	（$\pm c$，0）	（0，$\pm c$）
	范围	$-a\leqslant x\leqslant a$，$-b\leqslant y\leqslant b$	$-b\leqslant x\leqslant b$，$-a\leqslant y\leqslant a$
	顶点	A_1（$-a$，0），A_2（a，0） B_1（0，$-b$），B_2（0，b）	A_1（0，$-a$），A_2（0，a） B_1（$-b$，0），B_2（b，0）
	准线方程	$x=\pm\frac{a^2}{c}$	$y=\pm\frac{a^2}{c}$

知识图谱
Knowledge Graph

1. 椭圆及其标准方程

结论

弦长公式

焦点三角形

解析关系

位置关系

圆锥曲线（一）

1. 椭圆及其标准方程

2. 抛物线

3. 双曲线

4. 曲线与方程

$$|P_1P_2| = |x_1 - x_2|\sqrt{1+k^2} = \sqrt{(1+k^2)\left[(x_1+x_2)^2 - 4x_1x_2\right]}$$

$$|P_1P_2| = |y_1 - y_2|\sqrt{1+\frac{1}{k^2}} = \sqrt{\left(1+\frac{1}{k^2}\right)\left[(y_1+y_2)^2 - 4y_1y_2\right]}$$

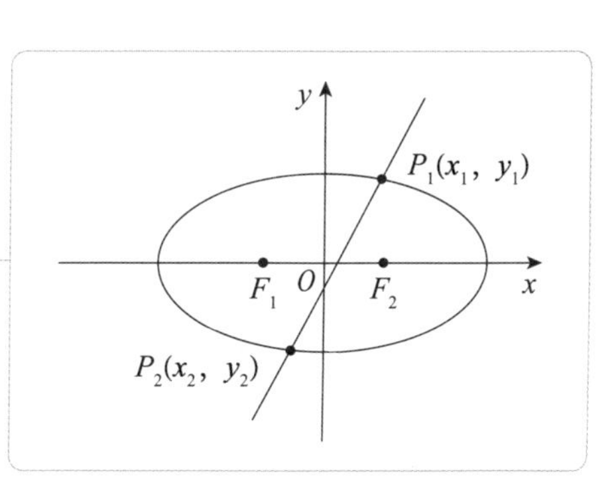

$$S_{\triangle F_2PF_1} = \frac{1}{2}r_1r_2\sin\theta = b^2 \cdot \tan\frac{\theta}{2} = c|y_0|$$

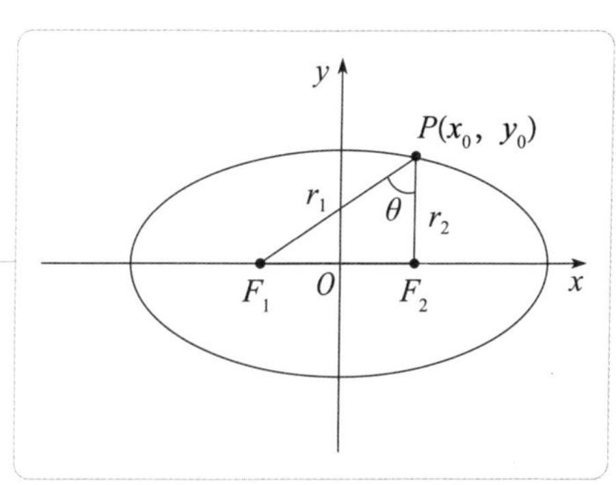

$$k_{AB} = -\frac{b^2x_0}{a^2y_0}$$

$y - y_0 = -\dfrac{b^2x_0}{a^2y_0}$（$x-x_0$），直线$AB$方程

$y - y_0 = \dfrac{a^2y_0}{b^2x_0}$（$x-x_0$），$AB$垂直平分线方程

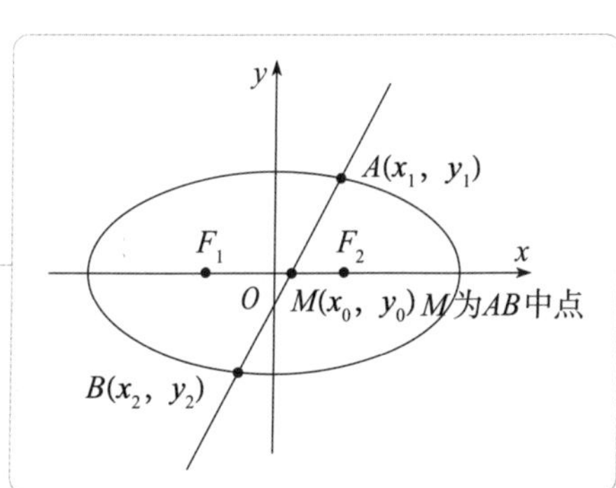

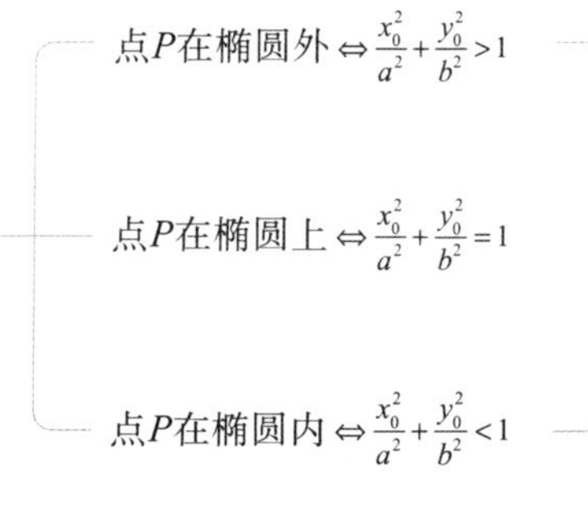

点P在椭圆外$\Leftrightarrow \dfrac{x_0^2}{a^2}+\dfrac{y_0^2}{b^2}>1$

点P在椭圆上$\Leftrightarrow \dfrac{x_0^2}{a^2}+\dfrac{y_0^2}{b^2}=1$

点P在椭圆内$\Leftrightarrow \dfrac{x_0^2}{a^2}+\dfrac{y_0^2}{b^2}<1$

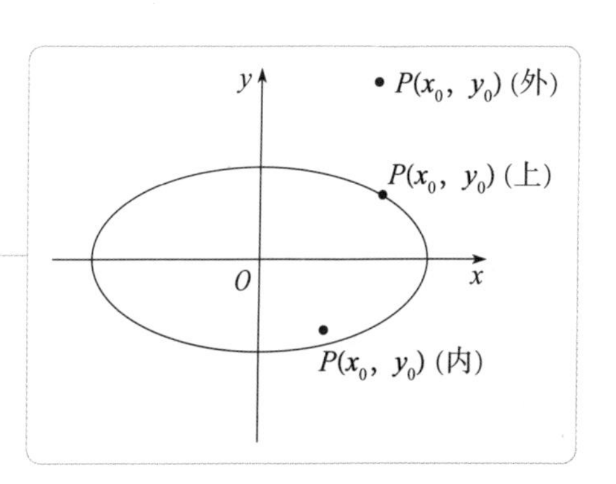

知识图谱
Knowledge Graph

$F \notin l$，x轴为过点F的l的垂线

定义

2. 抛物线

几何性质

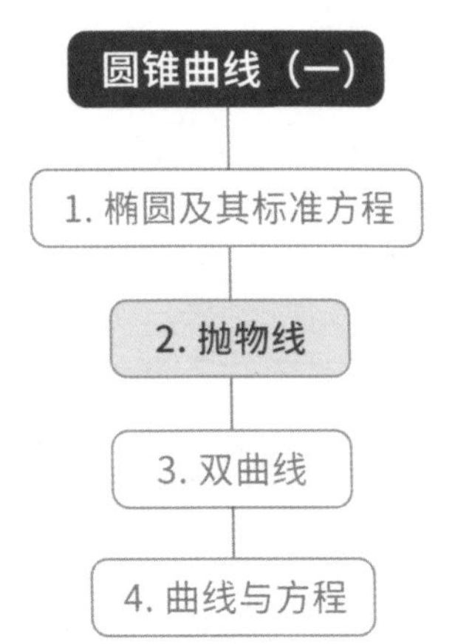

$|PM|=|PF|$的点P轨迹

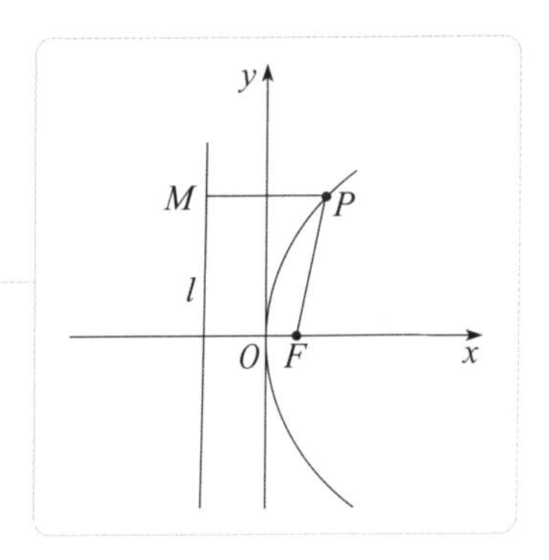

抛物线	焦点在x正半轴	焦点在x负半轴	焦点在y负半轴	焦点在y正半轴
标准方程	$y^2=2px$（$p>0$）	$y^2=-2px$（$p>0$）	$x^2=-2py$（$p>0$）	$x^2=2py$（$p>0$）
图形	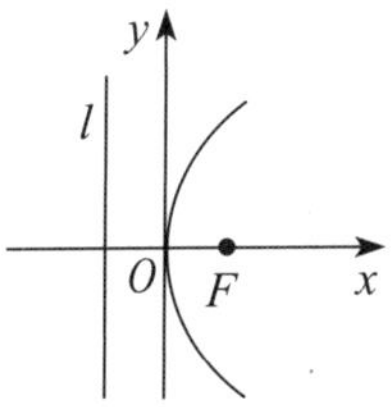	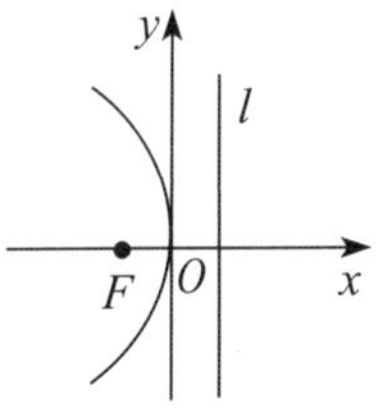	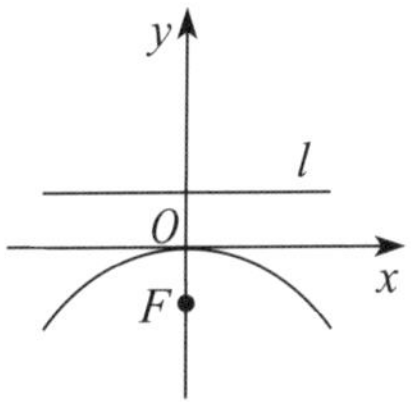	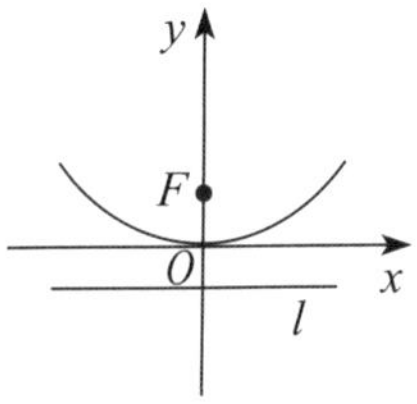
焦点	$F\left(\frac{p}{2},\ 0\right)$	$F\left(-\frac{p}{2},\ 0\right)$	$F\left(0,\ -\frac{p}{2}\right)$	$F\left(0,\ \frac{p}{2}\right)$
准线	$x=-\frac{p}{2}$	$x=\frac{p}{2}$	$y=\frac{p}{2}$	$y=-\frac{p}{2}$
对称轴	x轴	x轴	y轴	y轴
焦半径	$x_0+\frac{p}{2}$	$\frac{p}{2}-x_0$	$\frac{p}{2}-y_0$	$y_0+\frac{p}{2}$
离心率	$e=1$	$e=1$	$e=1$	$e=1$
范围	$x\geqslant0$	$x\leqslant0$	$y\leqslant0$	$y\geqslant0$
顶点	O（0，0）	O（0，0）	O（0，0）	O（0，0）
通径	$2p$	$2p$	$2p$	$2p$

知识图谱
Knowledge Graph

$k_{AB}=\dfrac{p}{y_0}$

$y-y_0=\dfrac{p}{y_0}$（$x-x_0$），直线AB方程

$y-y_0=-\dfrac{y_0}{p}$（$x-x_0$），AB垂直平分线方程

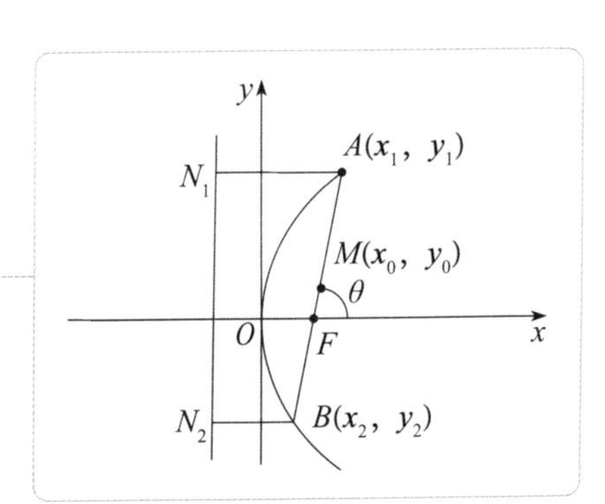

点P在抛物线外$\Leftrightarrow y^2>2px$

点P在抛物线上$\Leftrightarrow y^2=2px$

点P在抛物线内$\Leftrightarrow y^2<2px$

$x_1x_2=\dfrac{p^2}{4}$

$y_1y_2=-p^2$

$|AB|=x_1+x_2+p=\dfrac{|y_1-y_2|^2}{2p}=\dfrac{2p}{\sin^2\theta}$

$S_{\triangle AOB}=S_{\triangle COD}=\dfrac{p}{4}|y_1-y_2|=\dfrac{p^2}{2\sin\theta}$

$\dfrac{1}{|AF|}+\dfrac{1}{|BF|}=\dfrac{2}{p}$

知识图谱

Knowledge Graph

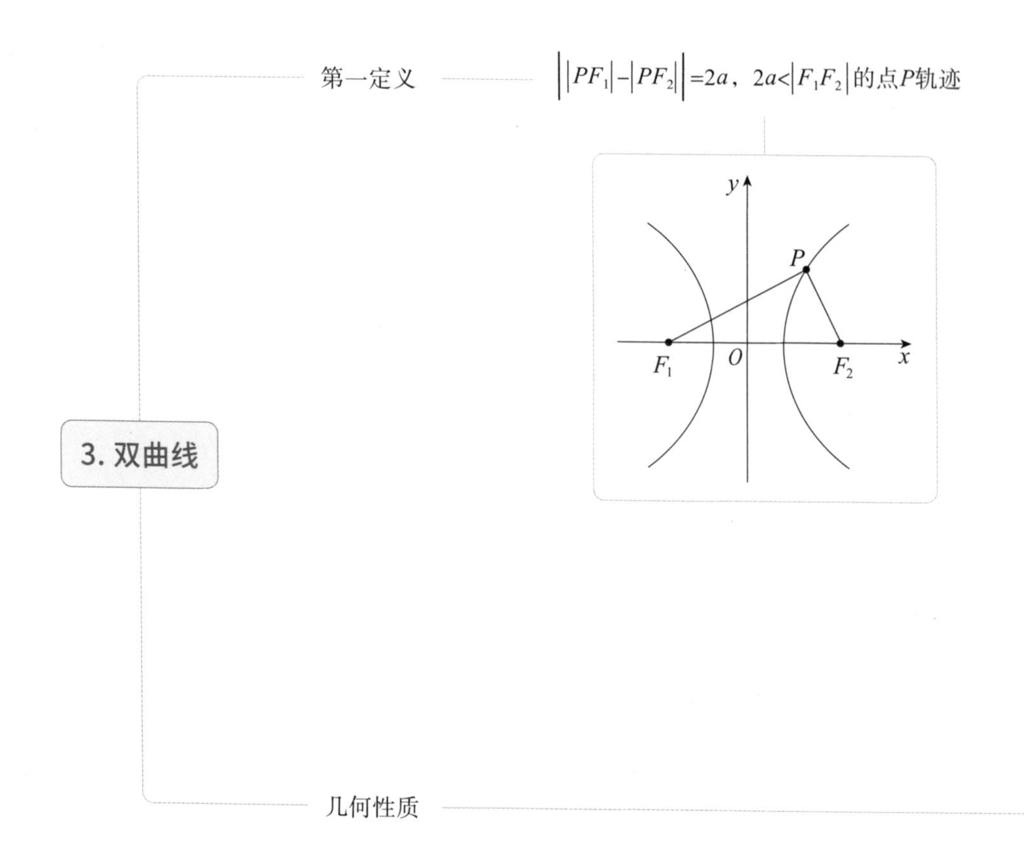

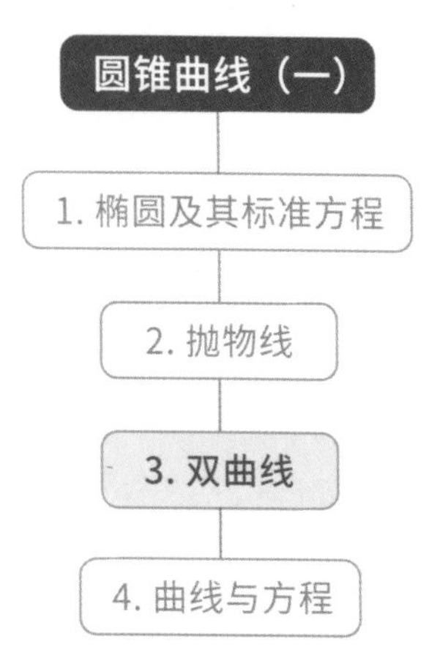

双曲线焦点位置		x轴	y轴
标准方程		$\frac{x^2}{a^2}-\frac{y^2}{b^2}=1$（$a>0$，$b>0$）	$\frac{y^2}{a^2}-\frac{x^2}{b^2}=1$（$a>0$，$b>0$）
图形		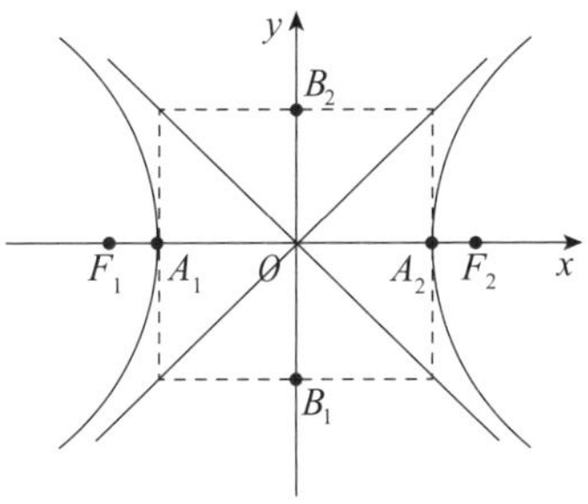	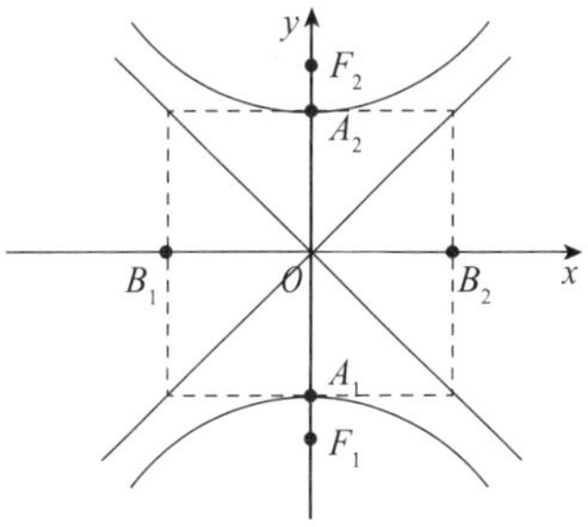
性质	中心	O（0，0）	
	实虚轴	线段A_1A_2叫作双曲线的实轴，它的长$\lvert A_1A_2\rvert=2a$； 线段B_1B_2叫作双曲线的虚轴，它的长$\lvert B_1B_2\rvert=2b$； a叫作双曲线的实半轴长，b叫作双曲线的虚半轴长	
	离心率	$e=\frac{c}{a}$，且$e\in$（1，∞）	
	对称轴	$x=0$，$y=0$	
	焦距	$\lvert F_1F_2\rvert=2c$，$c^2=a^2+b^2$	
	焦点	（$\pm c$，0）	（0，$\pm c$）
	范围	$x\leqslant -a$或$x\geqslant a$，$y\in \mathbf{R}$	$y\leqslant -a$或$y\geqslant a$，$x\in \mathbf{R}$
	顶点	A_1（$-a$，0），A_2（a，0）	A_1（0，$-a$），A_2（0，a）
	准线方程	$x=\pm\frac{a^2}{c}$	$y=\pm\frac{a^2}{c}$
	渐近线	$y=\pm\frac{b}{a}x$	$y=\pm\frac{a}{b}x$

知识图谱
Knowledge Graph

3. 双曲线

常用结论

- 弦长公式
- 焦点三角形
- 位置关系
- 等轴
- 共轭
- 解析关系
- 说明

圆锥曲线（一）

1. 椭圆及其标准方程
2. 抛物线
3. 双曲线
4. 曲线与方程

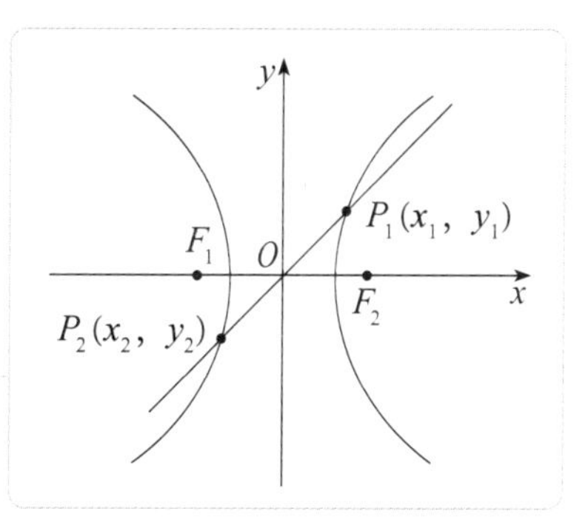

$$|P_1P_2| = \sqrt{(1+k^2)[(x_1+x_2)^2-4x_1x_2]}$$
$$= \sqrt{\left(1+\frac{1}{k^2}\right)[(y_1+y_2)^2-4y_1y_2]}$$

$$S_{\triangle F_2PF_1} = \frac{1}{2}r_1r_2\sin\theta = \frac{b^2}{\tan\frac{\theta}{2}} = c|y_0|$$

点P在双曲线外 $\Leftrightarrow \frac{x_0^2}{a^2} - \frac{y_0^2}{b^2} < 1$

点P在双曲线上 $\Leftrightarrow \frac{x_0^2}{a^2} - \frac{y_0^2}{b^2} = 1$

点P在双曲线内 $\Leftrightarrow \frac{x_0^2}{a^2} - \frac{y_0^2}{b^2} > 1$

$x^2-y^2=a^2$，$y^2-x^2=a^2$

两渐近线互相垂直

$e=\sqrt{2}$

$\frac{x^2}{a^2} - \frac{y^2}{b^2} = 1$ 与 $\frac{y^2}{b^2} - \frac{x^2}{a^2} = 1$ 共轭

四个焦点共圆, $e_1^2 + e_2^2 = e_1^2 \cdot e_2^2$；$\frac{1}{e_1^2} + \frac{1}{e_2^2} = 1$

$$k_{AB} = \frac{b^2x_0}{a^2y_0}$$

$y - y_0 = \frac{b^2x_0}{a^2y_0}(x-x_0)$，直线$AB$方程

$y - y_0 = -\frac{a^2y_0}{b^2x_0}(x-x_0)$，$AB$垂直平分线方程

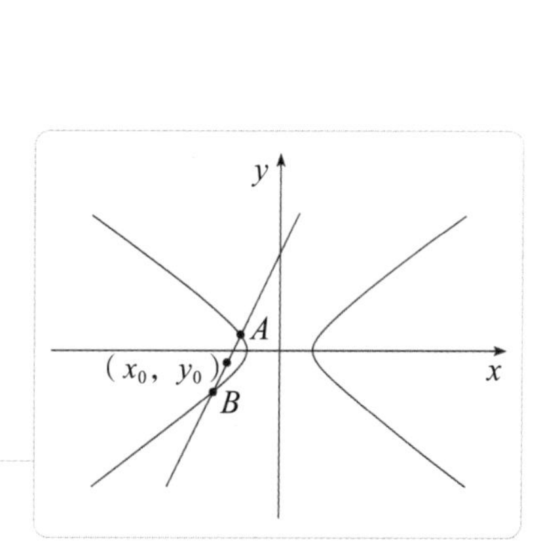

图中双曲线方程是$\frac{x^2}{2}-y^2=1$，直线方程是$y=2x+4$，(x_0, y_0)是线段AB的中点

知识图谱
Knowledge Graph

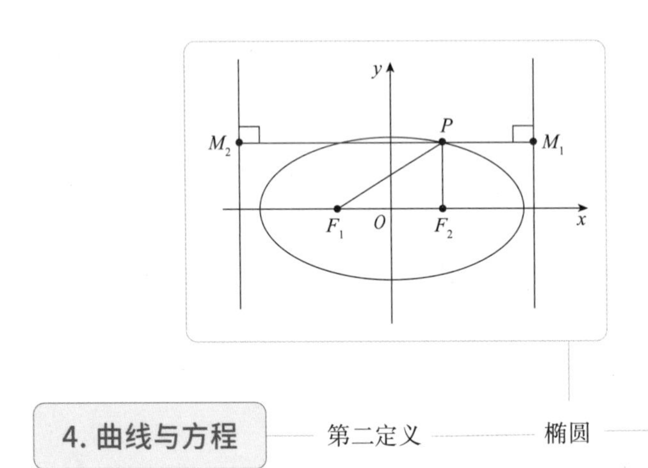

4. 曲线与方程 —— 第二定义 —— 椭圆

- $\dfrac{|PF_2|}{|PM_1|}=e$（$0<e<1$）的点P轨迹
  或$\dfrac{|PF_1|}{|PM_2|}=e$（$0<e<1$）的点P轨迹
- 焦半径公式

圆锥曲线（一）

1. 椭圆及其标准方程
2. 抛物线
3. 双曲线
4. 曲线与方程

$\dfrac{x^2}{a^2}+\dfrac{y^2}{b^2}=1$（$a>b>0$）焦点在$x$轴，
$|PF_1|=a+ex_0$，$|PF_2|=a-ex_0$

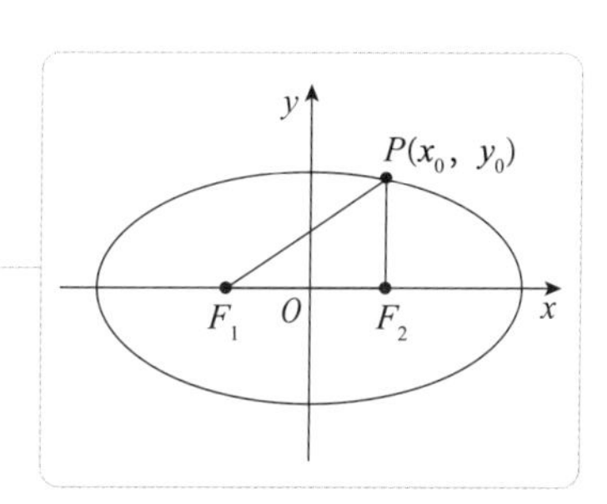

$\dfrac{y^2}{a^2}+\dfrac{x^2}{b^2}=1$（$a>b>0$）焦点在$y$轴，
$|PF_1|=a+ey_0$，$|PF_2|=a-ey_0$

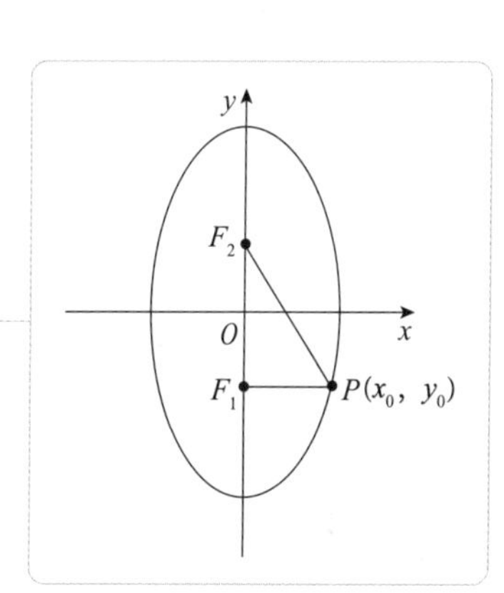

知识图谱

Knowledge Graph

4. 曲线与方程

第二定义 —— 双曲线

$\frac{|PF_2|}{|PM_1|}=e$（$e>1$）的点P轨迹

或$\frac{|P'F_1|}{|P'M'|}=e$（$e>1$）的点P'轨迹

焦半径公式 $PF_1=r_1$，$PF_2=r_2$

第三定义

圆锥曲线（一）

1. 椭圆及其标准方程

2. 抛物线

3. 双曲线

4. 曲线与方程

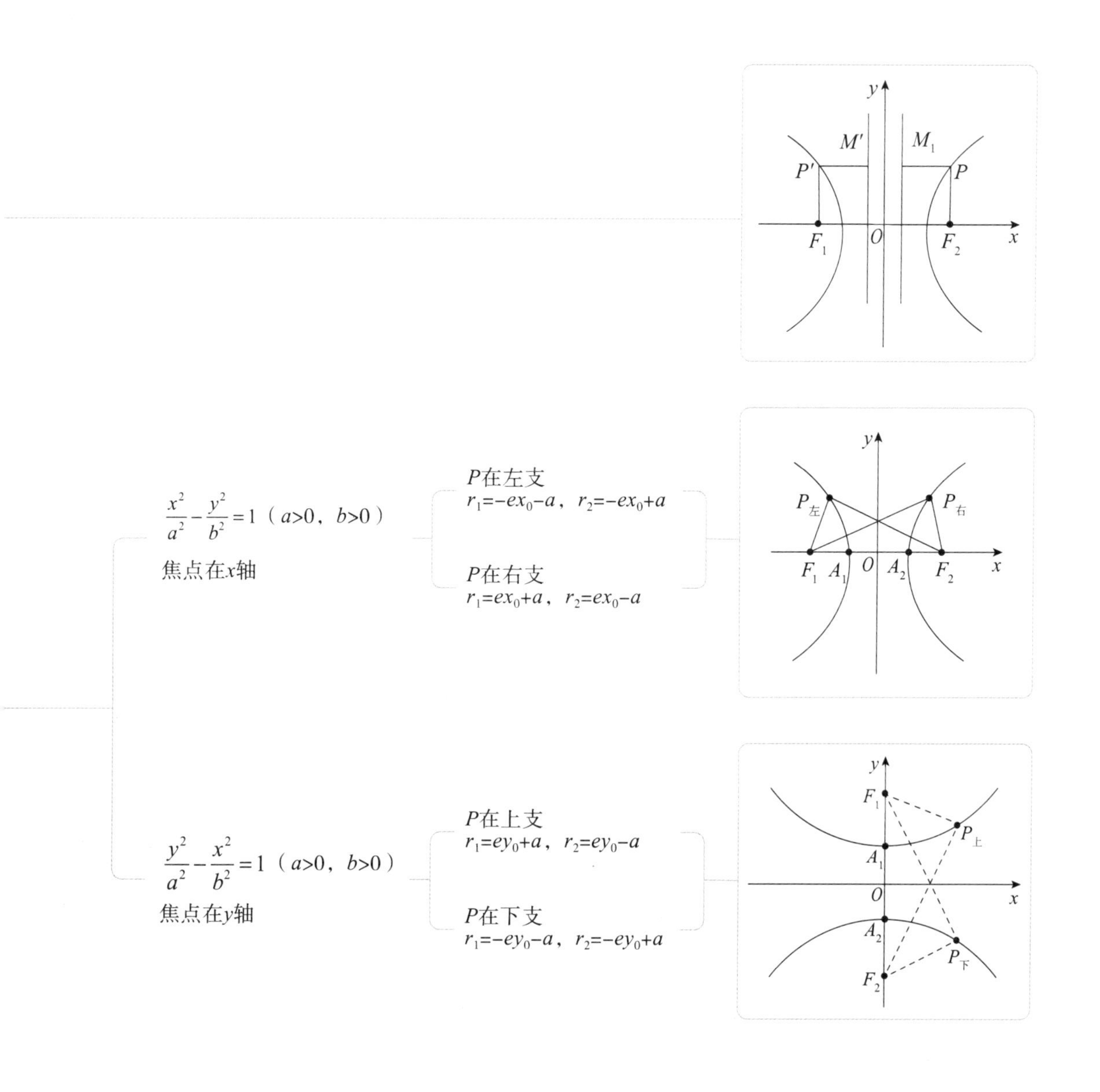

椭圆（双曲线）上的点与椭圆长轴顶点（双曲线的实轴顶点）两端点连线的斜率之积是定值，为e^2-1

知识图谱

Knowledge Graph

1. 曲线与方程

- 曲线方程与方程曲线
- 求曲线轨迹方程

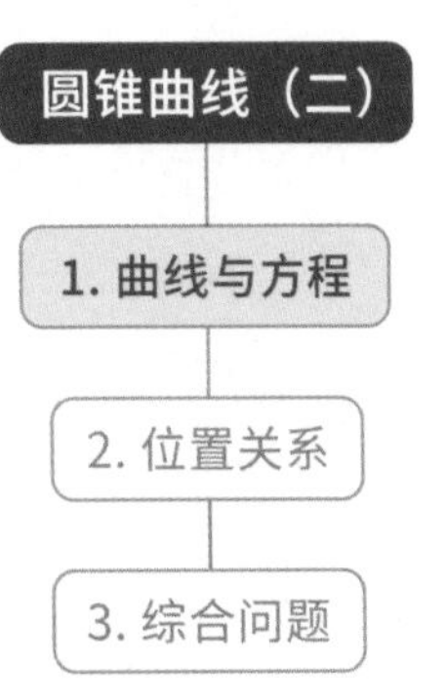

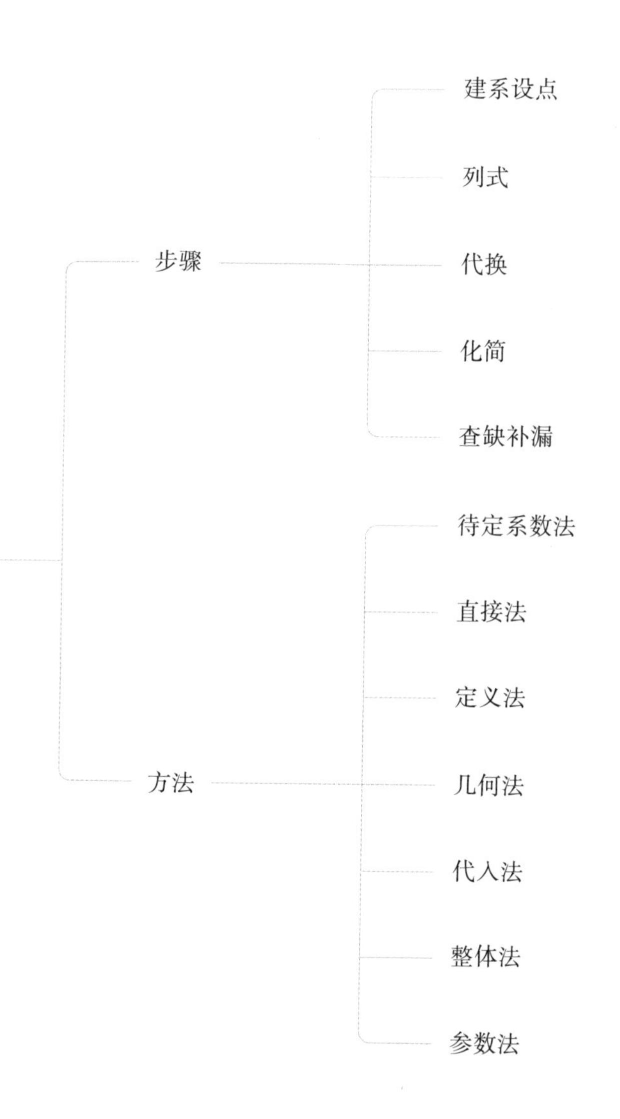
步骤
建系设点
列式
代换
化简
查缺补漏
方法
待定系数法
直接法
定义法
几何法
代入法
整体法
参数法

知识图谱

Knowledge Graph

2. 位置关系

直线与椭圆

$$\left.\begin{array}{l}\dfrac{x^2}{a^2}+\dfrac{y^2}{b^2}=1\ (a>b>0)\\ mx+ny+c=0\end{array}\right\}\xrightarrow{\text{方程联立}}\begin{array}{l}Ax^2+Bx+C=0\\ \Delta=B^2-4AC\end{array}$$

直线与抛物线

$$\left.\begin{array}{l}y^2=2px\\ mx+ny+c=0\end{array}\right\}\xrightarrow{\text{方程联立}}\begin{array}{l}Ax^2+Bx+C=0\\ \Delta=B^2-4AC\end{array}$$

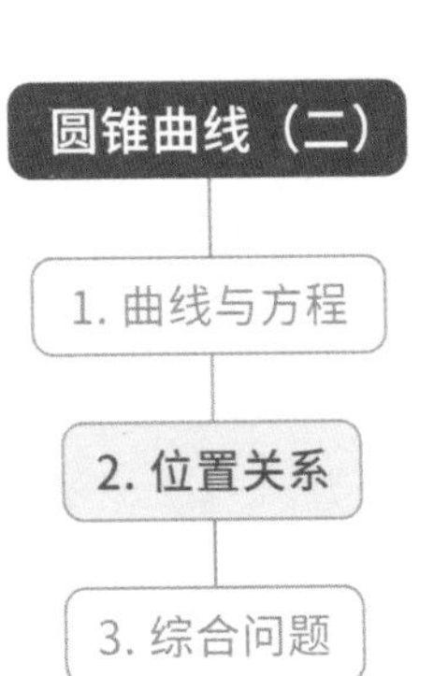

相交

两个交点，$\Delta>0$

$|P_1P_2|=|x_1-x_2|\sqrt{1+k^2}=|y_1-y_2|\sqrt{1+\frac{1}{k^2}}$

相切

一个交点，$\Delta=0$

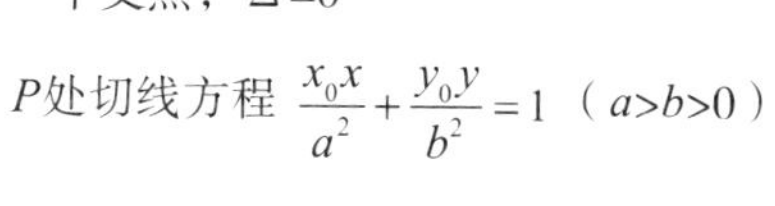

P处切线方程 $\frac{x_0x}{a^2}+\frac{y_0y}{b^2}=1$（$a>b>0$）

相离

没有交点，$\Delta<0$

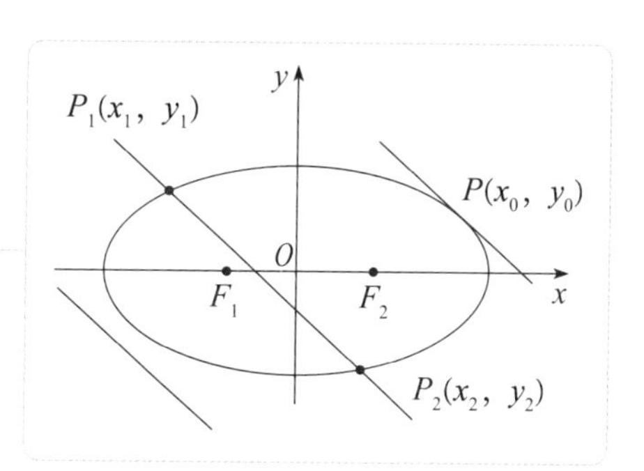

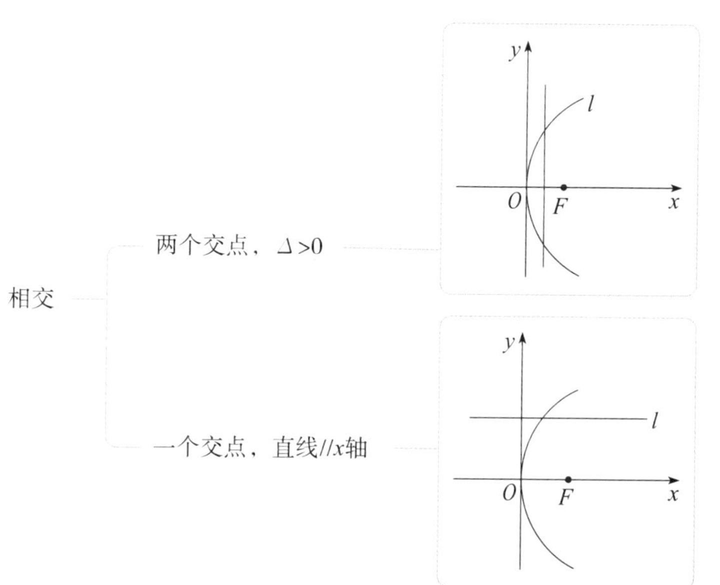

相交

两个交点，$\Delta>0$

一个交点，直线//x轴

相切

一个交点，$\Delta=0$

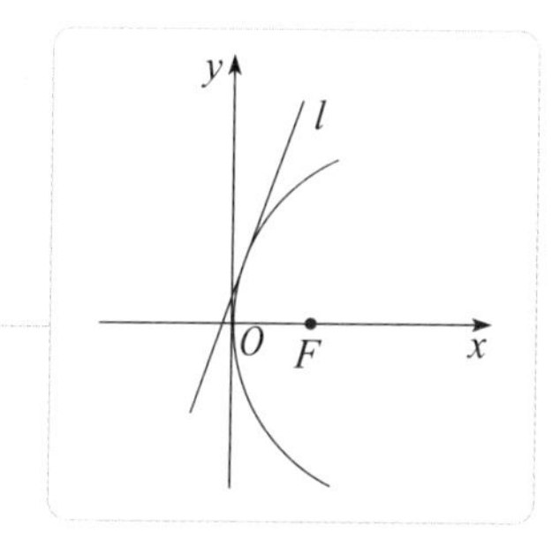

相离

没有交点，$\Delta<0$

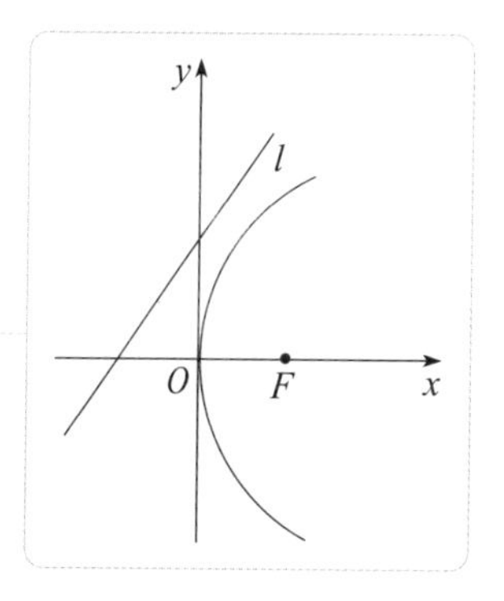

知识图谱

Knowledge Graph

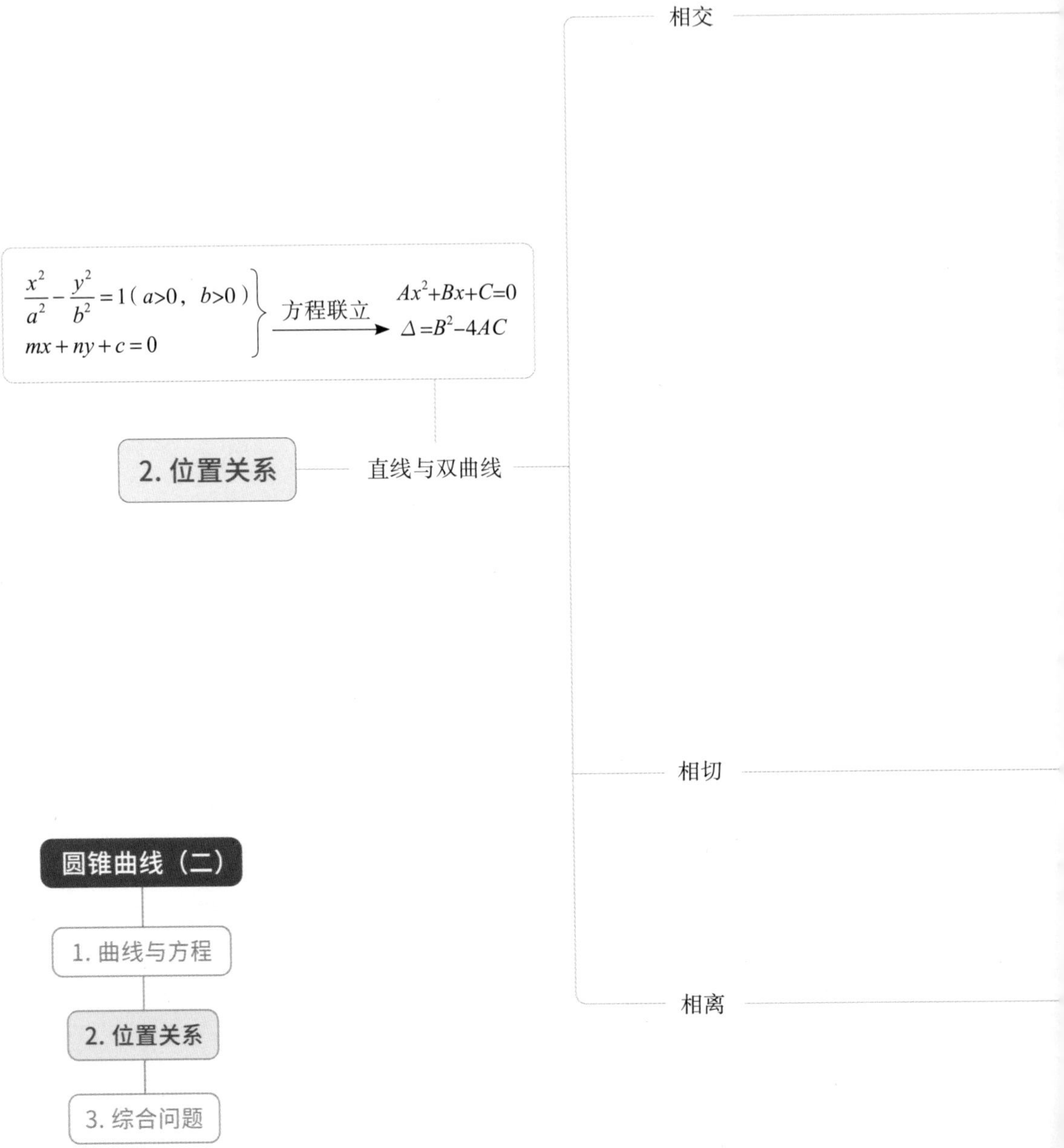

$$\left.\begin{array}{l}\dfrac{x^2}{a^2}-\dfrac{y^2}{b^2}=1\,(a>0,\ b>0)\\ mx+ny+c=0\end{array}\right\}\xrightarrow{\text{方程联立}}\begin{array}{l}Ax^2+Bx+C=0\\ \Delta=B^2-4AC\end{array}$$

2. 位置关系 — 直线与双曲线

- 相交
- 相切
- 相离

圆锥曲线（二）

1. 曲线与方程
2. 位置关系
3. 综合问题

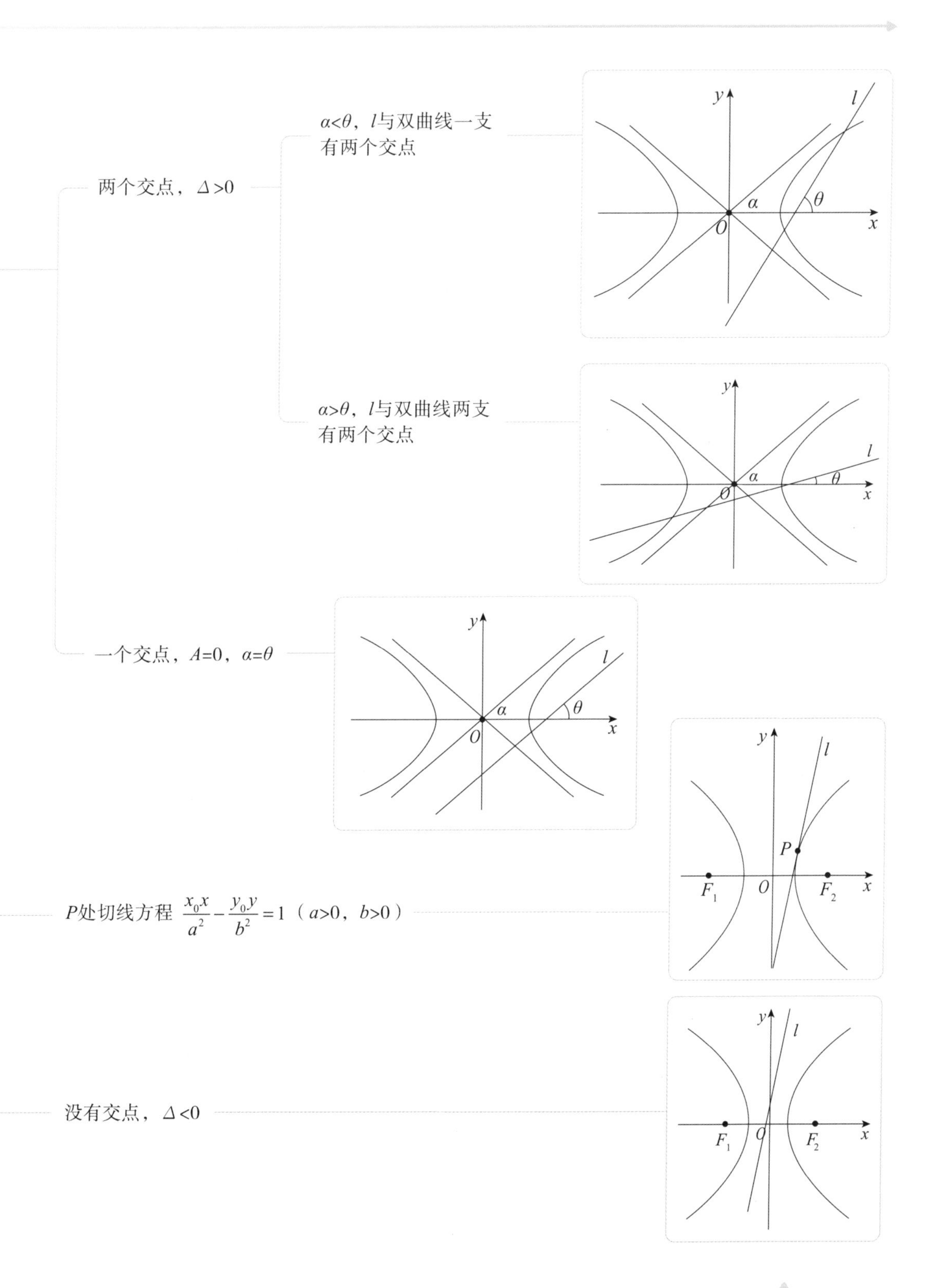
两个交点，$\Delta>0$
$\alpha<\theta$，l与双曲线一支有两个交点
$\alpha>\theta$，l与双曲线两支有两个交点
一个交点，$A=0$，$\alpha=\theta$
P处切线方程 $\frac{x_0x}{a^2}-\frac{y_0y}{b^2}=1$（$a>0$，$b>0$）
没有交点，$\Delta<0$
y
x
O
l
α
θ
P
F_1
F_2

知识图谱

Knowledge Graph

设双曲线方程

- 与 $\frac{x^2}{a^2}-\frac{y^2}{b^2}=1$（$a>0$，$b>0$）共渐近线：$\frac{x^2}{a^2}-\frac{y^2}{b^2}=t$（$t\neq0$）
- 渐近线为 $y=\pm\frac{b}{a}x$
- 过已知两点：$\frac{x^2}{m}+\frac{y^2}{n}=1$（$mn<0$）
- 与 $\frac{x^2}{a^2}-\frac{y^2}{b^2}=1$（$a>0$，$b>0$）共焦点：$\frac{x^2}{a^2-k}-\frac{y^2}{b^2+k}=1$（$-b^2<k<a^2$）
- 与 $\frac{x^2}{a^2}+\frac{y^2}{b^2}=1$（$a>b>0$）共焦点：$\frac{x^2}{a^2-\lambda}+\frac{y^2}{b^2-\lambda}=1$（$b^2<\lambda<a^2$）

设椭圆方程

- 设 $\frac{x^2}{a^2}+\frac{y^2}{b^2}=1$（$a>b>0$），焦点在$x$轴上
- 设 $\frac{y^2}{a^2}+\frac{x^2}{b^2}=1$（$a>b>0$），焦点在$y$轴上
- $Ax^2+By^2=1$（$A>0$，$B>0$，$A\neq B$），不确定

通过中点，求出过中点弦的斜率，即可知中点弦

点差法

- $\frac{x^2}{a^2}+\frac{y^2}{b^2}=1\Rightarrow k_{AB}=-\frac{b^2x_0}{a^2y_0}$，椭圆
- $\frac{x^2}{a^2}-\frac{y^2}{b^2}=1\Rightarrow k_{AB}=\frac{b^2x_0}{a^2y_0}$，双曲线
- $y^2=2px\Rightarrow k_{AB}=\frac{p}{y_0}$，抛物线

韦达定理：代入→消元→求解x_1+x_2，$x_1\bullet x_2$→$\Delta>0$

- 过圆锥曲线内点P，且以P为中点的直线方程
- 求弦中点
- 线段垂直平分线
- 对称问题

知识图谱

Knowledge Graph

最值

圆锥曲线本身的最值

椭圆上两点最大距离为$2a$

双曲线上分别在两个分支上的两点最小距离为$2a$

椭圆焦半径的取值范围是$[a-c，a+c]$

抛物线上顶点与抛物线准线距离最近

3. 综合问题

存在性

与数列结合

定点、定值

圆锥曲线（二）

1. 曲线与方程

2. 位置关系

3. 综合问题

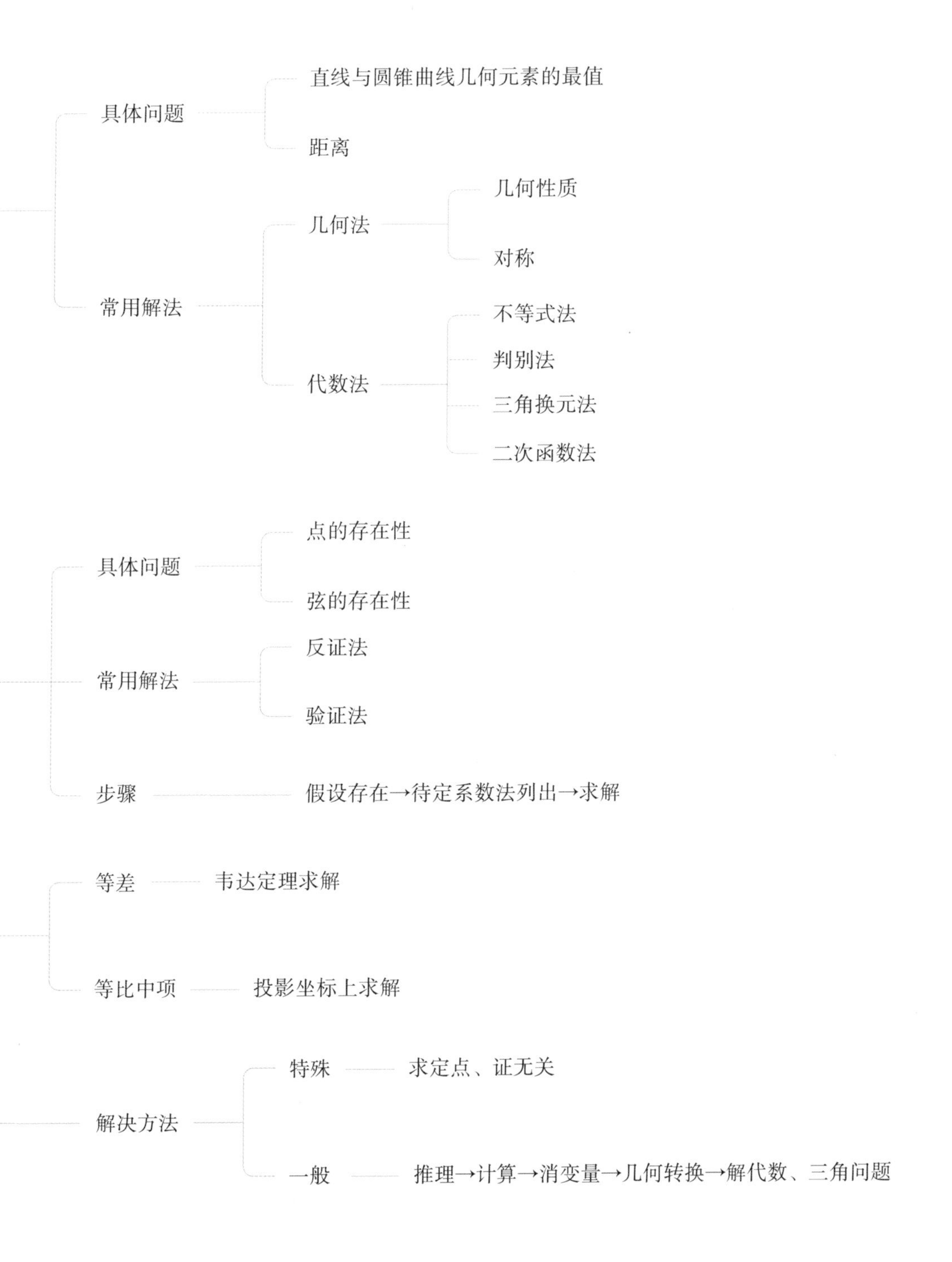

具体问题
直线与圆锥曲线几何元素的最值
距离
常用解法
几何法
几何性质
对称
代数法
不等式法
判别法
三角换元法
二次函数法
具体问题
点的存在性
弦的存在性
常用解法
反证法
验证法
步骤
假设存在→待定系数法列出→求解
等差
韦达定理求解
等比中项
投影坐标上求解
解决方法
特殊
求定点、证无关
一般
推理→计算→消变量→几何转换→解代数、三角问题

高考链接

1【2012年上海理 22】

在平面直角坐标系xOy中，已知双曲线C_1：$2x^2-y^2=1$.

（1）过C_1的左顶点引C_1的一条渐近线的平行线，求该直线与另一条渐近线及x轴围成的三角形的面积；

（2）设斜率为1的直线l交C_1于P，Q两点，若l与圆$x^2+y^2=1$相切，求证：$OP\perp OQ$；

（3）设椭圆C_2：$4x^2+y^2=1$，若M，N分别是C_1，C_2上的动点，且$OM\perp ON$，求证：O到直线MN的距离是定值.

答案：（1）$\dfrac{\sqrt{2}}{8}$；（2）见解析；（3）见解析.

解析：

（1）双曲线C_1：$\dfrac{x^2}{\frac{1}{2}}-y^2=1$，左顶点$A\left(-\dfrac{\sqrt{2}}{2},\ 0\right)$，渐近线方程：$y=\pm\sqrt{2}x$.

过点A与渐近线$y=\pm\sqrt{2}x$平行的直线方程为$y=\pm\sqrt{2}\left(x+\dfrac{\sqrt{2}}{2}\right)$，取$k=\sqrt{2}$，即$y=\sqrt{2}x+1$．解方程组$\begin{cases}y=-\sqrt{2}x\\ y=\sqrt{2}x+1\end{cases}$，得$\begin{cases}x=-\dfrac{\sqrt{2}}{4}\\ y=\dfrac{1}{2}\end{cases}$．所以所求三角形的面积为$S=\dfrac{1}{2}|OA||y|=\dfrac{\sqrt{2}}{8}$.

（2）设直线PQ的方程是$y=x+b$．因直线与已知圆相切，故$\dfrac{|b|}{\sqrt{2}}=1$，即$b^2=2$.

由$\begin{cases}y=x+b\\ 2x^2-y^2=1\end{cases}$，得$x^2-2bx-b^2-1=0$．设$P(x_1,\ y_1)$，$Q(x_2,\ y_2)$，则$\begin{cases}x_1+x_2=2b\\ x_1x_2=-b^2-1\end{cases}$.

又$y_1y_2=(x_1+b)(x_2+b)$，所以$\overrightarrow{OP}\cdot\overrightarrow{OQ}=x_1x_2+y_1y_2=2x_1x_2+b(x_1+x_2)+b^2=2(-b^2-1)+b\cdot 2b+b^2=b^2-2=0$，故$OP\perp OQ$.

（3）当直线ON垂直于x轴时，$|ON|=1$，$|OM|=\dfrac{\sqrt{2}}{2}$，则O到直线MN的距离为$\dfrac{\sqrt{3}}{3}$.

当直线ON不垂直于x轴时，设直线ON的方程为$y=kx\left(\text{显然}|k|>\dfrac{\sqrt{2}}{2}\right)$，则直线$OM$的方程为

$y=-\dfrac{1}{k}x$．由$\begin{cases}y=kx\\4x^2+y^2=1\end{cases}$，得$\begin{cases}x^2=\dfrac{1}{4+k^2}\\y^2=\dfrac{k^2}{4+k^2}\end{cases}$，所以$|ON|^2=\dfrac{1+k^2}{4+k^2}$．同理$|OM|^2=\dfrac{1+k^2}{2k^2-1}$．设

O到直线MN的距离为d，则（$|OM|^2+|ON|^2$）$d^2=|OM|^2|ON|^2$．所以$\dfrac{1}{d^2}=\dfrac{1}{|OM|^2}+\dfrac{1}{|ON|^2}$

$=\dfrac{3k^2+3}{k^2+1}=3$，即$d=\dfrac{\sqrt{3}}{3}$．

综上所述，O到直线MN的距离是定值．

2【2012年江苏理 19】

如图3.66所示，在平面直角坐标系xOy中，椭圆$\dfrac{x^2}{a^2}+\dfrac{y^2}{b^2}=1$（$a>b>0$）的左、右焦点分别为$F_1$（$-c$，0），$F_2$（$c$，0）．已知点（1，$e$）和$\left(e,\ \dfrac{\sqrt{3}}{2}\right)$都在椭圆上，其中$e$为椭圆的离心率．

（1）求椭圆的方程．

（2）设A，B是椭圆上位于x轴上方的两点，且直线AF_1与直线BF_2平行，AF_2与BF_1交于点P．

（Ⅰ）若$AF_1-BF_2=\dfrac{\sqrt{6}}{2}$，求直线$AF_1$的斜率；

（Ⅱ）求证：PF_1+PF_2是定值．

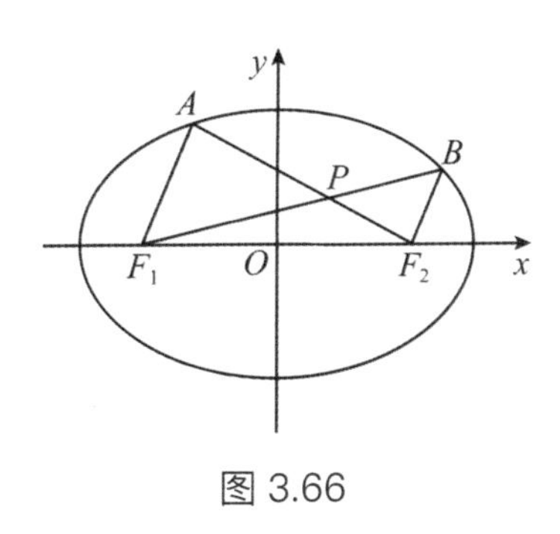

图 3.66

答案：（1）$\frac{x^2}{2}+y^2=1$．（2）（Ⅰ）$\frac{\sqrt{2}}{2}$；（Ⅱ）证明见解析．

解析：

（1）由题设知$a^2=b^2+c^2$，$e=\frac{c}{a}$．由点（1，e）在椭圆上，得$\frac{1}{a^2}+\frac{c^2}{a^2b^2}=1$，解得$b^2=1$，于是$c^2=a^2-1$，又点$\left(e,\ \frac{\sqrt{3}}{2}\right)$在椭圆上，所以$\frac{e^2}{a^2}+\frac{3}{4b^2}=1$，即$\frac{a^2-1}{a^4}+\frac{3}{4}=1$，解得$a^2=2$．因此，所求椭圆的方程是$\frac{x^2}{2}+y^2=1$．

（2）由（1）知F_1（-1，0），F_2（1，0），又直线AF_1与BF_2平行，所以可设直线AF_1的方程为$x+1=my$，直线BF_2的方程为$x-1=my$．设A（x_1，y_1），B（x_2，y_2），$y_1>0$，$y_2>0$．

由$\begin{cases}\frac{x_1^2}{2}+y_1^2=1\\ x_1+1=my_1\end{cases}$，得（$m^2+2$）$y_1^2-2my_1-1=0$，解得$y_1=\frac{m+\sqrt{2m^2+2}}{m^2+2}$，故

$$AF_1=\sqrt{(x_1+1)^2+(y_1-0)^2}=\sqrt{(my_1)^2+y_1^2}=\frac{\sqrt{2}(m^2+1)+m\sqrt{m^2+1}}{m^2+2} \tag{3.19}$$

同理

$$BF_2=\frac{\sqrt{2}(m^2+1)-m\sqrt{m^2+1}}{m^2+2} \tag{3.20}$$

（Ⅰ）由式（3.19）、式（3.20）得$AF_1-BF_2=\frac{2m\sqrt{m^2+1}}{m^2+2}$，解$\frac{2m\sqrt{m^2+1}}{m^2+2}=\frac{\sqrt{6}}{2}$得$m^2=2$．注意到$m>0$，所以$m=\sqrt{2}$，故直线$AF_1$的斜率为$\frac{1}{m}=\frac{\sqrt{2}}{2}$．

（Ⅱ）因为直线AF_1与直线BF_2平行，所以$\frac{PB}{PF_1}=\frac{BF_2}{AF_1}$，故$\frac{PB+PF_1}{PF_1}=\frac{BF_2+AF_1}{AF_1}$，于是$PF_1=\frac{AF_1}{AF_1+BF_2}BF_1$．由点$B$在椭圆上知$BF_1+BF_2=2\sqrt{2}$，从而$PF_1=\frac{AF_1}{AF_1+BF_2}(2\sqrt{2}-BF_2)$．

同理$PF_2=\frac{BF_2}{AF_1+BF_2}$（$2\sqrt{2}-AF_1$），因此，$PF_1+PF_2=2\sqrt{2}-\frac{2AF_1\cdot BF_2}{AF_1+BF_2}$．

由式（3.19）、式（3.20）知$AF_1+BF_2=\dfrac{2\sqrt{2}(m^2+1)}{m^2+2}$，$AF_1\cdot BF_2=\dfrac{m^2+1}{m^2+2}$，所以$PF_1+PF_2=2\sqrt{2}-\dfrac{\sqrt{2}}{2}=\dfrac{3\sqrt{2}}{2}$，故$PF_1+PF_2$是定值.

3【2012年福建理 19】

如图3.67所示，椭圆E：$\dfrac{x^2}{a^2}+\dfrac{y^2}{b^2}=1$（$a>b>0$）的左焦点为$F_1$，右焦点为$F_2$，离心率$e=\dfrac{1}{2}$. 过$F_1$的直线交椭圆于$A$，$B$两点，且$\triangle ABF_2$的周长为8.

（1）求椭圆E的方程.

（2）设动直线l：$y=kx+m$与椭圆E有且只有一个公共点P，且与直线$x=4$相交于点Q. 试探究：在坐标平面内是否存在定点M，使得以PQ为直径的圆恒过点M？若存在，求出点M的坐标；若不存在，说明理由.

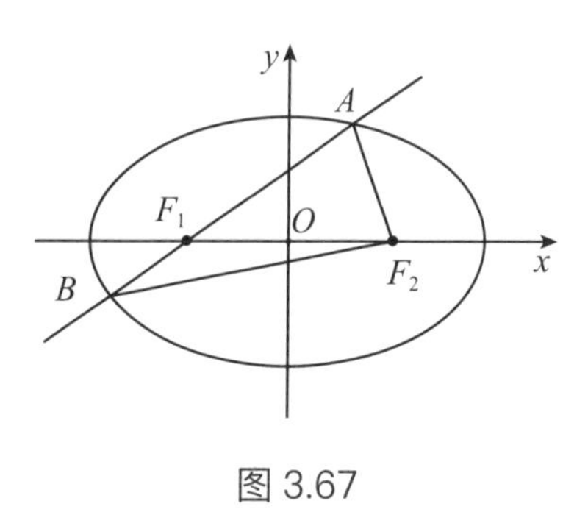

图 3.67

答案：（1）$\dfrac{x^2}{4}+\dfrac{y^2}{3}=1$；（2）存在，$M$（1，0）.

解析：

（1）因为$|AB|+|AF_2|+|BF_2|=8$，即$|AF_1|+|F_1B|+|AF_2|+|BF_2|=8$，又$|AF_1|+|AF_2|=|BF_1|+|BF_2|=2a$，所以$4a=8$，$a=2$. 因为$e=\dfrac{1}{2}$，即$\dfrac{c}{a}=\dfrac{1}{2}$，所以$c=1$，$b=\sqrt{a^2-c^2}=\sqrt{3}$. 故椭圆$E$的方程是$\dfrac{x^2}{4}+\dfrac{y^2}{3}=1$.

（2）方法1：由$\begin{cases} y=kx+m \\ \dfrac{x^2}{4}+\dfrac{y^2}{3}=1 \end{cases}$，得（$4k^2+3$）$x^2+8kmx+4m^2-12=0$. 因为动直线$l$与椭圆$E$有且只有一个公共点$P$（$x_0$，$y_0$），所以$m\neq0$且$\Delta=0$，即$64k^2m^2-4$（$4k^2+3$）（$4m^2-12$）$=0$，化简得

$$4k^2-m^2+3=0 \tag{3.21}$$

此时$x_0=-\dfrac{4km}{4k^2+3}=-\dfrac{4k}{m}$，$y_0=kx_0+m=\dfrac{3}{m}$，所以$P\left(-\dfrac{4k}{m}，\dfrac{3}{m}\right)$．由$\begin{cases}x=4\\y=kx+m\end{cases}$，得$Q(4，4k+m)$．

假设平面内存在定点M满足条件，由图形对称性知，点M必在x轴上．设$M(x_1，0)$，则$\overrightarrow{MP}\cdot\overrightarrow{MQ}=0$对满足式（3.21）的$m$，$k$恒成立．因为$\overrightarrow{MP}=\left(-\dfrac{4k}{m}-x_1，\dfrac{3}{m}\right)$，$\overrightarrow{MQ}=(4-x_1，4k+m)$，由$\overrightarrow{MP}\cdot\overrightarrow{MQ}=0$，得$-\dfrac{16k}{m}+\dfrac{4kx_1}{m}-4x_1+x_1^2+\dfrac{12k}{m}+3=0$，整理，得

$$(4x_1-4)\frac{k}{m}+x_1^2-4x_1+3=0 \tag{3.22}$$

由于式（3.22）对满足式（3.21）的m、k恒成立，所以$\begin{cases}4x_1-4=0\\x_1^2-4x_1+3=0\end{cases}$，解得$x_1=1$.

故存在定点$M(1，0)$，使得以PQ为直径的圆恒过点M.

方法2：由$\begin{cases}y=kx+m\\\dfrac{x^2}{4}+\dfrac{y^2}{3}=1\end{cases}$，得$(4k^2+3)x^2+8kmx+4m^2-12=0$.

因为动直线l与椭圆E有且只有一个公共点$P(x_0，y_0)$，所以$m\neq0$且$\Delta=0$，即$64k^2m^2-4(4k^2+3)(4m^2-12)=0$，化简得

$$4k^2-m^2+3=0 \tag{3.23}$$

此时$x_0=-\dfrac{4km}{4k^2+3}=-\dfrac{4k}{m}$，$y_0=kx_0+m=\dfrac{3}{m}$，所以$P\left(-\dfrac{4k}{m}，\dfrac{3}{m}\right)$．由$\begin{cases}x=4\\y=kx+m\end{cases}$，得$Q(4，4k+m)$．

假设平面内存在定点M满足条件，由图形对称性知，点M必在x轴上．取$k=0$，$m=\sqrt{3}$，此时$P(0，\sqrt{3})$，$Q(4，\sqrt{3})$．以PQ为直径的圆为$(x-2)^2+(y-\sqrt{3})^2=4$，交x轴于点$M_1(1，0)$，$M_2(3，0)$．取$k=-\dfrac{1}{2}$，$m=2$，此时$P\left(1，\dfrac{3}{2}\right)$，$Q(4，0)$，以$PQ$为直径的圆为$\left(x-\dfrac{5}{2}\right)^2+\left(y-\dfrac{3}{4}\right)^2=\dfrac{45}{16}$，交$x$轴于点$M_3(1，0)$，$M_4(4，0)$．所以若符合条件的点$M$存在，则$M$的坐标必为$(1，0)$．

以下证明$M(1，0)$就是满足条件的点：

因为M的坐标为$(1，0)$，所以$\overrightarrow{MP}=\left(-\dfrac{4k}{m}-1，\dfrac{3}{m}\right)$，$\overrightarrow{MQ}=(3，4k+m)$．从而

$\overrightarrow{MP}\cdot\overrightarrow{MQ}=-\dfrac{12k}{m}-3+\dfrac{12k}{m}+3=0$. 故恒有$\overrightarrow{MP}\perp\overrightarrow{MQ}$，即存在定点$M$（1，0），使得以$PQ$为直径的圆恒过点$M$.

4【2012年福建文 21】

如图3.68所示，等边三角形OAB的边长为$8\sqrt{3}$，且其三个顶点均在抛物线E：$x^2=2py$（$p>0$）上.

（1）求抛物线E的方程；

（2）设动直线l与抛物线E相切于点P，与直线$y=-1$相交于点Q，证明以PQ为直径的圆恒过y轴上某定点.

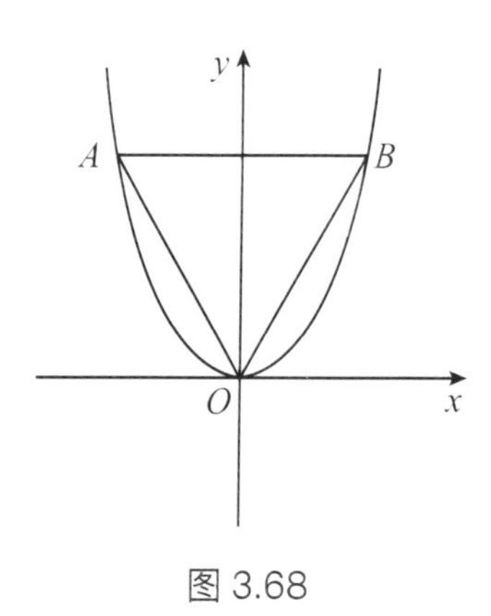

图 3.68

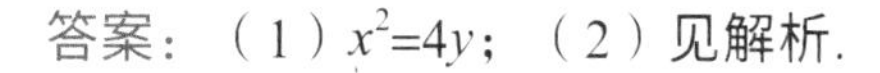

答案：（1）$x^2=4y$；（2）见解析.

解析：

（1）依题意，$|OB|=8\sqrt{3}$，$\angle BOy=30°$，设B（x，y），则$x=|OB|\sin30°=4\sqrt{3}$，$y=|OB|\cos30°=12$，因为B（$4\sqrt{3}$，12）在$x^2=2py$（$p>0$）上，所以（$4\sqrt{3}$）$^2=2p\times12$，即$p=2$，故抛物线E的方程为$x^2=4y$.

（2）由（1）知，$y=\dfrac{1}{4}x^2$，$y'=\dfrac{1}{2}x$，设P（x_0，y_0），则$x_0\neq0$，l：$y-y_0=\dfrac{1}{2}x_0(x-x_0)$，

即$y=\dfrac{1}{2}x_0x-\dfrac{1}{4}x_0^2$. 由$\begin{cases}y=\dfrac{1}{2}x_0x-\dfrac{1}{4}x_0^2\\y=-1\end{cases}$得$\begin{cases}x=\dfrac{x_0^2-4}{2x_0}\\y=-1\end{cases}$，所以$Q\left(\dfrac{x_0^2-4}{2x_0},-1\right)$. 取$x_0=2$，此时$P$（2，1），$Q$（0，−1），以$PQ$为直径的圆为$(x-1)^2+y^2=2$，交$y$轴于点$M_1$（0，1）或$M_2$（0，−1）. 取$x_0=1$，此时$P\left(1,\dfrac{1}{4}\right)$，$Q\left(-\dfrac{3}{2},-1\right)$，以$PQ$为直径的圆为$\left(x+\dfrac{1}{4}\right)^2+\left(y+\dfrac{3}{8}\right)^2=\dfrac{125}{64}$，交$y$轴于点$M_3$（0，1）或$M_4\left(0,-\dfrac{7}{4}\right)$. 故若满足条件的点$M$存在，只能是$M$（0，1）.

证明：因为$\overrightarrow{MP}=(x_0,y_0-1)$，$\overrightarrow{MQ}=\left(\dfrac{x_0^2-4}{2x_0},-2\right)$，所以$\overrightarrow{MP}\cdot\overrightarrow{MQ}=\dfrac{x_0^2-4}{2}-2y_0+2=2y_0-2-2y_0+2=0$，故以$PQ$为直径的圆恒过$y$轴上的定点$M$（0，1）.

5【2013年山东理 22】

椭圆C：$\frac{x^2}{a^2}+\frac{y^2}{b^2}=1$（$a>b>0$）的左、右焦点分别是$F_1$，$F_2$，离心率为$\frac{\sqrt{3}}{2}$，过$F_1$且垂直于$x$轴的直线被椭圆$C$截得的线段长为1.

（1）求椭圆C的方程；

（2）点P是椭圆C上除长轴端点外的任一点，连接PF_1，PF_2，设$\angle F_1PF_2$的角平分线PM交C的长轴于点M（m，0），求m的取值范围；

（3）在（2）的条件下，过点P作斜率为k的直线l，使得l与椭圆C有且只有一个公共点，设直线PF_1，PF_2的斜率分别为k_1，k_2，若$k\neq 0$，试证明$\frac{1}{kk_1}+\frac{1}{kk_2}$为定值，并求出这个定值.

答案：（1）$\frac{x^2}{4}+y^2=1$；（2）$m\in\left(-\frac{3}{2},\ \frac{3}{2}\right)$；（3）证明见解析，$-8$.

解析：

（1）由于$c^2=a^2-b^2$，将$x=-c$代入椭圆方程$\frac{x^2}{a^2}+\frac{y^2}{b^2}=1$，得$y=\pm\frac{b^2}{a}$. 由题意知$\frac{2b^2}{a}=1$，即$a=2b^2$. 又$e=\frac{c}{a}=\frac{\sqrt{3}}{2}$，所以$a=2$，$b=1$. 故椭圆方程为$\frac{x^2}{4}+y^2=1$.

（2）由题意可知：$\frac{\overrightarrow{PF_1}\cdot\overrightarrow{PM}}{|\overrightarrow{PF_1}||\overrightarrow{PM}|}=\frac{\overrightarrow{PF_2}\cdot\overrightarrow{PM}}{|\overrightarrow{PF_2}||\overrightarrow{PM}|}$，即$\frac{\overrightarrow{PF_1}\cdot\overrightarrow{PM}}{|\overrightarrow{PF_1}|}=\frac{\overrightarrow{PF_2}\cdot\overrightarrow{PM}}{|\overrightarrow{PF_2}|}$，设$P$（$x_0$，$y_0$），其中$x_0^2\neq 4$，将向量坐标代入并化简得：$m$（$4x_0^2-16$）$=3x_0^3-12x_0$. 因为$x_0^2\neq 4$，所以$m=\frac{3}{4}x_0$，而$x_0\in$（$-2$，2），所以$m\in\left(-\frac{3}{2},\ \frac{3}{2}\right)$.

（3）由题意可知，l为椭圆在点P处的切线，由导数法可求得，切线方程为：$\frac{x_0x}{4}+y_0y=1$，所以$k=-\frac{x_0}{4y_0}$，而$k_1=\frac{y_0}{x_0+\sqrt{3}}$，$k_2=\frac{y_0}{x_0-\sqrt{3}}$，代入$\frac{1}{kk_1}+\frac{1}{kk_2}$中得$\frac{1}{kk_1}+\frac{1}{kk_2}=-\frac{4y_0}{x_0}\left(\frac{x_0+\sqrt{3}}{y_0}+\frac{x_0-\sqrt{3}}{y_0}\right)=-8$为定值.

6【2013年安徽理 18】

设椭圆E：$\frac{x^2}{a^2}+\frac{y^2}{1-a^2}=1$的焦点在$x$轴上.

（1）若椭圆E的焦距为1，求椭圆E的方程；

（2）设F_1，F_2分别是椭圆的左、右焦点，P为椭圆E上第一象限内的点，直线F_2P交y轴于点Q，并且$F_1P\perp F_1Q$，证明：当a变化时，点P在某定直线上.

答案：（1）$\frac{8x^2}{5}+\frac{8y^2}{3}=1$；（2）点$P$过定直线$y+x-1=0$.

解析：

（1）因为焦距为1，所以$2a^2-1=\frac{1}{4}$，解得$a^2=\frac{5}{8}$，故椭圆E的方程为$\frac{8x^2}{5}+\frac{8y^2}{3}=1$.

（2）解法1：设P（x_0，y_0），F_1（$-c$，0），F_2（c，0），其中$c=\sqrt{2a^2-1}$. 由题设知$x_0\neq 0$，则直线F_1P的斜率$k_{F_1P}=\frac{y_0}{x_0+c}$，直线$F_2P$的斜率$k_{F_2P}=\frac{y_0}{x_0-c}$. 故直线$F_2P$的方程为$y=\frac{y_0}{x_0-c}$（$x-c$）.

当$x=0$时，点Q的坐标为$\left(0,\ \frac{cy_0}{c-x_0}\right)$，因此直线$F_1Q$的斜率为$k_{F_1Q}=\frac{y_0}{c-x_0}$. 由于$F_1P\perp F_1Q$，所以$k_{F_1P}\cdot k_{F_1Q}=-1$，可得

$$y_0^2=x_0^2-(2a^2-1) \tag{3.24}$$

将式（3.24）代入椭圆E的方程，由于点P（x_0，y_0）在第一象限，解得$x_0=a^2$，$y_0=1-a^2$，即点P在直线$x+y=1$上.

解法2：设F_1（$-c$，0），F_2（c，0），P（x，y），Q（0，m），则$\overrightarrow{F_2P}=(x-c,\ y)$，$\overrightarrow{QF_2}=(c,\ -m)$.

由$1-a^2>0\Rightarrow a\in(0,\ 1)\Rightarrow x\in(0,\ 1)$，$y\in(0,\ 1)$.

$\overrightarrow{F_1P}=(x+c,\ y)$，$\overrightarrow{F_1Q}=(c,\ m)$.

由$\overrightarrow{F_2P}//\overrightarrow{QF_2}$，$\overrightarrow{F_1P}\perp\overrightarrow{F_1Q}$，得$\begin{cases}m(c-x)=yc\\ c(x+c)+my=0\end{cases}\Rightarrow(x-c)(x+c)=y^2\Rightarrow x^2-y^2=c^2$.

联立$\begin{cases}\dfrac{x^2}{a^2}+\dfrac{y^2}{1-a^2}=1\\ x^2-y^2=c^2\\ a^2=1-a^2+c^2\end{cases}$ 解得$\dfrac{2x^2}{x^2-y^2+1}+\dfrac{2x^2}{1-x^2+y^2}=1\Rightarrow x^2=(y\pm1)^2$，因为$x\in(0,1)$，$y\in(0,1)$，所以$x=1-y$.

故动点P过定直线$y+x-1=0$.

7【2013年辽宁理 20】

如图3.69所示，抛物线C_1：$x^2=4y$，C_2：$x^2=-2py$（$p>0$）. 点$M(x_0,y_0)$在抛物线C_2上，过点M作C_1的切线，切点为A，B（M为原点O时，A，B重合于O）. 当$x_0=1-\sqrt{2}$时，切线MA的斜率为$-\dfrac{1}{2}$.

（1）求p的值；

（2）当M在C_2上运动时，求线段AB中点N的轨迹方程.（A，B重合于O时，中点为O.）

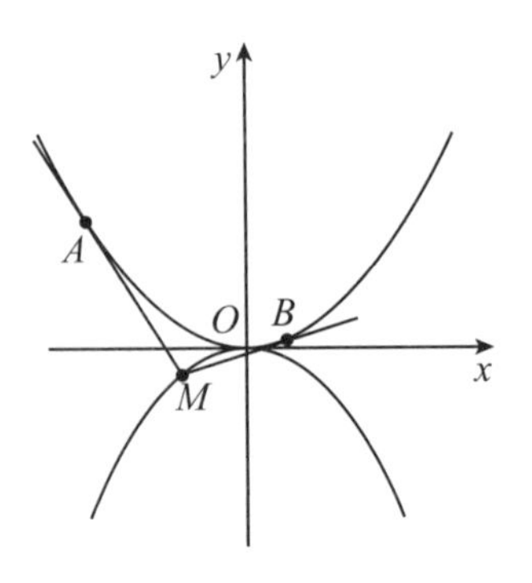

图 3.69

答案：（1）$p=2$；（2）$x^2=\dfrac{4}{3}y$.

解析：

（1）因为抛物线C_1：$x^2=4y$上任意一点(x,y)的切线斜率为$y'=\dfrac{x}{2}$，且切线MA的斜率为$-\dfrac{1}{2}$，所以点A的坐标为$\left(-1,\dfrac{1}{4}\right)$. 故切线$MA$的方程为$y=-\dfrac{1}{2}(x+1)+\dfrac{1}{4}$.

因为点$M(1-\sqrt{2},y_0)$在切线MA及抛物线C_2上，于是

$$y_0=-\frac{1}{2}(2-\sqrt{2})+\frac{1}{4}=-\frac{3-2\sqrt{2}}{4} \tag{3.25}$$

$$y_0=-\frac{(1-\sqrt{2})^2}{2p}=-\frac{3-2\sqrt{2}}{2p} \tag{3.26}$$

由式（3.25）、式（3.26）得$p=2$.

（2）设$N(x,y)$，$A\left(x_1,\dfrac{x_1^2}{4}\right)$，$B\left(x_2,\dfrac{x_2^2}{4}\right)$，$x_1\neq x_2$. 由$N$为线段$AB$中点知

$$x=\frac{x_1+x_2}{2} \quad (3.27)$$

$$y=\frac{x_1^2+x_2^2}{8} \quad (3.28)$$

切线MA，MB的方程为

$$y=\frac{x_1}{2}(x-x_1)+\frac{x_1^2}{4} \quad (3.29)$$

$$y=\frac{x_2}{2}(x-x_2)+\frac{x_2^2}{4} \quad (3.30)$$

由式（3.29）、式（3.30）得MA，MB的交点$M(x_0, y_0)$的坐标为$x_0=\frac{x_1+x_2}{2}$，$y_0=\frac{x_1x_2}{4}$.

又$M(x_0, y_0)$在C_2上，即$x_0^2=-4y_0$，所以

$$x_1x_2=-\frac{x_1^2+x_2^2}{6} \quad (3.31)$$

由式（3.27）、式（3.28）、式（3.31）得$x^2=\frac{4}{3}y$，$x\neq 0$.

当$x_1=x_2$时，A，B重合于原点O，AB中点N为O，坐标满足$x^2=\frac{4}{3}y$. 因此AB中点N的轨迹方程为$x^2=\frac{4}{3}y$.

8【2013年四川理 20】

已知椭圆C：$\frac{x^2}{a^2}+\frac{y^2}{b^2}=1$（$a>b>0$）的两个焦点分别为$F_1(-1, 0)$，$F_2(1, 0)$，且椭圆$C$经过点$P\left(\frac{4}{3}, \frac{1}{3}\right)$.

（1）求椭圆C的离心率；

（2）设过点$A(0, 2)$的直线l与椭圆C交于M，N两点，点Q是线段MN上的点，且$\frac{2}{|AQ|^2}=\frac{1}{|AM|^2}+\frac{1}{|AN|^2}$，求点$Q$的轨迹方程.

答案：（1）$\frac{\sqrt{2}}{2}$；（2）$10(y-2)^2-3x^2=18$，$x\in\left(-\frac{\sqrt{6}}{2}, \frac{\sqrt{6}}{2}\right)$，$y\in\left(\frac{1}{2}, 2-\frac{3\sqrt{5}}{5}\right)$.

解析：

（1）由椭圆定义知，$2a=|PF_1|+|PF_2|=\sqrt{\left(\frac{4}{3}+1\right)^2+\left(\frac{1}{3}\right)^2}+\sqrt{\left(\frac{4}{3}-1\right)^2+\left(\frac{1}{3}\right)^2}=2\sqrt{2}$，所以$a=\sqrt{2}$．又由已知，$c=1$．所以椭圆$C$的离心率$e=\frac{c}{a}=\frac{1}{\sqrt{2}}=\frac{\sqrt{2}}{2}$．

（2）由（1）知，椭圆C的方程为$\frac{x^2}{2}+y^2=1$．设点Q的坐标为（x，y）．

（Ⅰ）当直线l与x轴垂直时，直线l与椭圆C交于（0，1），（0，−1）两点，此时点Q的坐标为$\left(0,\ 2-\frac{3\sqrt{5}}{5}\right)$．

（Ⅱ）当直线l与x轴不垂直时，设直线l的方程为$y=kx+2$．因为M，N在直线l上，可设点M，N的坐标分别为（x_1，kx_1+2），（x_2，kx_2+2），则$|AM|^2=(1+k^2)x_1^2$，$|AN|^2=(1+k^2)x_2^2$．又$|AQ|^2=x^2+(y-2)^2=(1+k^2)x^2$．由$=\frac{2}{|AQ|^2}=\frac{1}{|AM|^2}+\frac{1}{|AN|^2}$，得$\frac{2}{(1+k^2)x^2}=\frac{1}{(1+k^2)x_1^2}+\frac{1}{(1+k^2)x_2^2}$，即

$$\frac{2}{x^2}=\frac{1}{x_1^2}+\frac{1}{x_2^2}=\frac{(x_1+x_2)^2-2x_1x_2}{x_1^2x_2^2}$$

将$y=kx+2$代入$\frac{x^2}{2}+y^2=1$中，得

$$(2k^2+1)x^2+8kx+6=0 \tag{3.33}$$

由$\Delta=(8k)^2-4\times(2k^2+1)\times 6>0$，得$k^2>\frac{3}{2}$．

由式（3.33）可知，$x_1+x_2=\frac{-8k}{2k^2+1}$，$x_1x_2=\frac{6}{2k^2+1}$，代入式（3.32）中并化简，得

$$x^2=\frac{18}{10k^2-3} \tag{3.34}$$

因为点Q在直线$y=kx+2$上，所以$k=\frac{y-2}{x}$，代入式（3.34）中并化简，得$10(y-2)^2-3x^2=18$.

由式（3.34）及$k^2>\frac{3}{2}$，可知$0<x^2<\frac{3}{2}$，即$x\in\left(-\frac{\sqrt{6}}{2},\ 0\right)\cup\left(0,\ \frac{\sqrt{6}}{2}\right)$．又$\left(0,\ 2-\frac{3\sqrt{5}}{5}\right)$满足$10(y-2)^2-3x^2=18$，故$x\in\left(-\frac{\sqrt{6}}{2},\ \frac{\sqrt{6}}{2}\right)$．由题意，$Q$（$x$，$y$）在椭圆$C$内，所以$-1\leqslant x\leqslant 1$.

又由10（$y-2$）^{2}=18+3x^2，有（$y-2$）$^2 \in \left[\frac{9}{5},\ \frac{9}{4}\right)$且$-1 \leqslant y \leqslant 1$，则$y \in \left(\frac{1}{2},\ 2-\frac{3\sqrt{5}}{5}\right]$. 所以点$Q$的轨迹方程为$10(y-2)^2-3x^2=18$，其中$x \in \left(-\frac{\sqrt{6}}{2},\ \frac{\sqrt{6}}{2}\right)$，$y \in \left(\frac{1}{2},\ 2-\frac{3\sqrt{5}}{5}\right]$.

9【2013年全国Ⅰ理20】

已知圆M：$(x+1)^2+y^2=1$，圆N：$(x-1)^2+y^2=9$，动圆P与圆M外切并且与圆N内切，圆心P的轨迹为曲线C.

（1）求C的方程；

（2）l是与圆P、圆M都相切的一条直线，l与曲线C交于A，B两点，当圆P的半径最长时，求$|AB|$.

答案：（1）$\frac{x^2}{4}+\frac{y^2}{3}=1$（$x \neq -2$）；（2）$\frac{18}{7}$或$2\sqrt{3}$.

解析：

由已知得圆M的圆心为$M(-1,\ 0)$，半径$r_1=1$；圆N的圆心为$N(1,\ 0)$，半径$r_2=3$. 设动圆P的圆心为$P(x,\ y)$，半径为R.

（1）因为圆P与圆M外切且与圆N内切，所以$|PM|+|PN|=(R+r_1)+(r_2-R)=r_1+r_2=4$，由椭圆的定义可知，曲线$C$是以$M$，$N$为左、右焦点，长半轴长为2，短半轴长为$\sqrt{3}$的椭圆（左顶点除外），其方程为$\frac{x^2}{4}+\frac{y^2}{3}=1$（$x \neq -2$）.

（2）对于曲线C上任意一点$P(x,\ y)$，由于$|PM|-|PN|=2R-2 \leqslant 2$，所以$R \leqslant 2$. 当且仅当圆$P$的圆心为（2，0）时，$R=2$. 所以当圆$P$的半径最长时，其方程为$(x-2)^2+y^2=4$.

当l的倾斜角为90°时，l与y轴重合，可得$|AB|=2\sqrt{3}$.

当l的倾斜角不为90°时，由$r_1 \neq R$知l不平行x轴，设l与x轴的交点为Q，则$\frac{|QP|}{|QM|}=\frac{R}{r_1}$，可求得$Q(-4,\ 0)$.

所以设l：$y=k(x+4)$，由l与圆M相切得$\frac{|3k|}{\sqrt{1+k^2}}=1$，解得$k=\pm\frac{\sqrt{2}}{4}$.

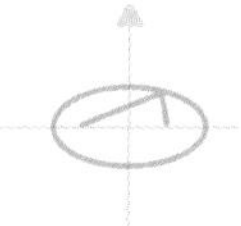

当$k=\frac{\sqrt{2}}{4}$时，将$y=\frac{\sqrt{2}}{4}x+\sqrt{2}$代入$\frac{x^2}{4}+\frac{y^2}{3}=1$（$x\neq-2$）并整理得$7x^2+8x-8=0$，解得$x_1=\frac{-4+6\sqrt{2}}{7}$，$x_2=\frac{-4-6\sqrt{2}}{7}$，所以$|AB|=\sqrt{1+k^2}\ |x_1-x_2|=\frac{18}{7}$.

当$k=-\frac{\sqrt{2}}{4}$时，由图形的对称性可知$|AB|=\frac{18}{7}$，综上，$|AB|=\frac{18}{7}$或$|AB|=2\sqrt{3}$.

10【2013年陕西理 20】

已知动圆过定点A（4，0），且在y轴上截得的弦MN的长为8.

（1）求动圆圆心的轨迹C的方程；

（2）已知点B（−1，0），设不垂直于x轴的直线l与轨迹C交于不同的两点P，Q，若x轴是$\angle PBQ$的角平分线，证明直线l过定点.

答案：（1）$y^2=8x$；（2）证明见解析.

解析：

（1）如图3.70所示，设动圆圆心O_1（x，y），由题意，$|O_1A|=|O_1M|$.

当O_1不在y轴上时，过O_1作$O_1H\perp MN$于H，则H是MN的中点．所以$|O_1M|=\sqrt{x^2+16}$，又$|O_1A|=\sqrt{(x-4)^2+y^2}$．所以$\sqrt{(x-4)^2+y^2}=\sqrt{x^2+16}$，化简得$y^2=8x$（$x\neq0$）．又当$O_1$在$y$轴上时，$O_1$与$O$重合，点$O_1$的坐标（0，0）也满足方程$y^2=8x$．故动圆圆心的轨迹$C$的方程为$y^2=8x$.

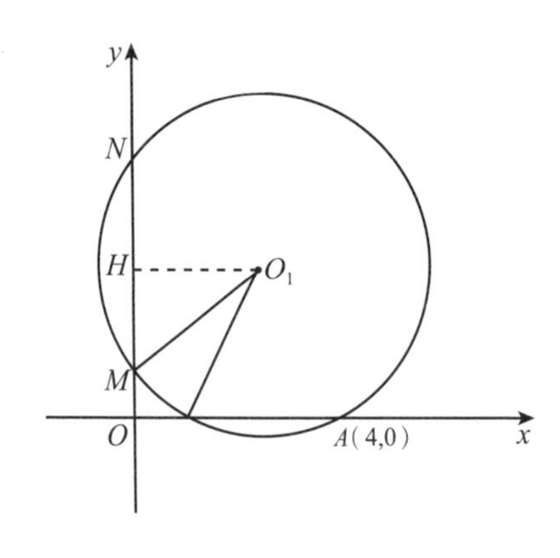

图 3.70

（2）证明：由题意，设直线l的方程为$y=kx+b$（$k\neq0$），P（x_1，y_1），Q（x_2，y_2），将$y=kx+b$代入$y^2=8x$中，得k^2x^2+（$2bk-8$）$x+b^2=0$，则

$$x_1+x_2=-\frac{2bk-8}{k^2} \tag{3.35}$$

$$x_1x_2=\frac{b^2}{k^2} \tag{3.36}$$

其中$\Delta=-32kb+64>0$，因为x轴是$\angle PBQ$的角平分线，所以$\frac{y_1}{x_1+1}=-\frac{y_2}{x_2+1}$，$y_1$（$x_2+1$）$+y_2$（$x_1+1$）$=0$，即（$kx_1+b$）（$x_2+1$）+（$kx_2+b$）（$x_1+1$）$=0$，整理得

$$2kx_1x_2+(b+k)(x_1+x_2)+2b=0 \tag{3.37}$$

将式（3.35）、式（3.36）代入式（3.37）得$2kb^2+$（$k+b$）（$8-2bk$）$+2k^2b=0$．所以$k=-b$，此时$\Delta>0$，所以直线l的方程为$y=k$（$x-1$），即直线l过定点（1，0）．

11【2014年山东理 21】

已知抛物线C：$y^2=2px$（$p>0$）的焦点为F，A为C上异于原点的任意一点，过点A的直线l交C于另一点B，交x轴的正半轴于点D，且有$|FA|=|FD|$．当点A的横坐标为3时，$\triangle ADF$为正三角形.

（1）求C的方程.

（2）若直线$l_1//l$，且l_1和C有且只有一个公共点E.

（I）证明直线AE过定点，并求出定点坐标.

（II）$\triangle ABE$的面积是否存在最小值？若存在，请求出最小值；若不存在，请说明理由.

答案：（1）$y^2=4x$.（2）（I）证明见解析，定点为（1，0）；（II）存在，最小值为16.

解析：

（1）由题意知$F\left(\frac{p}{2}，0\right)$，设$D$（$t$，0）（$t>0$），则$FD$的中点为$\left(\frac{p+2t}{4}，0\right)$.

因为$|FA|=|FD|$．由抛物线的定义可知$3+\frac{p}{2}=\left|t-\frac{p}{2}\right|$，解得$t=3+p$或$t=-3$（舍去）．由$\frac{p+2t}{4}=3$，解得$p=2$．所以抛物线$C$的方程$y^2=4x$.

（2）（I）由（1）知F（1，0）．设A（x_0，y_0）（$x_0y_0\neq0$），D（x_D，0）（$x_D>0$）．因为$|FA|=|FD|$，则$|x_D-1|=x_0+1$，由$x_D>0$得$x_D=x_0+2$，所以D（x_0+2，0）．故直线AB的

斜率$k_{AB}=-\frac{y_0}{2}$.

因为直线l_1和直线AB平行，设直线l_1的方程为$y=-\frac{y_0}{2}x+b$，代入抛物线的方程得$y^2+\frac{8}{y_0}y-\frac{8b}{y_0}=0$，由题意$\Delta=\frac{64}{y_0^2}+\frac{32b}{y_0}=0$，得$b=-\frac{2}{y_0}$.

设E（x_E，y_E），则$y_E=-\frac{4}{y_0}$，$x_E=\frac{4}{y_0^2}$.

当$y_0^2\neq 4$时，$k_{AE}=\frac{y_E-y_0}{x_E-x_0}=\frac{4y_0}{y_0^2-4}$，可得直线$AE$的方程为$y-y_0=\frac{4y_0}{y_0^2-4}$（$x-x_0$）.

由$y_0^2=4x_0$，整理得$y=\frac{4y_0}{y_0^2-4}$（$x-1$），直线AE恒过点F（1，0）.

当$y_0^2=4$时，直线AE的方程为$x=1$，过点F（1，0）.

所以直线AE过定点F（1，0）.

（Ⅱ）由（Ⅰ）知直线AE过定点F（1，0），所以$|AE|=|AF|+|FE|=(x_0+1)+\left(\frac{1}{x_0}+1\right)$$=x_0+\frac{1}{x_0}+2$.

设直线AE的方程为$x=my+1$，因为点A（x_0，y_0）在直线AE上，故$m=\frac{x_0-1}{y_0}$. 设B（x_1，y_1），直线AB的方程为$y-y_0=-\frac{y_0}{2}$（$x-x_0$），由于$y_0\neq 0$，可得$x=-\frac{2}{y_0}y+2+x_0$，代入抛物线的方程得$y^2+\frac{8}{y_0}y-8-4x_0=0$，所以$y_0+y_1=-\frac{8}{y_0}$，可求得$y_1=-y_0-\frac{8}{y_0}$，$x_1=\frac{4}{x_0}+x_0+4$，所以点$B$到直线$AE$的距离为

$$d=\frac{\left|\frac{4}{x_0}+x_0+4+m\left(y_0+\frac{8}{y_0}\right)-1\right|}{\sqrt{1+m^2}}=\frac{4(x_0+1)}{\sqrt{x_0}}=4\left(\sqrt{x_0}+\frac{1}{\sqrt{x_0}}\right)$$

则$\triangle ABE$的面积$S=\frac{1}{2}\times 4\left(\sqrt{x_0}+\frac{1}{\sqrt{x_0}}\right)\left(x_0+\frac{1}{x_0}+2\right)\geqslant 16$，当且仅当$\frac{1}{x_0}=x_0$，即$x_0=1$时等号成立，所以$\triangle ABE$的面积的最小值为16.

12【2014年广东理 20】

已知椭圆C：$\frac{x^2}{a^2}+\frac{y^2}{b^2}=1$（$a>b>0$）的一个焦点为（$\sqrt{5}$，0），离心率为$\frac{\sqrt{5}}{3}$.

（1）求椭圆C的标准方程；

（2）若动点P（x_0，y_0）为椭圆外一点，且点P到椭圆C的两条切线相互垂直，求点P的轨迹方程.

答案：（1）$\frac{x^2}{9}+\frac{y^2}{4}=1$；（2）$x^2+y^2=13$.

解析：

（1）由题意可知$c=\sqrt{5}$，又$\frac{c}{a}=\frac{\sqrt{5}}{3}$，所以$a=3$，$b^2=a^2-c^2=4$，故椭圆$C$的标准方程为$\frac{x^2}{9}+\frac{y^2}{4}=1$.

（2）设两切线为l_1，l_2.

① 当$l_1\perp x$轴或$l_1//x$轴时，对应$l_2//x$轴或$l_2\perp x$轴，可知P（±3，±2）.

② 当l_1与x轴不垂直且不平行时，$x_0\neq\pm3$，设l_1的斜率为k，则$k\neq0$，l_2的斜率为$-\frac{1}{k}$，l_1的方程为$y-y_0=k(x-x_0)$，联立$\frac{x^2}{9}+\frac{y^2}{4}=1$，得$(9k^2+4)x^2+18(y_0-kx_0)kx+9(y_0-kx_0)^2-36=0$.

因为直线与椭圆相切，所以$\Delta=0$，得$9(y_0-kx_0)^2k^2-(9k^2+4)[(y_0-kx_0)^2-4]=0$，所以$-36k^2+4[(y_0-kx_0)^2-4]=0$，故$(x_0^2-9)k^2-2x_0y_0k+y_0^2-4=0$.

于是k是方程$(x_0^2-9)x^2-2x_0y_0x+y_0^2-4=0$的一个根，同理$-\frac{1}{k}$是方程$(x_0^2-9)x^2-2x_0y_0x+y_0^2-4=0$的另一个根.

所以$k\left(-\frac{1}{k}\right)=\frac{y_0^2-4}{x_0^2-9}$，得$x_0^2+y_0^2=13$，其中$x_0\neq\pm3$，故点$P$的轨迹方程为$x^2+y^2=13$（$x\neq\pm3$）.

因为P（±3，±2）满足上式，所以点P的轨迹方程为$x^2+y^2=13$.

13【2014年江西文 20】

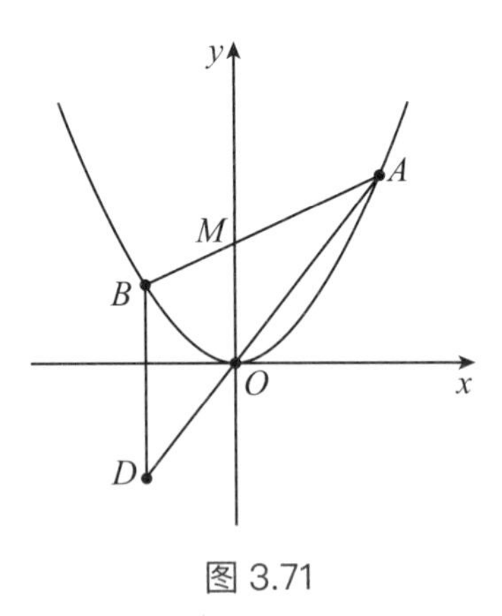

图 3.71

如图3.71所示，已知抛物线C：$x^2=4y$，过点M（0，2）任作一直线与C相交于A，B两点，过点B作y轴的平行线与直线AO相交于点D（O为坐标原点）.

（1）证明：动点D在定直线上；

（2）作C的任意一条切线l（不含x轴）与直线$y=2$相交于点N_1，与（1）中的定直线相交于点N_2，证明：$|MN_2|^2-|MN_1|^2$为定值，并求此定值.

答案：（1）见解析；（2）证明见解析，定值为8.

解析：

（1）依题意可设AB方程为$y=kx+2$，代入$x^2=4y$，得$x^2=4(kx+2)$，即$x^2-4kx-8=0$.

设$A(x_1, y_1)$，$B(x_2, y_2)$，则有$x_1x_2=-8$.

直线AO的方程为$y=\dfrac{y_1}{x_1}x$；BD的方程为$x=x_2$.

解得交点D的坐标为$\left(x_2, \dfrac{y_1x_2}{x_1}\right)$.

注意到$x_1x_2=-8$及$x_1^2=4y_1$，则有$y=\dfrac{y_1x_2}{x_1}=\dfrac{x_1^2x_2}{4x_1}=\dfrac{x_1x_2}{4}=-2$.

因此点D在定直线$y=-2$（$x\neq0$）上.

（2）证明：依题设，切线l的斜率存在且不等于零，设切线l的方程为$y=ax+b$（$a\neq0$）.

代入$x^2=4y$得$x^2=4(ax+b)$，即$x^2-4ax-4b=0$.

由$\Delta=0$得（$4a^2$）$+16b=0$，化简整理得$b=-a^2$，故切线l的方程可写为$y=ax-a^2$.

分别令$y=2$，$y=-2$得N_1，N_2的坐标为$N_1\left(\dfrac{2}{a}+a, 2\right)$，$N_2\left(-\dfrac{2}{a}+a, -2\right)$.

则$|MN_2|^2-|MN_1|^2=\left(\dfrac{2}{a}-a\right)^2+4^2-\left(\dfrac{2}{a}+a\right)^2=8$，即$|MN_2|^2-|MN_1|^2$为定值8.

14【2015年浙江文 7】

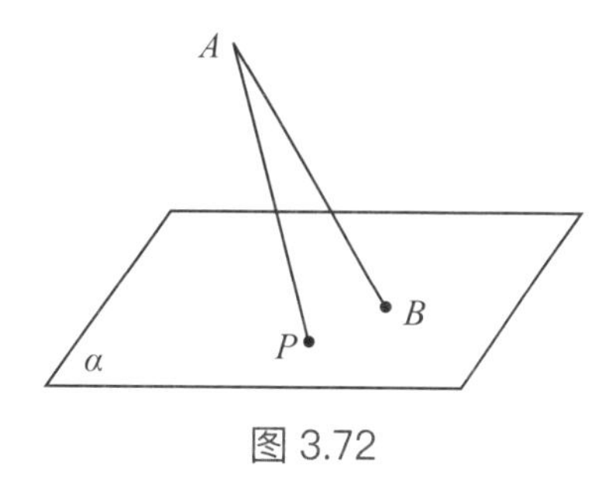

图 3.72

如图3.72所示，斜线段AB与平面α所成的角为$60°$，B为斜足，平面α上的动点P满足$\angle PAB=30°$，求点P的轨迹是（　　）.

A. 直线　B. 抛物线　C. 椭圆　D. 双曲线的一支

答案：C.

解析：

由题意可知，当点P运动时，在空间中，满足条件的AP绕AB旋转形成一个圆锥，用一个与圆锥高成$60°$角的平面截圆锥，所得图形为椭圆.

15【2015年广东文 20】

已知过原点的动直线l与圆C_1：$x^2+y^2-6x+5=0$相交于不同的两点A，B.

（1）求圆C_1的圆心坐标.

（2）求线段AB的中点M的轨迹C的方程.

（3）是否存在实数k，使得直线L：$y=k(x-4)$与曲线C只有一个交点？若存在，求出k的取值范围；若不存在，说明理由.

答案：（1）（3，0）；（2）$\left(x-\frac{3}{2}\right)^2+y^2=\frac{9}{4}\left(\frac{5}{3}<x\leqslant 3\right)$；（3）存在，$k\in\left\{-\frac{3}{4},\frac{3}{4}\right\}\cup\left[-\frac{2\sqrt{5}}{7},\frac{2\sqrt{5}}{7}\right]$.

解析：

（1）圆C_1：$x^2+y^2-6x+5=0$化为$(x-3)^2+y^2=4$，所以圆C_1的圆心坐标为（3，0）.

（2）设线段AB的中点为$M(x_0, y_0)$，由圆的性质可得C_1M垂直于直线l，设直线l的方程为$y=mx$（已知直线l的斜率存在），所以$k_{C_1M}\cdot m=-1$，$y_0=mx_0$，故$\frac{y_0}{x_0-3}\cdot\frac{y_0}{x_0}=-1$，于是$x_0^2-3x_0+y_0^2=0$，即$\left(x_0-\frac{3}{2}\right)^2+y_0^2=\frac{9}{4}$.

因为动直线l与圆C_1相交，所以$\frac{|3m|}{\sqrt{m^2+1}}<2$，解得$m^2<\frac{4}{5}$，所以$y_0^2=m^2x_0^2<\frac{4}{5}x_0^2$，故$3x_0-x_0^2<\frac{4}{5}x_0^2$，解得$x_0>\frac{5}{3}$或$x_0<0$，又因为$0<x_0\leqslant 3$，所以$\frac{5}{3}<x_0\leqslant 3$，故$M(x_0, y_0)$满足$\left(x-\frac{3}{2}\right)^2+y^2=\frac{9}{4}\left(\frac{5}{3}<x\leqslant 3\right)$.

（3）存在. 由题意知直线L：$y=k(x-4)$与曲线C只有一个交点，所以由圆心到直线L的距离等于半径得：$\frac{\left|\frac{3}{2}k-4k\right|}{\sqrt{k^2+1}}=\frac{3}{2}$，解得$k=\pm\frac{3}{4}$，此时$\begin{cases}x^2-3x+y^2=0\\ y=\pm\frac{3}{4}(x-4)\end{cases}$，解得$x=\frac{12}{5}$.

又当直线$y=k(x-4)$过点$\left(\frac{5}{3}, \pm\frac{2\sqrt{5}}{3}\right)$时，$k=\pm\frac{2\sqrt{5}}{7}$.

因为$\frac{12}{5}>\frac{5}{3}$，所以结合图形可知存在实数$k\in\left\{-\frac{3}{4}, \frac{3}{4}\right\}\cup\left[-\frac{2\sqrt{5}}{7}, \frac{2\sqrt{5}}{7}\right]$，使得直线$y=k(x-4)$与曲线$\left(x-\frac{3}{2}\right)^2+y^2=\frac{9}{4}\left(\frac{5}{3}<x\leqslant 3\right)$只有一个交点.

16【2015年湖南理 22】

已知抛物线C_1：$x^2=4y$的焦点F也是椭圆C_2：$\frac{y^2}{a^2}+\frac{x^2}{b^2}=1$（$a>b>0$）的一个焦点，$C_1$与$C_2$的公共弦长为$2\sqrt{6}$.

（1）求C_2的方程.

（2）过点F的直线l与C_1相交于A，B两点，与C_2相交于C，D两点，且$\overrightarrow{AC}$与$\overrightarrow{BD}$同向.

（Ⅰ）若$|AC|=|BD|$，求直线l的斜率；

（Ⅱ）设C_1在点A处的切线与x轴的交点为M，证明：直线l绕点F旋转时，$\triangle MFD$总是钝角三角形.

答案：（1）$\frac{y^2}{9}+\frac{x^2}{8}=1$.（2）（Ⅰ）$\pm\frac{\sqrt{6}}{4}$；（Ⅱ）证明见解析.

解析：

（1）由C_1：$x^2=4y$知其焦点F的坐标为$(0, 1)$，因为F也是椭圆C_2的一个焦点，所以

$$a^2-b^2=1 \tag{3.38}$$

又C_1与C_2的公共弦长为$2\sqrt{6}$，C_1与C_2都关于y轴对称，且C_1的方程为$x^2=4y$，由此易知C_1与C_2的公共点的坐标为$\left(\pm\sqrt{6},\ \frac{3}{2}\right)$，所以

$$\frac{9}{4a^2}+\frac{6}{b^2}=1 \tag{3.39}$$

联立式（3.38）、式（3.39）得$a^2=9$，$b^2=8$，故C_2的方程为$\frac{y^2}{9}+\frac{x^2}{8}=1$.

（2）如图3.73所示，设$A(x_1,\ y_1)$，$B(x_2,\ y_2)$，$C(x_3,\ y_3)$，$D(x_4,\ y_4)$.

（Ⅰ）因$\overrightarrow{AC}$与$\overrightarrow{BD}$同向，且$|AC|=|BD|$，所以$\overrightarrow{AC}=\overrightarrow{BD}$，从而$x_3-x_1=x_4-x_2$，即$x_1-x_2=x_3-x_4$，于是

$$(x_1+x_2)^2-4x_1x_2=(x_3+x_4)^2-4x_3x_4 \tag{3.40}$$

设直线l的斜率为k，则l的方程为$y=kx+1$.

由$\begin{cases} y=kx+1 \\ x^2=4y \end{cases}$得$x^2-4kx-4=0$，而$x_1$，$x_2$是这个方程的两根，所以

$$x_1+x_2=4k,\qquad x_1x_2=-4 \tag{3.41}$$

由$\begin{cases} y=kx+1 \\ \frac{x^2}{8}+\frac{y^2}{9}=1 \end{cases}$得$(9+8k^2)x^2+16kx-64=0$，而$x_3$，$x_4$是这个方程的两根，所以

$$x_3+x_4=-\frac{16k}{9+8k^2},\qquad x_3x_4=-\frac{64}{9+8k^2} \tag{3.42}$$

将式（3.41）、式（3.42）代入式（3.40），得$16(k^2+1)=\left(\frac{16k}{9+8k^2}\right)^2+\frac{4\times 64}{9+8k^2}$，即$16(k^2+1)=\frac{16^2\times 9(k^2+1)}{(9+8k^2)^2}$，所以$(9+8k^2)^2=16\times 9$，解得$k=\pm\frac{\sqrt{6}}{4}$，即直线$l$的斜率为$\pm\frac{\sqrt{6}}{4}$.

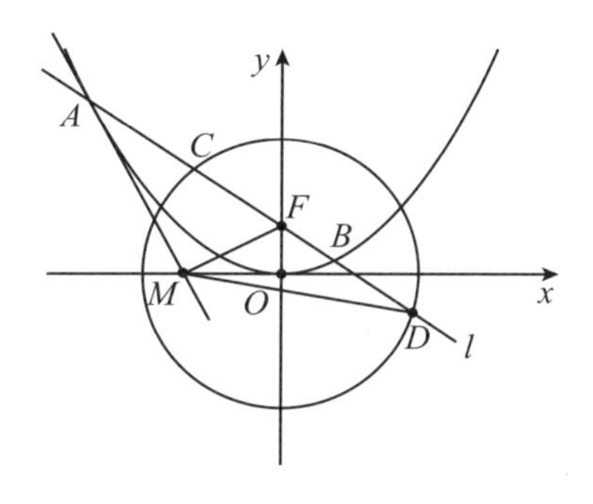

图 3.73

（Ⅱ）由$x^2=4y$得$y'=\frac{x}{2}$，所以C_1在点A处的切线方程为$y-y_1=\frac{x_1}{2}(x-x_1)$，即$y=\frac{1}{2}x_1x-\frac{x_1^2}{4}$.

令$y=0$得$x=\frac{x_1}{2}$，即$M\left(\frac{x_1}{2},\ 0\right)$，所以$\overrightarrow{FM}=\left(\frac{x_1}{2},\ -1\right)$．而$\overrightarrow{FA}=(x_1,\ y_1-1)$，所以$\overrightarrow{FA}\cdot\overrightarrow{FM}$

$=\frac{x_1^2}{2}-y_1+1=\frac{x_1^2}{4}+1>0$．因此$\angle AFM$是锐角，从而$\angle MFD=180°-\angle AFM$是钝角．故直线$l$绕点$F$旋转时，$\triangle MFD$总是钝角三角形．

17【2016年全国 III 理 20】

已知抛物线C：$y^2=2x$的焦点为F，平行于x轴的两条直线l_1，l_2分别交C于A，B两点，交C的准线于P，Q两点．

（1）若F在线段AB上，R是PQ的中点，证明$AR//FQ$；

（2）若$\triangle PQF$的面积是$\triangle ABF$的面积的两倍，求AB中点的轨迹方程．

答案：（1）证明见解析；（2）$y^2=x-1$．

解析：

（1）由题设，$F\left(\frac{1}{2},\ 0\right)$. 设$l_1$：$y=a$，$l_2$：$y=b$，则$ab\neq0$，且$A\left(\frac{a^2}{2},\ a\right)$，$B\left(\frac{b^2}{2},\ b\right)$，$P\left(-\frac{1}{2},\ a\right)$，$Q\left(-\frac{1}{2},\ b\right)$，$R\left(-\frac{1}{2},\ \frac{a+b}{2}\right)$. 记过$A$，$B$两点的直线为$l$，则$l$的方程为$2x-(a+b)y+ab=0$.

由于F在线段AB上，故$1+ab=0$．记AR的斜率为k_1，FQ的斜率为k_2，则$k_1=\frac{a-b}{1+a^2}=\frac{a-b}{a^2-ab}=\frac{1}{a}=\frac{-ab}{a}=-b=k_2$，所以$AR//FQ$.

（2）设l与x轴的交点为$D(x_1,\ 0)$，则$S_{\triangle ABF}=\frac{1}{2}|b-a||FD|=\frac{1}{2}|b-a|\left|x_1-\frac{1}{2}\right|$，$S_{\triangle PQF}=\frac{|a-b|}{2}$.

由题设可得$2\times\frac{1}{2}|b-a|\left|x_1-\frac{1}{2}\right|=\frac{|a-b|}{2}$，所以$x_1=0$（舍去），$x_2=1$．设满足条件的$AB$的中点为$E(x,\ y)$．

当AB与x轴不垂直时，由$k_{AB}=k_{DE}$可得$\frac{2}{a+b}=\frac{y}{x-1}$（$x\neq1$）. 而$\frac{a+b}{2}=y$，所以$y^2=x-1$（$x\neq1$）.

当AB与x轴垂直时，E与D重合.

故所求轨迹方程为$y^2=x-1$.

18【2016年全国Ⅰ理 20】

设圆$x^2+y^2+2x-15=0$的圆心为A，直线l过点B（1，0）且与x轴不重合，l交圆A于C，D两点，过B作AC的平行线交AD于点E.

（1）证明$|EA|+|EB|$为定值，并写出点E的轨迹方程；

（2）设点E的轨迹为曲线C_1，直线l交C_1于M，N两点，过B且与l垂直的直线与圆A交于P，Q两点，求四边形$MPNQ$面积的取值范围.

答案：（1）$\frac{x^2}{4}+\frac{y^2}{3}=1$（$y\neq0$）；（2）$[12,\ 8\sqrt{3})$.

解析：

（1）因为$|AD|=|AC|$，$EB//AC$，所以$\angle EBD=\angle ACD=\angle ADC$，故$|EB|=|ED|$，于是$|EA|+|EB|=|EA|+|ED|=|AD|$. 又圆$A$的标准方程为$(x+1)^2+y^2=16$，从而$|AD|=4$，所以$|EA|+|EB|=4$.

由题设得A（−1，0），B（1，0），$|AB|=2$，由椭圆定义可得点E的轨迹方程为：$\frac{x^2}{4}+\frac{y^2}{3}=1$（$y\neq0$）.

（2）当l与x轴不垂直时，设l的方程为$y=k(x-1)$（$k\neq0$），$M(x_1,\ y_1)$，$N(x_2,\ y_2)$.

由$\begin{cases} y=k(x-1) \\ \frac{x^2}{4}+\frac{y^2}{3}=1 \end{cases}$得$(4k^2+3)x^2-8k^2x+4k^2-12=0$，则$x_1+x_2=\frac{8k^2}{4k^2+3}$，$x_1x_2=\frac{4k^2-12}{4k^2+3}$.

所以$|MN|=\sqrt{1+k^2}|x_1-x_2|=\frac{12(k^2+1)}{4k^2+3}$.

过点B（1，0）且与l垂直的直线m：$y=-\frac{1}{k}(x-1)$，A到m的距离为$\frac{2}{\sqrt{k^2+1}}$.

所以$|PQ|=2\sqrt{4^2-\left(\frac{2}{\sqrt{k^2+1}}\right)^2}=4\sqrt{\frac{4k^2+3}{k^2+1}}$.

故四边形$MPNQ$的面积$S=\frac{1}{2}|MN||PQ|=12\sqrt{1+\frac{1}{4k^2+3}}$.

于是当l与x轴不垂直时，四边形$MPNQ$面积的取值范围为$(12,\ 8\sqrt{3})$.

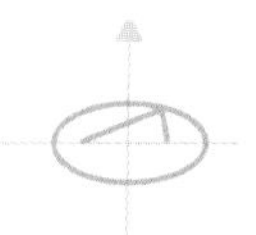

当l与x轴垂直时，其方程为$x=1$，$|MN|=3$，$|PQ|=8$，四边形$MPNQ$的面积为12.

综上所述，四边形$MPNQ$面积的取值范围为$[12，8\sqrt{3})$．

19【2016年山东理 21】

平面直角坐标系xOy中，椭圆C：$\dfrac{x^2}{a^2}+\dfrac{y^2}{b^2}=1$（$a>b>0$）的离心率是$\dfrac{\sqrt{3}}{2}$，抛物线$E$：$x^2=2y$的焦点$F$是$C$的一个顶点.

（1）求椭圆C的方程.

（2）设P是E上的动点，且位于第一象限，E在点P处的切线l与C交于不同的两点A，B，线段AB的中点为D，直线OD与过P且垂直于x轴的直线交于点M.

（Ⅰ）求证：点M在定直线上；

（Ⅱ）直线l与y轴交于点G，记$\triangle PFG$的面积为S_1，$\triangle PDM$的面积为S_2，求$\dfrac{S_1}{S_2}$的最大值及取得最大值时点P的坐标.

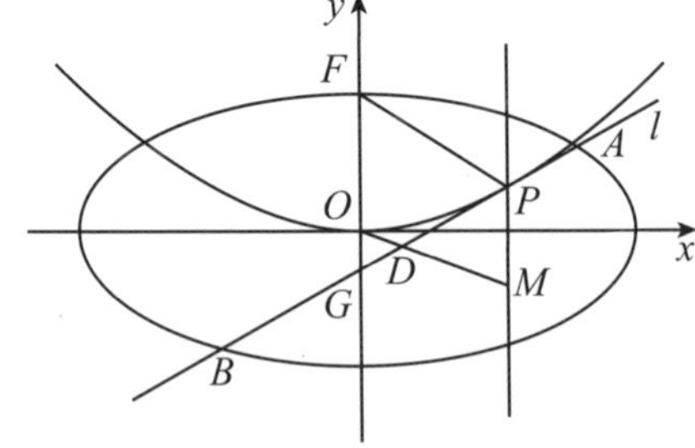

图 3.74

答案：（1）$x^2+4y^2=1$．（2）（Ⅰ）证明见解析；（Ⅱ）最大值为$\dfrac{9}{4}$，此时点P的坐标为$\left(\dfrac{\sqrt{2}}{2}，\dfrac{1}{4}\right)$.

解析：

（1）由题意知$\dfrac{\sqrt{a^2-b^2}}{a}=\dfrac{\sqrt{3}}{2}$，可得：$a=2b$．因为抛物线$E$的焦点为$F\left(0，\dfrac{1}{2}\right)$，所以$a=1$，$b=\dfrac{1}{2}$．故椭圆$C$的方程为$x^2+4y^2=1$.

（2）（Ⅰ）证明：设$P\left(m，\dfrac{m^2}{2}\right)$（$m>0$），由$x^2=2y$可得$y'=x$，所以直线$l$的斜率为$m$，因此直线$l$的方程为$y-\dfrac{m^2}{2}=m(x-m)$，即$y=mx-\dfrac{m^2}{2}$.

设$A(x_1, y_1)$，$B(x_2, y_2)$，$D(x_0, y_0)$，联立方程$\begin{cases} y=mx-\dfrac{m^2}{2} \\ x^2+4y^2=1 \end{cases}$，得$(4m^2+1)x^2-4m^3x+m^4-1=0$，由$\Delta>0$，得$0<m<\sqrt{2+\sqrt{5}}$（$0<m^2<2+\sqrt{5}$），且$x_1+x_2=\dfrac{4m^3}{4m^2+1}$，因此$x_0=\dfrac{x_1+x_2}{2}=\dfrac{2m^3}{4m^2+1}$，将其代入$y=mx-\dfrac{m^2}{2}$得$y_0=-\dfrac{m^2}{2(4m^2+1)}$，因为$\dfrac{y_0}{x_0}=-\dfrac{1}{4m}$，所以直线$OD$的方程为$y=-\dfrac{1}{4m}x$.

联立方程$\begin{cases} y=-\dfrac{1}{4m}x \\ x=m \end{cases}$，得点$M$的纵坐标为$y_M=-\dfrac{1}{4}$，即点$M$在定直线$y=-\dfrac{1}{4}$上.

（Ⅱ）由（Ⅰ）知直线l的方程为$y=mx-\dfrac{m^2}{2}$，令$x=0$得$y=-\dfrac{m^2}{2}$，所以$G\left(0, -\dfrac{m^2}{2}\right)$.

又$P\left(m, \dfrac{m^2}{2}\right)$，$F\left(0, \dfrac{1}{2}\right)$，$D\left(\dfrac{2m^3}{4m^2+1}, \dfrac{-m^2}{2(4m^2+1)}\right)$. 所以$S_1=\dfrac{1}{2}|GF|m=\dfrac{1}{4}m(m^2+1)$，

$S_2=\dfrac{1}{2}|PM|\cdot|m-x_0|=\dfrac{m(2m^2+1)^2}{8(4m^2+1)}$，故$\dfrac{S_1}{S_2}=\dfrac{2(4m^2+1)(m^2+1)}{(2m^2+1)^2}$. 令$t=2m^2+1$，则$\dfrac{S_1}{S_2}=\dfrac{(2t-1)(t+1)}{t^2}$

$=-\dfrac{1}{t^2}+\dfrac{1}{t}+2$.

当$\dfrac{1}{t}=\dfrac{1}{2}$，即$t=2$时，$\dfrac{S_1}{S_2}$取得最大值$\dfrac{9}{4}$，此时$m=\dfrac{\sqrt{2}}{2}$，满足$\Delta>0$.

所以点P的坐标为$\left(\dfrac{\sqrt{2}}{2}, \dfrac{1}{4}\right)$，因此$\dfrac{S_1}{S_2}$的最大值为$\dfrac{9}{4}$，此时点$P$的坐标为$\left(\dfrac{\sqrt{2}}{2}, \dfrac{1}{4}\right)$.

20【2017年全国Ⅰ理20】

已知椭圆C：$\dfrac{x^2}{a^2}+\dfrac{y^2}{b^2}=1$（$a>b>0$），四点$P_1(1, 1)$，$P_2(0, 1)$，$P_3\left(-1, \dfrac{\sqrt{3}}{2}\right)$，$P_4\left(1, \dfrac{\sqrt{3}}{2}\right)$中恰有三点在椭圆$C$上.

（1）求C的方程；

（2）设直线l不经过点P_2且与C相交于A，B两点，若直线P_2A与直线P_2B的斜率的和为-1，证明：l过定点.

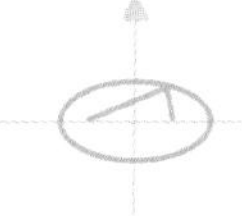

答案：（1）$\frac{x^2}{4}+y^2=1$；（2）证明见解析.

解析：

（1）由于P_3，P_4两点关于y轴对称，故由题设知C经过P_3，P_4两点，又由$\frac{1}{a^2}+\frac{1}{b^2}>\frac{1}{a^2}+\frac{3}{4b^2}$知，$C$不经过点$P_1$，所以点$P_2$在$C$上．因此$\begin{cases}\frac{1}{b^2}=1\\ \frac{1}{a^2}+\frac{3}{4b^2}=1\end{cases}$，解得$\begin{cases}a^2=4\\ b^2=1\end{cases}$，故$C$的方程为$\frac{x^2}{4}+y^2=1$.

（2）设直线P_2A与直线P_2B的斜率分别为k_1，k_2.

如果l与x轴垂直，设l：$x=t$，由题设知$t\neq0$，且$|t|<2$，可得A，B的坐标分别为$\left(t，\frac{\sqrt{4-t^2}}{2}\right)$，$\left(t，-\frac{\sqrt{4-t^2}}{2}\right)$.

则$k_1+k_2=\frac{\sqrt{4-t^2}-2}{2t}-\frac{\sqrt{4-t^2}+2}{2t}=-1$，得$t=2$，不符合题设.

从而可设l：$y=kx+m$（$m\neq1$）.

将$y=kx+m$代入$\frac{x^2}{4}+y^2=1$得（$4k^2+1$）$x^2+8kmx+4m^2-4=0$，由题设可知$\Delta=16$（$4k^2-m^2+1$）>0.

设A（x_1，y_1），B（x_2，y_2），则$x_1+x_2=-\frac{8km}{4k^2+1}$，$x_1x_2=\frac{4m^2-4}{4k^2+1}$．而

$$k_1+k_2=\frac{y_1-1}{x_1}+\frac{y_2-1}{x_2}=\frac{kx_1+m-1}{x_1}+\frac{kx_2+m-1}{x_2}=\frac{2k_1k_2+(m-1)(x_1+x_2)}{x_1x_2}$$

由题设$k_1+k_2=-1$，故（$2k+1$）x_1x_2+（$m-1$）（x_1+x_2）$=0$，即（$2k+1$）$\cdot\frac{4m^2-4}{4k^2+1}+$（$m-1$）$\cdot\frac{-8km}{4k^2+1}=0$．解得$k=-\frac{m+1}{2}$.

当且仅当$m>-1$时，$\Delta>0$，所以l的方程为：$y=-\frac{m+1}{2}x+m$．整理可得：$x+2y=m$（$2-x$）.

当$x=2$，$y=-1$时，等式恒成立，所以l过定点（2，-1）.

21【2017年全国II理 20】

设O为坐标原点，动点M在椭圆C：$\frac{x^2}{2}+y^2=1$上，过M作x轴的垂线，垂足为N，点P满足$\overrightarrow{NP}=\sqrt{2}\overrightarrow{NM}$.

（1）求点P的轨迹方程；

（2）设点Q在直线$x=-3$上，且$\overrightarrow{OP}\cdot\overrightarrow{PQ}=1$，证明：过点$P$且垂直于$OQ$的直线$l$过$C$的左焦点$F$.

答案：（1）$x^2+y^2=2$；（2）见解析.

解析：

（1）设$P(x, y)$，$M(x', y')$，$N(x', 0)$，因为$\overrightarrow{NP}=\sqrt{2}\overrightarrow{NM}$，所以$(x-x', y)=\sqrt{2}(0, y')$，即$\begin{cases}x-x'=0\\ y=\sqrt{2}y'\end{cases}\Rightarrow\begin{cases}x'=x\\ y'=\frac{y}{\sqrt{2}}\end{cases}$，将其代入椭圆方程$\frac{x^2}{2}+y^2=1$，得到$x^2+y^2=2$.

所以点P的轨迹方程$x^2+y^2=2$.

（2）设$P(x_1, y_1)$，$Q(-3, y_2)$，椭圆的左焦点为$F(-1, 0)$．$\overrightarrow{OP}=(x_1, y_1)$，$\overrightarrow{PQ}=(-3-x_1, y_2-y_1)$，所以

$$\overrightarrow{OP}\cdot\overrightarrow{PQ}=x_1\cdot(-3-x_1)+y_1\cdot(y_2-y_1)=1\Rightarrow-3x_1-x_1^2+y_1y_2-y_1^2=1$$

故$-3x_1+y_1y_2-(x_1^2+y_1^2)=1$，即

$$-3x_1+y_1y_2=3 \tag{3.43}$$

l_{OQ}：$y=-\frac{y_2}{3}\cdot x$，所以过点P与直线OQ垂直的直线为：$y-y_1=\frac{3}{y_2}\cdot(x-x_1)$．当$x=-1$时

$$y=y_1+\frac{3}{y_2}(-1-x_1)=y_1+\frac{-3}{y_2}-\frac{3x_1}{y_2}=y_1-\frac{3x_1}{y_2}-\frac{3}{y_2}=\frac{y_1\cdot y_2-3x_1}{y_2}-\frac{3}{y_2} \tag{3.44}$$

将式（3.43）代入式（3.44），得$y=0$，所以过点P且垂直于OQ的直线l过C的左焦点F.

22【2018年全国Ⅱ文 20】

设抛物线C：$y^2=4x$的焦点为F，过F且斜率为k（$k>0$）的直线l与C交于A，B两点，$|AB|=8$.

（1）求l的方程；

（2）求过点A，B且与C的准线相切的圆的方程.

答案：（1）$y=x-1$；（2）$(x-3)^2+(y-2)^2=16$.

解析：

（1）方法1：抛物线C：$y^2=4x$的焦点为$F(1,0)$，当直线的斜率不存在时，$|AB|=4$，不满足；

设直线AB的方程为：$y=k(x-1)$，设$A(x_1,y_1)$，$B(x_2,y_2)$，则$\begin{cases} y=k(x-1) \\ y^2=4x \end{cases}$，

整理得：$k^2x^2-2(k^2+2)x+k^2=0$，则$x_1+x_2=\dfrac{2(k^2+2)}{k^2}$，$x_1x_2=1$，由$|AB|=x_1+x_2+p=\dfrac{2(k^2+2)}{k^2}+2=8$，解得：$k^2=1$，则$k=1$.

所以直线l的方程$y=x-1$.

方法2：抛物线C：$y^2=4x$的焦点为$F(1,0)$，设直线AB的倾斜角为θ，由抛物线的弦长公式$|AB|=\dfrac{2p}{\sin^2\theta}=\dfrac{4}{\sin^2\theta}=8$，解得：$\sin^2\theta=\dfrac{1}{2}$，所以$\theta=\dfrac{\pi}{4}$，则直线的斜率$k=1$，所以直线$l$的方程$y=x-1$.

（2）过A，B分别向准线$x=-1$作垂线，垂足分别为A_1，B_1，设AB的中点为D，过D作$DD_1\perp$准线l，垂足为D_1（图3.75），则$|DD_1|=\dfrac{1}{2}(|AA_1|+|BB_1|)$.

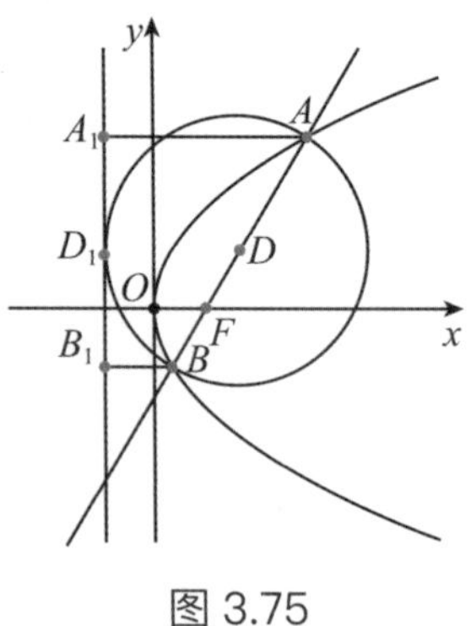

图 3.75

由抛物线的定义可知：$|AA_1|=|AF|$，$|BB_1|=|BF|$，则$r=|DD_1|=4$，以AB为直径的圆与$x=-1$相切，且该圆的圆心为AB的中点D.

由（1）可知：$x_1+x_2=6$，$y_1+y_2=x_1+x_2-2=4$，则$D(3,2)$，

所以过点A，B且与C的准线相切的圆的方程为$(x-3)^2+(y-2)^2=16$.

模 拟 测 试

一、单选题（每题只有一个选项为正确答案，每题5分，共40分）

1. 已知直线l_1：$y=x-2$，l_2：$y=kx$，若$l_1//l_2$，则实数$k=$（　　）.

A. -2　　B. -1　　C. 0　　D. 1

2. 直线l_1：$(a-2)x+(a+1)y+4=0$与l_2：$(a+1)x+ay-9=0$互相垂直，则a的值是（　　）.

A. -0.25　　B. 1　　C. -1　　D. 1或-1

3. 不论m为何实数，直线l：$(m-1)x+(2m-3)y+m=0$恒过定点（　　）.

A. $(-3，-1)$　　B. $(-2，-1)$　　C. $(-3，1)$　　D. $(-2，1)$

4. 设$a\in\mathbf{R}$，则“$a=1$”是“直线$ax+y-1=0$与直线$x+ay+1=0$平行”的（　　）.

A. 充分不必要条件　　B. 必要不充分条件

C. 充分必要条件　　D. 既不充分也不必要条件

5. 若曲线$y=\sqrt{4-x^2}$与直线$y=k(x-2)+4$有两个交点，则实数k的取值范围是（　　）.

A. $\left(\frac{3}{4}，1\right]$　　B. $\left(\frac{3}{4}，+\infty\right)$　　C. $(1，+\infty)$　　D. $(1，3]$

6. 已知直线$x+y=t$与圆$x^2+y^2=2t-t^2$（$t\in\mathbf{R}$）有公共点，则$t(4-t)$的最大值为（　　）.

A. 4　　B. $\frac{28}{9}$　　C. $\frac{32}{9}$　　D. $\frac{32}{7}$

7. 设椭圆的两个焦点分别为F_1，F_2，过F_2作椭圆长轴的垂线交椭圆于点P，若$\triangle F_1PF_2$为等腰直角三角形，则椭圆的离心率是（　　）.

A. $\sqrt{2}-1$　　B. $\frac{\sqrt{2}}{2}$　　C. $2-\sqrt{2}$　　D. $\frac{\sqrt{2}-1}{2}$

8. 设e是椭圆$\frac{x^2}{k}+\frac{y^2}{4}=1$的离心率，且$e\in\left(\frac{1}{2},1\right)$，则实数$k$的取值范围是（　　）.

A.（0，3）　　B. $\left(3,\frac{16}{3}\right)$　　C.（0，2）　　D.（0，3）$\cup\left(\frac{16}{3},+\infty\right)$

二、多选题（每题5分，共20分）

9. 已知方程$\frac{x^2}{4-t}+\frac{y^2}{t-1}=1$表示曲线$C$，给出以下四个判断，其中正确的是（　　）.

A. 当$1<t<4$时，曲线C表示椭圆

B. 当$t>4$或$t<1$时，曲线C表示双曲线

C. 若曲线C表示焦点在x轴上的椭圆，则$1<t<2.5$

D. 若曲线C表示焦点在y轴上的双曲线，则$t>4$

10. 已知直线l_1：$x+my-1=0$，l_2：（$m-2$）$x+3y+3=0$，则下列说法正确的是（　　）.

A. 若$l_1//l_2$，则$m=-1$或$m=3$　　B. 若$l_1//l_2$，则$m=3$

C. 若$l_1\perp l_2$，则$m=-\frac{1}{2}$　　D. 若$l_1\perp l_2$，则$m=\frac{1}{2}$

11. 下列说法正确的是（　　）.

A. 方程$x^2+xy=x$表示两条直线

B. 椭圆$\frac{x^2}{10-m}+\frac{y^2}{m-2}=1$的焦距为4，则$m=4$

C. 曲线$\frac{x^2}{25}+\frac{y^2}{9}=xy$关于坐标原点对称

D. 双曲线$\frac{x^2}{a^2}-\frac{y^2}{b^2}=\lambda$的渐近线方程为$y=\pm\frac{b}{a}x$

12. 已知抛物线$y^2=4x$上一点P到准线的距离为d_1，到直线l：$4x-3y+11=0$的距离为d_2，则d_1+d_2的取值可以为（　　）.

A. 3　　　　B. 4　　　　C. $\sqrt{5}$　　　　D. $\sqrt{10}$

三、填空题（每题5分，共20分）

13. 圆C的圆心为（2，-1），且圆C与直线$3x-4y-5=0$相切，则圆C的方程为________.

14. 经过点P（2，1）作直线l分别交x轴、y轴的正半轴于A，B两点，当$\triangle AOB$面积最小时，直线l的方程为________.

15. 已知F是双曲线$\frac{x^2}{4}-\frac{y^2}{12}=1$的左焦点，$A$（1，4）是双曲线外一点，$P$是双曲线右支上的动点，则$|PF|+|PA|$的最小值为________.

16. 圆C_1：$(x-m)^2+(y+2)^2=9$与圆C_2：$(x+1)^2+(y-m)^2=4$内切，则m的值为________.

四、解答题（17题10分，其余12分，共70分）

17. 已知圆C：$(x-1)^2+(y-2)^2=25$，直线l：$(2m+1)x+(m+1)y-7m-4=0$（$m\in\mathbf{R}$）.

（1）证明：不论m取什么实数，直线l与圆恒交于两点；

（2）求直线l被圆C截得的线段的最短长度以及此时直线l的方程.

18. 在平面直角坐标系中，直线$x+y+3\sqrt{2}=0$与圆C相切，圆心C的坐标为（1，-1）.

（1）求圆C的方程；

（2）设直线$y=kx+2$与圆C没有公共点，求k的取值范围；

（3）设直线$y=x+m$与圆C交于M，N两点，且$OM\perp ON$，求m的值.

19. 如图3.76所示，平面直角坐标系xOy中，已知点P（2，4），圆O：$x^2+y^2=4$与x轴的正半轴交于点Q.

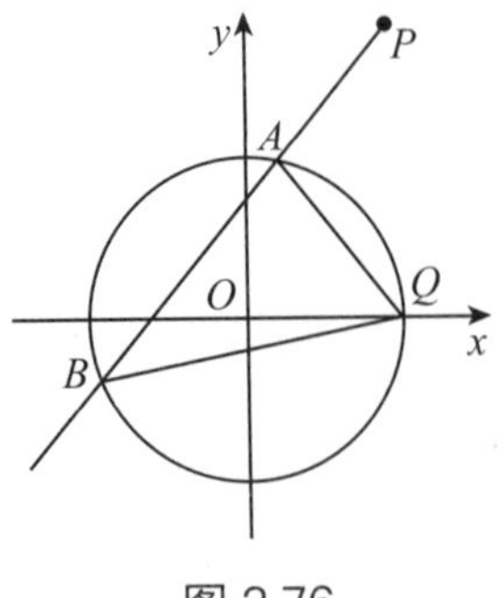

图 3.76

（1）若过点P的直线l_1与圆O相切，求直线l_1的方程.

（2）若过点P的直线l_2与圆O交于不同的两点A，B.

① 设线段AB的中点为M，求点M纵坐标的最小值.

② 设直线QA，QB的斜率分别是k_1，k_2，问：k_1+k_2是否为定值，若是，则求出定值；若不是，请说明理由.

20. 已知点A（0，-2），椭圆E：$\dfrac{x^2}{a^2}+\dfrac{y^2}{b^2}=1$（$a>b>0$）的离心率为$\dfrac{\sqrt{3}}{2}$，$F$是椭圆$E$的右焦点，直线$AF$的斜率为$\dfrac{2\sqrt{3}}{3}$，$O$为坐标原点.

（1）求E的方程.

（2）设过点A的动直线l与E相交于P，Q两点. 当$\triangle OPQ$的面积最大时，求l的方程.

21. 双曲线C的中心在原点，右焦点为$F\left(\dfrac{2\sqrt{3}}{3}，0\right)$，一条渐近线方程为$y=\sqrt{3}x$.

（1）求双曲线C的方程；

（2）设直线L：$y=kx+1$与双曲线交于A，B两点，问：当k为何值时，以AB为直径的圆过原点？

22. 已知抛物线E：$y^2=2px$上一点（m，2）到其准线的距离为2.

（1）求抛物线E的方程；

（2）如图3.77所示，A，B，C为抛物线E上三个点，D（8，0），若四边形$ABCD$为菱形，求四边形$ABCD$的面积.

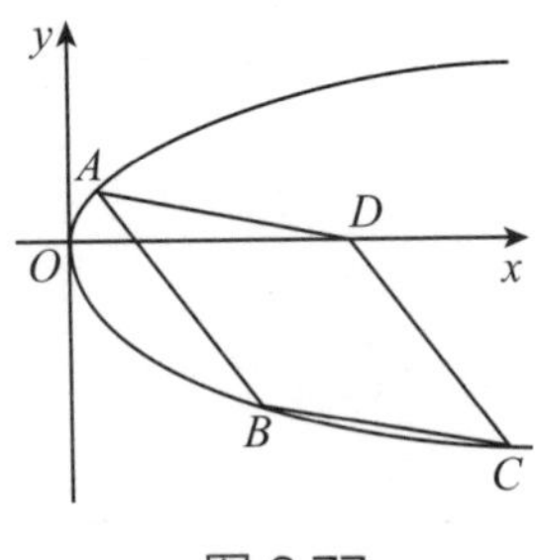

图 3.77

参 考 答 案

第1章

变式1.1-1　5

$15° \leqslant \alpha < 195°$

变式1.1-2　5

$60°$ 或 $120°$

变式1.1-3　5

l_1倾斜角范围为$0° \leqslant \theta < 180°$

变式1.2-1　10

（1）$(-\infty, -1] \cup [3, +\infty)$；

（2）$0° < \alpha \leqslant 90°$

变式1.2-2　10

$\left[-\frac{1}{6}, \frac{5}{3}\right]$

变式1.2-3　10

$\left(-\frac{1}{3}, \frac{5}{6}\right) \cup \left(\frac{5}{6}, 2\right)$

变式1.3-1　13

（1）平行或重合；

（2）平行

变式1.3-2　13

（1）平行或重合；

（2）相交

变式1.3-3　14

0或1

变式1.4-1　16

（1）垂直；

（2）垂直

变式1.4-2　16

垂直

变式1.4-3　16

（1，0）或（2，0）

变式1.5-1　20

$y-1=\sqrt{2}(x+1)$

变式1.5-2　20

$\sqrt{3}x-y+1+4\sqrt{3}=0$

变式1.5-3　21

（1）$x=-5$；

（2）$y-4=-(x-3)$；

（3）$2x-y=0$

关注火花学院公众号
1.回复“解析几何”
获取详细解析内容
2.回复“内容精讲”
获取精彩课程视频

变式1.6-1 23

（1）$3x-y-2=0$；

（2）$\sqrt{3}x-y+3=0$

变式1.6-2 23

$y=\sqrt{3}x+3$或$y=\sqrt{3}x-3$

变式1.6-3 23

$y=-2x-2$

变式1.7-1 26

$6x+y+9=0$

变式1.7-2 26

-2

变式1.7-3 26

$5x+2y-5=0$

变式1.8-1 28

$y=\frac{1}{2}x$或$\frac{x}{4}+\frac{y}{2}=1$

变式1.8-2 29

$x+2y-4=0$或$9x+2y+12=0$

变式1.8-3 29

（1）$3x+4y-12=0$或$15x+8y-36=0$；

（2）$3x+4y-12=0$或$3x+y-6=0$

变式1.9-1 32

$3x+4y-11=0$

变式1.9-2 33

$x-2y=0$

变式1.9-3 33

（1）$-\frac{5}{3}$；

（2）-2

变式1.10-1 37

（1）相交，交点坐标为$\left(-\frac{10}{3}, \frac{14}{3}\right)$；

（2）重合；

（3）平行

变式1.10-2 38

$-\frac{3}{2}<m<2$

变式1.10-3 38

$\frac{2}{7}<k<1$

变式1.11-1 39

$\left[-\frac{2}{3}, \frac{1}{2}\right]$

变式1.11-2 39

$\left(\frac{\pi}{6}, \frac{\pi}{2}\right)$

变式1.11-3 39

$\left[-2, \frac{1}{2}\right]$

变式1.12−1 …… 42

$\left(\frac{17}{5}，0\right)$

变式1.12−2 …… 42

P点坐标为（1，0），$|PA|=2\sqrt{2}$

变式1.12−3 …… 42

见解析

变式1.13−1 …… 45

$\frac{\sqrt{5}}{5}$

变式1.13−2 …… 46

$\sqrt{2}-1$

变式1.13−3 …… 46

（1）① $\frac{18}{5}$，② $\frac{13}{3}$，③ 1；

（2）$\frac{3\sqrt{2}}{2}$

变式1.14−1 …… 49

$\frac{\sqrt{10}}{4}$

变式1.14−2 …… 49

$12x+16y-5=0$

变式1.14−3 …… 49

$7x+24y+70=0$或$7x+24y-80=0$

变式1.14−4 …… 49

（1）$5x-12y+32=0$或$5x-12y-20=0$；

（2）$y=0$和$y=5$或$5x-12y-5=0$和$5x-12y+60=0$

变式1.15−1 …… 52

（−13，−6）

变式1.15−2 …… 52

（−1，6）

变式1.15−3 …… 52

$x+4y-4=0$

变式1.16−1 …… 53

$3x-y-10=0$

变式1.16−2 …… 53

$2x+3y+8=0$

变式1.16−3 …… 53

$2x-y-9=0$

变式1.17−1 …… 55

$a=5$，$b=2$

变式1.17−2 …… 55

（−5，−4）

变式1.17-3 55

$\left(\frac{3}{5}, \frac{11}{5}\right)$

变式1.18-1 57

$x-y=0$

变式1.18-2 57

$x-2y=0$

变式1.18-3 58

$9x-46y+102=0$

变式1.19-1 59

$6x-y-6=0$

变式1.19-2 60

$11x-4y+2=0$

变式1.19-3 60

$\frac{4}{3}$

第2章

变式2.1-1 81

$(x-1)^2+(y-2)^2=25$

变式2.1-2 81

$(x+5)^2+(y+3)^2=25$

变式2.1-3 82

$(x-2)^2+(y-1)^2=10$

变式2.2-1 84

在圆外

变式2.2-2 84

$[0, 1)$

变式2.2-3 84

（1）$(x-5)^2+(y-6)^2=10$；

（2）点M在圆上，点N在圆外，点Q在圆内

变式2.3-1 86

$2-\frac{\sqrt{5}}{2}$

变式2.3-2 86

$\frac{4}{3}$

变式2.3-3 86

（1）最大值为$\frac{9}{4}$，最小值为$\frac{1}{4}$；

（2）最大值为$\frac{\sqrt{2}}{2}-1$，最小值为$-\frac{\sqrt{2}}{2}-1$

变式2.4-1 89

$m<5$

变式2.4-2 89

$\left(-\frac{a}{2}, \frac{a}{2}\right)$，$\frac{\sqrt{2}|a|}{2}$

变式2.4-3

（1）$\left(-\infty, \frac{1}{5}\right)$；

（2）$(-m, 1)$，$r=\sqrt{1-5m}$

变式2.5-1

$(x+3)^2+(y-1)^2=25$，圆心为（-3，1），半径长为5

变式2.5-2

（1）$x^2+y^2-8x-2y+12=0$；

（2）$a=2$或6

变式2.5-3

$(x-2)^2+(y-1)^2=25$

变式2.6-1

$x^2+y^2=56$

变式2.6-2

点P的轨迹是以（1，0）为圆心，以$\frac{1}{2}$为半径的圆，轨迹方程为$(x-1)^2+y^2=\frac{1}{4}$

变式2.6-3

$(x+6)^2+y^2=36\ (y\neq 0)$

变式2.7-1

相切或相离

变式2.7-2

（1）相交或相切；

（2）$0°\leqslant\alpha\leqslant 60°$

变式2.7-3

充分必要条件

变式2.8-1

$x=0$或$3x-4y+20=0$

变式2.8-2

$x-2y+5=0$或$2x-y-5=0$

变式2.8-3

（1）见解析；

（2）方程为$x-2y+5=0$，弦长为$2\sqrt{3}$

变式2.9-1

2或12

变式2.9-2

$x=3$或$3x+4y-1=0$

变式2.9-3

$y=4$或$3x+4y-13=0$

变式2.10-1

$m=3$

变式2.10-2

$\left(x+\frac{13}{5}\right)^2+\left(y-\frac{6}{5}\right)^2=\frac{4}{5}$

变式2.10−3 108

（1）$a\geqslant\sqrt{3}$或$a\leqslant-\sqrt{3}$；
（2）$x-2y=0$或$x+2y=0$

变式2.11−1 111

（1）外离；
（2）相交

变式2.11−2 111

$a=-5$或$a=2$时，两圆外切；$-5<a<-2$或$-1<a<2$时，两圆相交；$a>2$或$a<-5$时，两圆外离

变式2.11−3 111

$k=14$或$k=34$时，两圆相切；$14<k<34$时，两圆相交；$k<14$或$34<k<50$时，两圆相离

变式2.12−1 112

2条

变式2.12−2 113

9

变式2.12−3 113

$(x-4)^2+(y+3)^2=16$或$(x-4)^2+(y+3)^2=36$

变式2.13−1 114

3

变式2.13−2 114

直线方程$3x-4y+6=0$；公共弦AB的长为$\frac{24}{5}$

变式2.13−3 114

$x^2+y^2-x+7y-32=0$

变式2.14−1 116

$2\sqrt{51}$ m

变式2.14−2 117

该船可以从桥下通过

变式2.14−3 117

见解析

变式2.15−1 119

见解析

变式2.15−2 119

见解析

变式2.15−3 120

（1）$y=3$或$3x+4y-12=0$；
（2）$\left[0,\ \frac{12}{5}\right]$

第3章

变式3.1−1 139

$\frac{x^2}{9}+\frac{y^2}{3}=1$

变式3.1−2 139

（1）$\frac{x^2}{8}+\frac{y^2}{4}=1$；

(2) $\frac{y^2}{20}+\frac{x^2}{4}=1$

变式3.1-3 140

$\frac{x^2}{5}+\frac{3y^2}{10}=1$或$\frac{3x^2}{10}+\frac{y^2}{5}=1$

变式3.2-1 142

椭圆

变式3.2-2 142

$4a$

变式3.2-3 143

最大值和最小值分别为5和3

变式3.3-1 144

$\frac{\sqrt{3}}{3}$

变式3.3-2 144

$\frac{3}{2}$

变式3.3-3 144

见解析

变式3.4-1 149

(1)长半轴长为10，短半轴长为8，焦点坐标为(6，0)，(-6，0)，离心率$e=\frac{3}{5}$；

(2) $\frac{y^2}{100}+\frac{x^2}{64}=1$. 性质见解析

变式3.4-2 150

见解析

变式3.4-3 150

必要不充分条件

变式3.5-1 155

$\frac{1}{2}$

变式3.5-2 155

$\frac{\sqrt{2}}{2}\leqslant e<1$

变式3.5-3 155

$\frac{3}{5}$

变式3.6-1 157

$\frac{y^2}{\frac{25}{3}}+\frac{x^2}{\frac{25}{4}}=1$

变式3.6-2 157

$\frac{x^2}{9}+\frac{y^2}{5}=1$或$\frac{x^2}{5}+\frac{y^2}{9}=1$

变式3.6-3 157

$\frac{x^2}{10}+\frac{y^2}{5}=1$

变式3.7−1 158

$-\frac{1}{2}$

变式3.7−2 158

$\frac{y^2}{75}+\frac{x^2}{25}=1$

变式3.7−3 159

（1）$3\sqrt{10}$；

（2）$x+2y-8=0$

变式3.8−1 161

$\frac{x^2}{36}+\frac{y^2}{9}=1$

变式3.8−2 161

（1）$\frac{2}{3}$；

（2）$\frac{x^2}{9}+\frac{y^2}{5}=1$

变式3.8−3 161

（1）$\frac{x^2}{4}+\frac{y^2}{2}=1$；

（2）$k=\pm1$

变式3.9−1 164

（1）$-\frac{\sqrt{5}}{2}\leqslant m\leqslant\frac{\sqrt{5}}{2}$；

（2）$y=x$

变式3.9−2 164

$\left|\overrightarrow{PM}\right|_{\min}=\sqrt{3}$

变式3.9−3 165

（1）$\frac{x^2}{4}+\frac{y^2}{3}=1$；

（2）$\lambda=1$

变式3.10−1 169

$y^2=\pm2x$或$y^2=\pm18x$

变式3.10−2 169

$y^2=-8x$，$m=\pm2\sqrt{6}$，焦点坐标为（-2，0），准线方程为$x=2$

变式3.10−3 169

（1）$y^2=-6x$或$x^2=6y$；

（2）$y^2=8x$或$x^2=-12y$

变式3.11−1 170

$y^2=12x$

变式3.11−2 171

$y^2=-8x$

变式3.11−3 171

最小值为1

变式3.12−1 173

（1）顶点、焦点、准线、对称轴、变量x的范围分别为（0，0），（2，0），$x=-2$，x轴，$x\geqslant0$；

（2）抛物线的标准方程为$y^2=12x$或$y^2=-12x$，对应的准线方程分别为$x=-3$或$x=3$

变式3.12－2 174

$y^2=3x$或$y^2=-3x$

变式3.12－3 174

$y^2=\pm 4\sqrt{2}x$

变式3.13－1 176

$\frac{\sqrt{15}}{4}-1$

变式3.13－2 176

$\frac{\sqrt{2}}{2}$

变式3.13－3 176

（1）$x^2=4y$；

（2）$\frac{8}{5}\sqrt{2}$

变式3.14－1 178

$y=\sqrt{3}(x-1)$或$y=-\sqrt{3}(x-1)$

变式3.14－2 178

$y^2=4x$或$y^2=-36x$

变式3.14－3 178

$x^2=-4y$或$x^2=12y$

变式3.15－1 179

（1）$y^2=8x$；

（2）$24\sqrt{5}$

变式3.15－2 180

（1）见解析；

（2）$y^2=x-1\ (x\neq 1)$

变式3.15－3 180

（1）$F\left(0,\ \frac{1}{4m}\right)$；

（2）$m=\frac{1}{4}$；

（3）存在实数$m=2$，使$\triangle ABQ$是以Q为直角顶点的直角三角形

变式3.16－1 184

$x^2-\frac{y^2}{8}=1\ (x\leqslant -1)$

变式3.16－2 184

见解析

变式3.16－3 184

$\frac{x^2}{4}-y^2=1$

变式3.17－1 186

$\frac{x^2}{64}-\frac{y^2}{36}=1$或$\frac{y^2}{64}-\frac{x^2}{36}=1$

变式3.17－2 186

（1）$\frac{y^2}{4}-\frac{x^2}{5}=1$；

（2）$\frac{x^2}{5}-y^2=1$

变式3.17-3 186

（1）$\frac{y^2}{16}-\frac{x^2}{9}=1$；

（2）$\frac{x^2}{12}-\frac{y^2}{8}=1$

变式3.18-1 187

12

变式3.18-2 187

12

变式3.18-3 188

$\frac{b^2}{\tan\frac{\theta}{2}}$

变式3.19-1 193

顶点为A_1（-1，0），A_2（1，0）；焦点为F_1（$-\sqrt{5}$，0），F_2（$\sqrt{5}$，0）；实半轴长$a=1$，虚半轴长$b=2$；离心率$e=\sqrt{5}$；渐近线方程为$y=\pm 2x$；草图见解析

变式3.19-2 193

实半轴长$a=4$，虚半轴长$b=3$，焦点坐标是（0，-5），（0，5）；离心率$e=\frac{5}{4}$；渐近线方程为$y=\pm\frac{4}{3}x$

变式3.19-3 193

顶点坐标为（-3，0），（3，0）；焦点坐标为（$-\sqrt{13}$，0），（$\sqrt{13}$，0）；实轴长$2a=6$，虚轴长$2b=4$；离心率$e=\frac{\sqrt{13}}{3}$；渐近线方程为$y=\pm\frac{2}{3}x$

变式3.20-1 195

$\frac{x^2}{64}-\frac{y^2}{36}=1$或$\frac{y^2}{64}-\frac{x^2}{36}=1$

变式3.20-2 195

$\frac{x^2}{36}-\frac{y^2}{16}=1$或$\frac{y^2}{36}-\frac{x^2}{81}=1$

变式3.20-3 196

$\frac{x^2}{9}-\frac{y^2}{16}=1$

变式3.21-1 197

$1+\sqrt{2}$

变式3.21-2 197

$\frac{5}{4}$或$\frac{5}{3}$

变式3.21-3 197

（1）$x-\sqrt{3}y=0$和$x+\sqrt{3}y=0$；

（2）$\frac{x^2}{75}+\frac{3y^2}{25}=1$，椭圆

变式3.22-1 199

$\frac{32}{15}$

变式3.22-2 199

$y=2x-5$或$y=2x+5$

变式3.22—3 199

（1）$\frac{x^2}{12}-\frac{y^2}{3}=1$；

（2）$t=4$，点D的坐标为（$4\sqrt{3}$，3）

变式3.23—1 201

$\frac{x^2}{4}-\frac{y^2}{5}=1$

变式3.23—2 201

直线l不存在

变式3.23—3 201

（1）$x^2-\frac{y^2}{3}=1$；

（2）$6x-y-11=0$；

（3）$\sqrt{5}+2$

变式3.24—1 203

（1）$\frac{x^2}{4}-\frac{y^2}{12}=1$；

（2）$\frac{1}{6}$

变式3.24—2 203

（1）$x^2-\frac{y^2}{3}=1$；

（2）$y=x-2$或$y=-x+2$

变式3.24—3 204

（1）$\frac{x^2}{3}-y^2=1$；

（2）$\frac{\sqrt{3}}{3}<k<1$；

（3）（$-\infty$，$-2\sqrt{2}$）

变式3.25—1 206

直线$x=1$和射线$x+y-1=0$（$x\geqslant 1$）

变式3.25—2 206

②

变式3.25—3 207

（1）见解析；

（2）见解析

变式3.26—1 208

见解析

变式3.26—2 208

$\left(-\infty, \frac{1}{2}\right]$

变式3.26—3 208

$1\leqslant b<\sqrt{2}$

变式3.27—1 210

$x+2y-5=0$

变式3.27-2 210

$(x-4)^2+(y-2)^2=10$（$x\neq3$且$x\neq5$）；轨迹是以A（4，2）为圆心，以$\sqrt{10}$为半径的圆除去（3，5）和（5，-1）两点

变式3.27-3 210

$y=\frac{\sqrt{3}}{4}\left(\frac{1}{4}<x<\frac{3}{4}\right)$

变式3.28-1 212

$mx^2+y^2=1$

变式3.28-2 212

$\frac{x^2}{25}+\frac{y^2}{16}=1$

变式3.28-3 212

$y=3(x-2)^2+1$

变式3.29-1 215

$\frac{x^2}{16}-\frac{y^2}{9}=1$

变式3.29-2 215

$\frac{95}{13}$

变式3.29-3 215

$M(2\sqrt{3},\sqrt{3})$

变式3.30-1 217

相交

变式3.30-2 218

$\left(-\infty,-\frac{\sqrt{2}}{2}\right)\cup\left(\frac{\sqrt{2}}{2},+\infty\right)$

变式3.30-3 218

见解析

变式3.31-1 220

$x=0$或$y=1$或$y=\frac{1}{2}x+1$

变式3.31-2 221

$y=2$或$x-3y+9=0$或$x+y+1=0$

变式3.31-3 221

$\frac{4}{3}$

变式3.32-1 223

8

变式3.32-2 223

$\frac{2\sqrt{2}}{3}$

变式3.32-3 223

（1）8；

（2）$\frac{9}{2}$

变式3.33-1 228

（1）$k>\frac{\sqrt{5}}{2}$或$k<-\frac{\sqrt{5}}{2}$；

（2）±1或$\pm\frac{\sqrt{5}}{2}$

变式3.33-2 229

$4\sqrt{3}$

变式3.33-3 229

（1）$y=x+1$；

（2）A，B，C，D在以CD中点M（-3，6）为圆心、$2\sqrt{10}$为半径的圆上

专题测试

一、单选题 285

1. D　2. D　3. C　4. C　5. A

6. C　7. A　8. D

二、多选题 286

9. BCD　10. BD　11. ACD　12. ABD

三、填空题 287

13. $(x-2)^2+(y+1)^2=1$

14. $x+2y-4=0$

15. 9

16. -2或-1

四、解答题 287

17.（1）见解析；

（2）最短弦长$=2\sqrt{25-5}=4\sqrt{5}$，l方程为：$y-1=2(x-3)$

18.（1）$(x-1)^2+(y+1)^2=9$；

（2）$\left(0,\ \frac{3}{4}\right)$；

（3）$-1\pm2\sqrt{2}$

19.（1）l_1方程为$x=2$或$3x-4y+10=0$；

（2）① $2-\sqrt{5}$，② k_1+k_2为定值-1

20.（1）$\frac{x^2}{4}+y^2=1$；

（2）$y=\frac{\sqrt{7}}{2}x-2$或$y=-\frac{\sqrt{7}}{2}x-2$

21.（1）$\frac{x^2}{\frac{1}{3}}-y^2=1$；

（2）$k=\pm1$

22.（1）$y^2=4x$；

（2）32或$16\sqrt{5}$

关注火花学院公众号
1. 回复“解析几何”获取详细解析内容
2. 回复“内容精讲”获取精彩课程视频